国家骨干高职院校建设项目教材

水利工程施工监理

主　编　王胜源　黄红万　杨付贵

副主编　张文义　张　军

主　审　张桂河

中国水利水电出版社
www.waterpub.com.cn

内 容 提 要

《水利工程施工监理》是水利水电建筑工程专业的核心课程之一。本书以《水利工程建设项目施工监理规范》(SL 288—2003)、水利工程建设相关法规、水利工程行业技术规范为依据，与监理企业单位一起，结合水利工程监理实际，采用项目化教学理念，将水利工程施工监理的基本理论和方法融入到项目中，使学生具备监理员基本技能及可持续发展能力。

本书主要内容为水利工程施工监理基础、水利工程施工准备阶段监理、水利工程施工进度控制、水利工程施工质量控制、水利工程施工阶段投资控制、水利工程施工安全控制、水利工程施工环境保护监理、水利工程施工合同管理、水利工程施工信息管理、水利工程施工组织协调等。

本书编写注重理论与实践的结合，具有较强的理论性、可操作性。本书可作为高职院校水利工程专业的教材或教学参考书；也可作为水利工程管理人员培训、工作参考书。

图书在版编目（CIP）数据

水利工程施工监理 / 王胜源，黄红万，杨付贵主编
. -- 北京 : 中国水利水电出版社，2013.10(2024.7重印).
国家骨干高职院校建设项目教材
ISBN 978-7-5170-1322-8

Ⅰ. ①水… Ⅱ. ①王… ②黄… ③杨… Ⅲ. ①水利工程－工程施工－施工监理－高等职业教育－教材 Ⅳ. ①TV523

中国版本图书馆CIP数据核字(2013)第249789号

书　　名	国家骨干高职院校建设项目教材 **水利工程施工监理**
作　　者	主　编　王胜源　黄红万　杨付贵 副主编　张文义　张军 主　审　张桂河
出版发行	中国水利水电出版社 (北京市海淀区玉渊潭南路1号D座　100038) 网址：www.waterpub.com.cn E-mail：sales@mwr.gov.cn 电话：(010) 68545888（营销中心）
经　　售	北京科水图书销售有限公司 电话：(010) 68545874、63202643 全国各地新华书店和相关出版物销售网点
排　　版	中国水利水电出版社微机排版中心
印　　刷	清淞永业（天津）印刷有限公司
规　　格	184mm×260mm　16开本　17.5印张　414千字
版　　次	2013年10月第1版　2024年7月第3次印刷
印　　数	3501—5000册
定　　价	**57.00**元

前言

教材事关国家和民族的前途命运，教材建设必须坚持正确的政治方向和价值导向。本书坚持党的二十大精神，全面贯彻党的教育方针，落实立德树人根本任务，为党育人，为国育才，弘扬劳动光荣、技能宝贵、创造伟大的时代风尚。

高等职业技术教育是培养适应生产、建设、管理及服务第一线需要的，德、智、体、美全面发展的高等技术应用型人才。水利工程施工监理是水利水电建筑工程专业的核心课程之一，其任务是培养学生具备监理员基本技能及可持续发展能力。

本书根据监理员岗位职责所对应的技术能力，采用以职业能力为导向，以项目为载体，任务驱动，基于系统化的工作过程来组织教学内容。在项目任务教学中，将知识的学习与单项或综合技能训练结合在一起，围绕工作任务，开展知识学习和技能训练。全书通过实际工程案例、项目进行教学，将理论知识融入实际工程项目任务中，在完成任务的同时，学习知识和掌握技能，克服了学生对枯燥的理论知识的畏惧和厌烦，能起到事半功倍的效果。

本书由广东水利电力职业技术学院王胜源高级工程师、黄红万副教授、广东粤源水利水电工程咨询有限公司杨付贵高级工程师担任主编，广东水利电力职业技术学院张文义讲师、张军高级工程师任副主编，广东省科源工程监理咨询公司副总经理张桂河高级工程师担任全书主审。

本书内容共分10个项目，项目1～4由王胜源编写，项目7、9由黄红万编写，项目6、8由杨付贵编写，项目5由张文义编写，项目10由张军编写。

本书在编写中，参考和引用了文献中的部分内容，在此，对文献的作者致以衷心感谢！

由于编者水平有限，书中不足之处，欢迎读者批评指正！

编者

2024年6月

目录

项目1　水利工程施工监理基础

教学目标

知识学习目标	1.1 水利工程基本建设程序	1.2 建设项目管理体制及相关法规	1.3 水利工程施工监理	1.4 水利工程施工监理单位、监理人员	1.6 与本课程相关的课程
了解	工程项目的生命周期与建设过程	建设项目管理体制	施工监理作用；监理与质量监督的区别；监理的主要文件	水利工程施工监理单位资质及业务范围	相关课程有哪些
熟悉	水利工程基本建设程序施工准备阶段、建设实施阶段的主要内容	项目法人责任制、建设监理制	概念；性质；监理实施细则的主要内容；监理总程序；工作制度	监理机构的基本职责与权限；监理机构的形式及优、缺点	
掌握	水利工程基本建设程序	总监理工程师负责制	监理工作主要内容、依据、范围、方法；工作制度中的两个检验制度	监理单位资质分几个专业；监理员素质、资格、专业、岗位职责	
能力目标	能通过网络资源查找水利工程行业法规、规范；能正确运用两个检验制度				

基本知识学习

1.1　水利工程基本建设程序

1.1.1　工程项目的生命周期与建设过程

（1）工程项目的生命周期，工程项目从开始策划、立项、施工，到完建、运行、报废或被淘汰形成一个生命周期。

（2）不同项目其生命周期的长短不一样，但建设过程一般是相同的，分为策划、立项、设计、招投标、施工、验收和交付使用等。

（3）项目法人的成立，一般在可研报告阶段拟定项目法人组建方案，批准后按方案组建项目法人。

1.1.2　水利工程基本建设程序

一般可分为项目建议书、可行性研究报告、初步设计、施工准备（包括招标设计）、建设实施、生产准备、竣工验收和后评价等阶段。

水利工程建设必须遵守基本建设程序，前一阶段经主管部门批准后才能进入后一阶段，如可行性研究报告没有批准不能进行初步设计。

1.1.3　水利工程基本建设程序主要内容

（1）项目建议书阶段。项目建议书应根据国民经济和社会发展长远规划、流域综合规划、区域综合规划、专业规划，按照国家产业政策和国家有关投资建设方针进行编制，是对拟建工程项目的初步说明。项目建议书编制一般由政府委托有相应资质的设计单位承担，并按国家现行规定向主管部门申报审批。

（2）可行性研究阶段。可行性研究应对项目进行方案比较，对项目在技术上是否可行和经济上是否合理进行科学的分析和论证。经过批准的可行性研究报告，是项目决策和进行初步设计的依据。由项目法人（或筹备机构）组织编制。可行性研究报告经批准后，不得随意修改和变更，在主要内容上有重要变动的，应经原批准机关复审同意。项目可行性报告批准后，应正式成立项目法人，并按项目法人责任制实行项目管理。

（3）初步设计阶段。初步设计是根据批准的可行性研究报告和必要深度的地质勘探、测量成果及有关资料，对设计对象进行通盘研究，阐明拟建工程在技术上的可行性和经济上的合理性，确定项目的各项基本技术参数，编制项目的总概算。初步设计任务应择优选择有相应资质的设计单位承担，依照有关初步设计编制规定进行编制。

（4）建设准备阶段。水利工程项目必须满足以下条件，建设准备方可进行：

1）初步设计已经批准。

2）项目法人已经建立。

3）项目已列入国家或地方水利建设投资计划，筹资方案已经确定。

4）有关土地使用权已经批准。

5）已办理报建手续。

项目的主体工程开工之前，必须完成各项准备工作，其主要内容包括：

1）施工现场的征地、拆迁。

2）完成施工用水、电、通信、路和场地平整等工程。

3）必需的生产、生活临时建筑工程。

4）组织招标设计、工程咨询、设备和物资采购等服务。

5）组织建设监理和主体工程招标投标，择优选定建设监理单位和施工承包队伍。

（5）建设实施阶段。建设实施阶段是指主体工程的建设实施，项目法人按照批准的建设文件，组织工程建设，保证项目建设目标的实现；项目法人或其代理机构必须按审批权限，向主管部门提出主体工程开工申请报告，经批准后，主体工程方能正式开工。主体工程开工需具备以下条件：

1）前期工程各阶段文件已按规定批准，施工详图设计可以满足初期主体工程施工需要。

2）建设项目已列入国家或地方水利建设投资年度计划，年度建设资金已落实。

3）主体工程招标已经决标，工程承包合同已经签订，并得到主管部门同意。

4）现场施工准备和征地移民等建设外部条件能够满足主体工程开工需要。

5）建设管理模式已经确定，投资主体与项目主体的管理关系已经理顺。

6）项目建设所需全部资金来源已经明确，且结构合理。

7）项目法人要充分发挥建设管理的主导作用，为施工创造良好的建设条件。

(6) 生产准备阶段。生产准备应根据不同类型的工程要求确定，一般应包括以下内容：

1）生产组织准备，建立生产经营的管理机构及相应管理制度。

2）招收和培训人员。

3）生产技术准备。

4）生产的物资准备。

5）正常的生活福利设施准备。

(7) 竣工验收。竣工验收是工程完成建设目标的标志，是全面考核基本建设成果、检验设计和工程质量的重要步骤。竣工验收合格的项目即从基本建设转入生产或使用。

当建设项目的建设内容全部完成，并经过工程完工验收（包括工程档案资料的验收），完成竣工报告、竣工决算等必需文件的编制后，项目法人向验收主管部门提出申请，根据国家和部颁验收规程组织验收。竣工决算编制完成后，须由审计机关组织竣工审计，其审计报告作为竣工验收的基本资料。

(8) 项目后评价。工程项目竣工投产后，一般经过 1～2 年生产营运后，要进行一次系统的项目后评价。主要内容包括：影响评价，项目投产后对各方面的影响进行评价；经济效益评价，对项目投资、国民经济效益、财务效益、技术进步和规模效益、可行性研究深度等进行评价；过程评价，对项目的立项、设计施工、建设管理、竣工投产、生产营运等全过程进行评价。项目后评价一般按 3 个层次组织实施，即项目法人的自我评价、项目行业的评价、计划部门（或主要投资方）的评价。

1.2 建设项目管理体制及其相关法规

1.2.1 项目法人责任制

水利工程建设管理实行项目法人责任制。2000 年 7 月，国发［2000］20 号文《关于加强公益性水利工程建设管理的若干意见》规定：根据作用和受益范围，水利工程建设项目划分为中央项目和地方项目。中央项目由水利部（或流域机构）负责组织建设并承担相应责任，地方项目由地方人民政府组织建设并承担相应责任。项目的类别在审批项目建议书或可行性研究报告时确定。中央项目由水利部（或流域机构）负责组建项目法人，任命法人代表。地方项目由项目所在地的县级以上地方人民政府组建项目法人，任命法人代表，其中总投资在2亿元以上的地方大型水利工程项目，由项目所在地的省（自治区、直辖市及计划单列市）人民政府负责或委托组建项目法人，任命法人代表。

项目法人的主要职责如下：

（1）负责组建项目法人在现场的建设管理机构。

（2）负责落实工程建设计划和资金。

（3）负责对工程质量、进度、资金等进行管理、检查和监督。

（4）负责协调项目的外部关系。项目法人应当按照《中华人民共和国合同法》和《建设工程质量管理条例》的有关规定，与勘察设计单位、施工单位、工程监理单位签订合同，并明确项目法人、勘察设计单位、施工单位、工程监理单位质量终身责任制以及其所应负的责任。水利部下发的《关于进一步加强水利工程建设管理的指导意见（水建管［2009］115号）》强调要求认真执行项目法人责任制。

1.2.2 招标投标制

水利工程建设实行招标投标制。《中华人民共和国招标投标法》2000年1月1日起施行，以及《中华人民共和国招标投标法实施条例》2012年2月1日起施行，对规范招标投标行为，保护国家利益、社会公共利益和招标投标活动当事人的合法权益，提高经济效益，保证项目质量，具有重要的意义。水利部相继颁发了《水利工程建设项目招标投标管理规定》、《水利工程建设监理招标投标管理办法》、《水利工程建设材料设备招标投标管理办法》、《水利水电工程标准施工招标文件》（2009年版）等文件、标准，规范了水利工程建设招标投标行为。水利工程监理单项合同估算价50万元以上必须招标，水利工程招投标相关知识详见《水利工程合同管理》（第2版）。

1.2.3 建设监理制

水利工程建设管理实行监理制。水利部或中国水利工程协会颁发的相关法规有《水利工程建设项目施工监理规范》（SL 288—2003）、《水利工程建设安全生产管理规定》（水利部令第26号）、《水利工程建设监理规定》（水利部令第28号）、《水利工程建设监理人员资格管理办法》（中水协［2007］3号）、《水利工程建设监理单位资质管理办法》（水利部令第29号，2010年修改）、《关于进一步加强水利工程建设管理的指导意见》（水建管［2009］115号）等一系列法规。

1.2.4 总监理工程师负责制

《水利工程建设项目施工监理规范》（SL 288—2003）规定：水利工程建设管理实行总监理工程师负责制，总监理工程师应负责全面履行监理合同中所约定的监理单位的职责。经水利工程监理单位任命的总监理工程师，是代表监理单位履行项目监理合同权力与义务的主体，总监理工程师全面领导该水利工程项目监理机构的工作，副总监理工程师、监理工程师、监理员等在总监理工程师的授权范围内开展工作，承担相应责任。

1.3 水利工程施工监理

1.3.1 概念

水利工程施工监理，是指具有相应资质的水利工程建设监理单位，受项目法人（建设单位）委托，按照监理合同对水利工程建设项目实施中的质量、进度、投资、安全生产、环境保护等进行的管理活动，包括水利工程施工监理、水土保持工程施工监理、机电及金属结构设备制造监理、水利工程建设环境保护监理等4个专业。水利工程建设项目施工监理应以合同管理为中心，有效控制工程建设项目质量、投资、进度等目标，加强信息管理，并协调建设各方之间的关系。

1.3.2 施工监理的性质

水利工程施工监理的性质有服务性、独立性、公正性和科学性。

（1）服务性。水利工程施工监理是在工程项目建设过程中，利用自己在工程建设方面的专业技术知识、管理知识和经验为建设单位提供高智能的监督管理服务，以满足建设单位对项目管理的需要。它所获得的报酬是技术服务性的报酬。

（2）独立性。《中华人民共和国建筑法》明确指出，工程监理企业应当根据建设单位的委托，客观、公正地执行监理任务。监理单位是直接参与工程项目建设的当事人之一，是独立的一方。监理单位在履行监理合同义务和开展监理活动的过程中，要建立自己的组织，要确定自己的工作准则，要运用自己掌握的方法和手段，根据自己的判断，独立地开展工作。监理单位是专门为建设单位提供专业化技术服务的企业。

（3）公正性。公正性是社会公认的职业道德，是监理行业能够长期生存和发展的基本职业道德准则。监理单位不仅是为建设单位提供技术服务的一方，它还应当成为建设单位与承建单位之间公正的第三方。特别是当建设单位与承建单位发生利益冲突或矛盾时，项目监理机构应以事实为依据，以法律法规和有关合同为准绳，在维护建设单位的合法权益时，不损害承建单位合法权益。

（4）科学性。水利工程施工监理单位的科学性来源于它所拥有的监理人员的高素质。水利工程监理人员有总监理工程师、监理工程师、监理员，均必须持证上岗，主要人员必须具有相当的学历，有丰富的工程管理经验，以及相关的技术、经济、管理和法律知识。监理人员具有能发现建设过程中设计、施工技术、管理和经济方面等问题并加以科学合理解决的能力。另外，他们有健全的管理制度，现代化的管理手段。

1.3.3 监理与质量监督的区别

（1）工作性质不同。水利工程质量监督机构是代表水行政主管部门履行其对水利工程建设项目监督的职能，从保障社会公共利益和国家法规执行的角度对水利工程质量进行政府监督、认证，属于政府行为。而社会监理单位则是受建设单位委托，按监理依据对水利工程建设实施专业化管理的第三方，属于市场行为，其工作性质是代表建设单位履行其对建设项目管理的部分职能。此外，政府质量监督机构是执法机构，其工作具有强制性，任何行政管辖范围内的建设项目必须接受监督；而社会监理单位则是服务性机构，按建设单位委托的内容、范围、授权大小来开展监理工作。

（2）工作范围和深度方面不同。水利工程质量监督机构的工作分为行为监督和工程实体监督，行为监督主要内容包括参建单位及人员资格、履行职责的全面性及合规性检查等；工程实体监督主要通过对重要质量因素和关键部位进行控制，参与工程质量、安全事故的处理，工程质量的抽查和等级认定等。社会监理单位的质量控制工作范围，除保证质量目标的实现外，其工作要深入、具体得多，它包括审查设计文件及设计变更，组织图纸会审和设计交底，审批施工组织设计和施工方案，原材料、设备和构配件质量检测及进场报审，工序检查与质量验评，隐蔽工程和工程阶段产品的质量检验与计量签证，签发付款凭证，组织或参与质量安全事故分析处理及其责任划分，调解有关质量纠纷等。因此，监理单位的工作方式，不能像政府质量监督机构那样以抽查为主，而必须不间断地跟踪监控。

（3）工作依据不同。政府质量监督机构主要是依据国家方针、政策、法律、法规、技术标准与规范、规程等开展监督工作的，而社会监理除依据上述法律、法规和规章外，更要具体地以设计文件和监理委托合同、工程承包合同为主要依据。

（4）工作手段不同。政府质量监督主要靠行政手段，包括责令返工，警告、通报、罚款，甚至降低企业资质等级、暂停或取消个人执业资格等。而建设监理虽有时也使用返工、停工等强制手段，但主要是依靠合同约束的经济手段，包括拒绝进行质量和计量签证、拒签付款凭证等。

1.3.4 施工监理的作用

1. 有利于规范工程建设参与各方的建设行为

工程建设参与各方的建设行为都应符合法律、法规的要求。政府主要对工程建设参与各方的建设行为进行宏观的监督管理，但政府的监督管理不可能深入到每一项建设工程的具体实施过程中，而水利工程施工监理这种约束机制贯穿于工程建设的全过程，不但可以有效地规范承建单位的建设行为，也可以规范建设单位因不熟悉或不了解建设工程有关的法律、法规而发生的不当建设行为。

2. 有利于促进承建单位保证建设工程质量和运行安全

工程监理企业对承建单位建设行为的监督管理，实际上是从产品需求者的角度对建设工程生产过程的管理，这与产品生产者自身的管理有很大的不同；而工程监理企业又不同于建设工程的实际需求者，其监理人员包括既懂工程技术又懂经济管理的专业人士，他们有能力及时发现建设工程实施过程中出现的问题，发现工程材料、设备、工艺以及阶段性产品存在的问题，从而避免留下工程质量隐患。因此，实行建设工程监理制后，不但可以有效约束承建单位自身对工程质量的管理，而且工程监理企业介入建设工程生产过程的管理，对保证建设工程质量和运行安全有着重要作用。

1.3.5 施工监理工作主要内容

监理工作主要内容有进度控制、质量控制、投资控制、合同管理、信息管理、协调，简称“三控二管一协调”，《水利工程建设项目施工监理规范》（SL 288—2003）规定：水利工程建设项目施工监理应以合同管理为中心，有效控制工程建设项目质量、投资、进度等目标，加强信息管理，并协调建设各方之间的关系。水利工程监理单位还有监理项目的安全、环境保护监理责任。

1.3.6 施工监理工作的依据

《水利工程建设项目施工监理规范》（SL 288—2003）、《水利水电工程标准施工招标文件》（2009 年版）规定：水利工程建设项目施工监理应以下列文件为依据：

（1）国家和水利部有关工程建设的法律、法规和规章。

（2）水利行业工程建设有关技术标准及其强制性条文。

（3）经批准的工程建设项目设计文件及其他相关文件。

（4）监理合同、施工合同等合同文件。

（5）合同执行期间，监理工程师与承包人之间有关工程实施的会议纪要、函件以及监理工程师批准的施工方案、技术方案、洽商记录和发出的指令、签认的报表等。

1.3.7 施工监理工作的范围

《水利工程建设监理规定》指出，水利工程是指防洪、排涝、灌溉、水力发电、引（供）水、滩涂治理、水土保持、水资源保护等各类工程（包括新建、扩建、改建、加固、修复、拆除等项目）及其配套和附属工程。水利工程建设监理，是指具有相应资质的水利工程建设监理单位（以下简称监理单位），受项目法人（建设单位，下同）委托，按照监理合同对水利工程建设项目实施中的质量、进度、资金、安全生产、环境保护等进行的管理活动，包括水利工程施工监理、水土保持工程施工监理、机电及金属结构设备制造监理、水利工程建设环境保护监理等 4 个专业。

水利工程建设项目依法实行建设监理。总投资 200 万元以上且符合下列条件之一的水利工程建设项目，必须实行建设监理：

（1）关系社会公共利益或者公共安全的。

（2）使用国有资金投资或者国家融资的。

（3）使用外国政府或者国际组织贷款、援助资金的。

铁路、公路、城镇建设、矿山、电力、石油天然气、建材等开发建设项目的配套水土保持工程，符合前款规定条件的，应当按照本规定开展水土保持工程施工监理。

项目监理工作范围在施工监理合同中有明确约定，具体监理工作一般包括以下内容。

1. 设计方面

（1）核查并签发施工图，发现问题向委托人反映，重大问题向委托人做专题报告。

（2）主持或与委托人联合主持设计技术交底会议，编写会议纪要。

（3）协助委托人会同设计人对重大技术问题和优化设计进行专题讨论。

（4）审核承包人对施工图的意见和建议，协助委托人会同设计人员进行研究。

（5）其他相关业务。

2. 采购方面

（1）协助委托人进行采购招标。

（2）协助委托人对进场的永久工程设备进行质量检验与到货验收。

（3）其他相关业务。

3. 施工方面

（1）协助委托人进行工程施工招标和签订工程施工合同。

（2）全面管理工程施工合同，审查承包人选择的分包单位，并报委托人批准。

（3）督促委托人按工程施工合同的约定，落实必须提供的施工条件；检查承包人的开工准备工作。

（4）审核按工程施工合同文件约定应由承包人提交的设计文件。

（5）审查承包人提交的施工组织设计、施工进度计划、施工措施计划；审核工艺试验成果等。

（6）进度控制。协助委托人编制控制性总进度计划，审批承包人编制的进度计划；检查实施情况，督促承包人采取措施，实现合同工期目标。当实施进度发生较大偏差时，要求承包人调整进度计划；向委托人提出调整控制性进度计划的建议意见。

（7）施工质量控制。审查承包人的质量保证体系和措施；审查承包人的实验室条件；依据工程施工合同文件、设计文件、技术标准，对施工全过程进行检查，对重要部位、关键工序进行旁站监理；按照有关规定，对承包人进场的工程设备、建筑材料、建筑构配件、中间产品进行跟踪检测和平行检测，复核承包人自评的工程质量等级；审核承包人提出的工程质量缺陷处理方案，参与调查质量事故。

（8）资金控制。协助委托人编制付款计划；审查承包人提交的资金流计划；核定承包人完成的工程量，审核承包人提交的支付申请，签发付款凭证；受理索赔申请，提出处理建议意见；处理工程变更。

（9）施工安全控制。审查承包人提出的安全技术措施、专项施工方案，并检查实施情况；检查防洪度汛措施落实情况；参与安全事故调查。

（10）协调施工合同各方之间的关系。

（11）按有关规定参加工程验收，负责完成监理资料的汇总、整理，协助委托人检查承包人的合同执行情况；做好验收的各项准备工作或者配合工作，提供工程监理资料，提交监理工作报告。

（12）档案管理。做好施工现场的监理记录与信息反馈，做好监理文档管理工作，合同期限届满时按照档案管理要求整理、归档并移交委托人。

（13）监督承包人执行保修期工作计划，检查和验收尾工项目，对已移交工程中出现的质量缺陷等调查原因，并提出处理意见。

（14）按照委托人签订的工程保险合同，做好施工现场工程保险合同的管理。协助委托人向保险公司及时提供一切必要的材料和证据。

（15）其他相关工作。

1.3.8 施工监理的主要文件

监理的主要文件有监理大纲、监理规划、监理实施细则、监理月报、监理会议纪要、《水利工程建设项目施工监理规范》(SL 288—2003) 推荐使用的监理控制文件 (表1-1)、监理工作报告、工程质量评估报告和监理总结等。

表1-1　　监理控制文件表

序号	表格名称	序号	表格名称
1	进场通知	21	工程价款月付款证书
2	合同项目开工令	22	月支付审核汇总表
3	分部工程开工通知	23	完工/最终付款证书
4	工程预付款付款证书	24	工程移交证书
5	批复表	25	保留金付款证书
6	监理通知	26	保修责任终止证书
7	监理报告	27	施工设计图纸核查意见单
8	计日工工作通知	28	工程项目划分报审表
9	工程现场书面指示	29	监理月报
10	警告通知	30	完成工程量月统计表
11	整改通知	31	监理抽检情况月汇总表
12	新增或紧急工程通知	32	工程变更月报表
13	变更指示	33	监理抽检取样样品月登记表
14	变更项目价格审核表	34	旁站监理值班记录
15	变更项目价格签认单	35	监理巡视记录
16	变更通知	36	监理机构内部会签单
17	暂停施工通知	37	会议纪要
18	复工通知	38	监理机构联系单
19	费用索赔审核表	39	监理机构备忘录
20	费用索赔签认单		

监理文件的编写有规范性要求，对参建各方有约束力；在监理工作中既有指导性，又有可操作性；既是实施的依据，又是长期保存的文档和法律证据；力求简练，表达准确，否则容易引起合同纠纷。

1. 监理大纲

监理大纲是监理单位在建设单位开始委托监理的过程中，特别是在建设单位进行建设项目监理招标过程中，监理单位为承揽监理业务而编制的监理方案性文件，是监理投标书的重要组成部分。

(1) 监理大纲的作用包括以下几点：

1) 通过监理大纲，建设单位可以了解监理单位的监理方案，优秀的监理方案将得到建设单位认可，让建设单位相信该监理单位能胜任项目监理工作，从而承揽到监理业务。

2）为监理单位对所承揽的监理项目而组建的监理机构，作为在以后开展监理工作中制定方案、编制建设监理规划的基础和依据。

（2）监理大纲的主要内容。应当根据建设单位发布的建设项目监理招标文件的要求来制定。一般应包括以下几点：

1）监理单位拟派往监理项目的主要监理人员，并对这些人员的资格、业绩情况作介绍；其中介绍拟派驻的项目总监理工程师的情况至关重要，这往往决定监理单位承揽监理业务的成败。

2）监理单位根据建设单位所提供的和自己初步掌握的工程信息，制定准备采用的监理方案。具体内容包括：工程项目分析；监理工作目标；现场监理组织机构方案；人员、设备投入计划；质量、进度、投资三大目标控制方案；安全监督、环境保护监理方案；工程建设所涉及的合同管理方案；信息管理方案；组织协调措施等。

3）明确说明将提供给建设单位的反映监理阶段性成果的文件。监理单位应向建设单位提供其未来反映监理阶段性成果的文件，有助于监理单位承揽到建设监理业务。

（3）监理大纲的编写。监理单位技术、经营部门根据工程项目监理招标文件、项目的特点、规模以及监理单位自身的条件及以往承担工程项目监理的经验编写监理大纲。通常监理大纲具体内容如下：

1）工程项目概况。主要包括下列内容：

a. 建设单位名称、监理项目名称。

b. 建设地点、工程规模、工程等级。

c. 主要建筑物形式、项目总投资。

d. 建设工期、计划开工日期、计划完工日期。

e. 风、水、电及施工交通等条件。

f. 其他。

2）工程项目分析。根据监理招标文件中的工程项目描述、招标图纸，以及现场查看等获取到的资料，对工程项目的特点、重点和难点进行分析，并提出对策措施。

3）监理工作范围及监理目标。根据监理单位对建设单位监理招标文件的理解，列出监理单位的工作范围（一般与招标文件对应），以及监理工作应实现的监理投资目标、进度目标和质量目标。

4）监理机构组织形式。根据项目工程特点与规模，拟定监理单位在该项工程上所采用的监理组织形式，并在相应岗位上列出拟派出的主要监理人员名单。

5）投资控制措施。针对以下主要任务提出监理措施：①协助发包人制定投资控制目标和分年度投资计划；②审查承包人提交的资金流计划；③审核承包人完成的工程量和单价费用，签发计量和支付凭证；④处理工程变更，经发包人同意后下达工程变更令；⑤受理索赔申请，进行索赔调查和谈判，提出索赔处理书面意见，协助发包人做好反索赔工作；⑥审核工程结算。

6）进度控制措施。针对以下主要任务提出监理措施：①协助发包人编制施工总进度计划，确定阶段性进度目标，据此进行进度控制；②审查批准承包人提交的施工进度计划，包括年度、季度、月度、周计划，督促承包人投入足够的施工资源，实现合同的工期要求；③跟踪施工进展情况，掌握施工动态，做好人力、材料、设备和机具投入控制工作，保证施工进度；④审查承包人的进度报告，如出现滞后偏差及时采取赶工措施；审查调整施工进度计划，提出审查意见后报业主审批；⑤主持召开进度协调会议，及时协调各方关系，解决存在问题，保证施工顺利进行；⑥研究制定预防工期索赔措施，公正处理工期索赔。

7）质量控制措施。针对以下主要任务提出监理措施：①协助发包人做好施工现场准备工作，为承包人提交质量合格的施工现场；②审查确认承包人的项目经理、技术负责人和技术岗位作业人员的资格及分包单位资质；③审查承包人的质量保证体系，包括机构组成、人员配备、管理制度和质量保证措施等；④审查施工组织设计、专项/重要施工方案，重要施工方案实行会审制度；⑤检查施工机械和机具，检查并协助承包人搞好各项生产环境、劳动环境和管理环境，保证施工质量；⑥检查原材料和工程设备质量，进行质量认证。监督检测试验，控制原材料、中间产品、工程设备和工程实体质量；⑦行使质量监督权，检查工序质量和隐蔽工程质量，严格工序交接制度，对重要工程部位和关键工序实行旁站监督；⑧以检验批/单元/分项工程为基础，按质量检验标准，对施工质量进行检查、核实和签认；⑨做好中间验收和竣工验收工作，审查项目验收资料。

8）安全监督措施。针对以下主要任务提出监理措施：①协助建设单位加强对发包工程的安全管理，建立安全管理制度；②督促承包人建立健全安全生产管理体系，建立安全生产组织机构，制定安全责任制、安全生产管理制度和安全生产作业操作规程；③审查施工单位、分包单位的安全资质和项目经理、专职安全管理人员、特种作业人员的上岗资格，并在此过程中检查其持证上岗情况；④审查施工组织设计中的安全技术措施或者专项安全技术措施是否满足安全风险控制要求；对危险性较大的工程安全施工方案或承包人提出的安全技术措施的实施进行监督检查；⑤按法律法规和工程建设强制性标准条文要求，对项目现场施工安全进行监督管理；⑥参加或组织安全生产检查，发现存在事故隐患的应当要求施工单位整改，情况严重的要求暂停施工，并及时向水行政主管部门、流域管理机构或者其委托的安全生产监督机构及项目法人报告。

9）水保环保控制措施。针对以下主要任务提出监理措施：①审查水土保持和环境保护方案；②督促承包人按要求修建水保环保设施，如拦渣坝、排水沟、污水处理系统等；③监督承包人施工作业是否符合水保环保要求，如严禁乱弃渣、开挖边坡及时保护等；④发现承包人未落实水保环保措施，及时提出整改指令，实行闭环管理；⑤合同项目完工后，督促承包人拆除不需要保留的施工临时设施，清理场地，恢复植被；⑥配合环保与水保的专项验收。

10）合同管理措施。针对以下主要任务提出监理措施：①参与合同谈判，协助业主与承包人签订承包合同；②学习、分析合同文件，正确解析和引用合同条款；③分析研究合同实施条件，进行风险分析，避免投资损失；④掌握施工动态，做好施工同期记录，为合同管理提供充分依据；⑤审查工程变更申请，提出处理意见，经发包人和上级有关部门批准后下达工程变更令；⑥审查承包人提出的索赔申请，进行索赔与反索赔调查，提出索赔处理意见，报上级有关部门批准；⑦审查工程分包，经监理人审查同意并经发包人批准后，分包队伍才能进场施工；⑧督促各方履行合同义务，减少违约事件的发生；⑨调解合同纷争，减少矛盾和纠纷。

11）信息与档案管理措施。针对以下主要任务提出监理措施：①落实工程信息文件传递流程，质量、安全、造价、进度控制及合同管理的信息管理制度；②工程开工前，监理参加的第一次工地例会要明确信息管理分工与职责，要求各参建单位确定工程信息管理负责人及沟通方式，形成具有地址、姓名、职务、手机、电话、电子邮箱等详细信息的通信录；③采集整理工程建设过程中质量、安全、造价、进度控制及合同管理等信息，确保提供的监理数据及时、准确和完整；④采集工程信息介质，包括监理工作范围内的文字、图形、图像、语言和数字信息；⑤督促参建单位及时报送工程报表和工程信息文件，配合业主完成工程数据信息统计报送；⑥存储于计算机中的重要工程信息定期需进行备份，以防遗失；⑦工程信息传递应及时、真实、准确和全面，信息分类管理，实施文件的收发登记，填写《接收文件登记表》及《发出文件登记表》，建立健全信息资源利用制度；⑧对具有密级的工程信息应按保密制度妥善管理；⑨工程完工后，审核承包人整编的工程资料，同时，整编归档监理资料，移交建设单位。

12）组织协调的任务。①协调工程建设各单位之间的配合关系，协助建设单位处理有关问题；②处理各种与本工程项目有关的纠纷事宜；③主要协调方式：电话沟通；个别座谈；双方座谈；监理协调会；召开专门协调会；下发监理指示。

13）监理报告目录。

a. 监理月、季、年报。根据监理工程项目、范围及内容，随工程施工进展向业主报送监理月、季、年报，参考以下内容编写：施工质量情况；工程进展情况；进场施工机构设备及劳动力动态；合同变更和工程变更情况；工程支付情况；监理工作情况；工程大事记；向业主抄报监理、监造人员出勤表；工作计划；其他。

b. 年度施工计划和资金计划。

c. 工程建设项目统计规定的月度、年度报表。

d. 工程验收要求及监理报告。

14）其他。接受建设单位委托，处理上述未包括的其他与本工程项目有关的事宜。

2. 监理规划

监理规划是指工程建设监理单位在接受建设单位委托后，编制的指导项目监理机构全面开展监理工作的纲领性文件。工程建设监理是监理单位依据法律、行政法规及有关的技术标准、设计文件和工程建设合同，对工程项目实施监督管理，目的是实现项目建设的总目标。监理单位对工程项目的监督管理过程就是对项目计划、组织、控制、协调的过程，监理规划就是项目监理机构对项目管理过程设想的文字表述，是监理人员有效地进行监理工作的依据和指导性文件，这也是编制工程建设监理规划的最终目的。

（1）监理规划编写的依据。监理规划必须根据监理委托合同、监理大纲和监理项目的实际情况来制定。编制前要收集有关资料作为编制依据。

1）勘测设计资料、设计报告和图纸。

2）有关工程建设法律、法规、规章和规程、规范。

3）建设监理合同。

4）施工承包合同。

5）监理单位自身资源条件与经验。

（2）监理规划编写的要求。

1）编写建设监理规划的内容应具有针对性、指导性。监理规划既要考虑项目自身的本质特点，也要根据承担这个项目监理工作的监理单位的情况来编制，只有这样，监理规划才有针对性，才能真正起到指导作用，才是可行的。在监理规划中要明确规定监理机构在工程实施的每个阶段要做什么工作和由谁来做；在什么时间和什么地点做这些工作及怎样才能做好。

2）由总监理工程师主持监理规划的编制。水利工程监理实行总监理工程师负责制。监理规划是指导监理机构全面开展监理工作的纲领性文件，编写必须在总监理工程师的主持下进行，同时要广泛征求各专业监理工程师和其他监理人员的意见。在监理规划的编写过程中还要听取建设单位和被监理单位的意见，以便使监理工程师的工作得到有关各方的支持和理解。

3）建设监理规划的编写要遵循科学性和实事求是的原则，根据项目的特点制定监理措施，对重点、难点问题提出监理对策；同时，不能违背合同约定和有关政策法规、规程规范的规定。

4）建设监理规划内容的书面表达方式，一般包含以下章节：项目概况；监理工作范围；监理工作内容；监理工作目标；监理工作依据；工程项目分析；监理机构组织形式；监理人员配备计划；监理人员岗位职责；主要监理工作程序；监理工作方法及措施（三控制二管理一协调）；主要监理工作制度；监理设施。

5）建设监理规划一般要求在工程正式开工前编写完成，总监理工程师在第一次工地会议上作简要介绍。若在监理过程中，工程项目发生较大变化，应重新修订监理规划。

（3）监理规划的审批。监理规划在总监理工程师主持下编制完成以后，应由监理单位的技术负责人审核批准，监理规划还应报建设单位备案。

（4）监理规划的主要内容。监理规划是在工程建设监理合同签订以后编制的指导监理机构开展监理工作的纲领性文件。它起着对工程建设监理工作全面规划和进行监督指导的重要作用。因此，监理规划比监理大纲在内容与深度上更为详细和具体，而监理大纲是编制监理规划的依据。在总监理工程师的主持下，以监理合同、监理大纲为依据，根据项目的特点和具体情况，充分收集与项目建设有关的信息和资料，结合监理单位自身的资源和经验认真编制。其主要内容包括总则、三控二管一协调、工程验收与移交、保修期监理、监理设施。分述如下：

1）总则。

a. 工程项目基本概况。简述工程项目的名称、性质、等级、建设地点、自然条件与外部环境；工程项目组成及规模、特点；工程项目建设目的。

b. 工程项目主要目标。工程项目总投资及组成、计划工期（包括项目阶段性目标的计划开工日期和完工日期）、质量目标。

c. 工程建设参与单位。工程项目主管部门、发包人、质量监督机构、设计单位、承包人、监理单位、材料设备供货人的简况。

d. 监理工程范围和内容。发包人委托监理的工程范围和服务内容等。

e. 监理主要依据。列出开展监理工作所依据的法律、法规、规章，国家及部门颁发的有关技术标准，批准的工程建设文件和有关合同文件、设计文件等的名称、文号。

f. 监理组织。现场监理机构的组织形式与部门设置，部门分工与协作，主要监理人员的配置和岗位职责等。

g. 监理工作基本程序。

h. 监理工作主要方法和主要制度。制定技术文件审核与审批、工程质量检验、工程计量与付款签证、会议、施工现场紧急情况处理、工作报告、工程验收等方面的监理工作具体方法和制度。

i. 监理人员守则和奖惩制度。

2）工程质量控制。

a. 质量控制的原则。

b. 质量控制的目标。根据有关规定和合同文件，明确合同项目各项工作的质量要求和目标。

c. 质量控制的内容。根据监理合同明确监理机构质量控制的主要工作内容和任务。

d. 质量控制的措施。明确质量控制程序和质量控制方法，并明确质量控制点、质量控制要点与难点。

e. 明确监理机构所应制定的质量控制制度。

3）工程进度控制。

a. 进度控制的原则。

b. 进度控制目标。根据工程基本资料，建立进度控制目标体系，明确合同项目进度的控制性目标。

c. 进度控制的内容。根据监理合同明确监理机构在施工中进度控制的主要工作内容。

d. 进度控制的措施。明确合同项目进度控制程序、控制制度和控制方法。

4）工程投资控制。

a. 投资控制的原则。

b. 投资控制的目标。依据施工合同，建立投资控制体系。

c. 投资控制的内容。依据监理合同，明确投资控制的主要工作内容和任务。

d. 投资控制的措施。明确工程计量方法、程序和工程支付程序及分析方法。明确监理机构所需制定的工程支付与合同管理制度。

5）合同管理。

a. 变更的处理程序和监理工作方法。

b. 违约事件的处理程序和监理工作方法。

c. 索赔的处理程序和监理工作方法。

d. 担保与保险的审核和查验。

e. 分包管理的监理工作内容与程序。

f. 争议的调解原则、方法与程序。

g. 清场与撤离的监理工作内容。

6）协调。

a. 明确监理机构协调工作的主要内容。

b. 明确协调工作的原则与方法。

7）工程验收与移交。明确监理机构在工程验收与移交中工作的内容。

8）保修期监理。

a. 明确工程保修期的起算、终止和延长的依据和程序。

b. 明确保修期监理的主要工作内容。

9）信息管理。

a. 信息管理程序、制度及人员岗位职责。

b. 文档清单及编码系统。

c. 文档管理计算机管理系统。

d. 文件信息流管理系统。

e. 文件资料归档系统。

f. 现场记录的内容、职责和审核。

g. 现场指令、通知、报告内容和程序。

10）监理设施设备。

a）制定现场交通、通信、试验、办公、食宿等设施设备的使用计划。

b）制定交通、通信、试验、办公等设施使用的规章制度。

11）其他根据合同项目需要应包括的内容。

3. 监理实施细则

在监理规划指导下，落实了各专业项目监理工作内容后，由专业监理工程师针对项目的具体情况制定的更具有实施性和可操作性的业务文件。在编写时间上总是滞后于建设监理规划，其编写主持人一般就是项目监理机构的各专业或各子项目的负责人，其内容局限于本专业或子项，是围绕本专业或子项目的主要工作来编写的，它起着具体指导监理实施工作的作用。

（1）监理实施细则编写要点。

1）监理实施细则应在专项工程或专业工程施工前，由项目和专业监理工程师编制完成，相关各监理人员参与，并经总监理工程师批准。

2）监理实施细则应符合监理规划的基本要求，充分体现工程特点和合同约定的要求，结合工程项目的施工方法和专业特点，具有明显的针对性。

3）监理实施细则要体现工程总体目标的实施和有效控制，明确控制措施和方法，具备可行性和可操作性。

4）监理实施细则应突出监理工作的预控性，要充分考虑可能发生的各种情况，针对不同情况制订相应的对策和措施，突出监理工作的事前审批、事中监督和事后检验程序。

5）监理实施细则可根据实际情况按进度、分阶段进行编制，但应注意前后的连续性、一致性。

6）总监理工程师在审核时，应注意各个监理实施细则间的衔接与配套，以组成系统、完整的监理实施细则体系。

7）在监理实施细则条文中，应具体写明引用的规程、规范、标准及设计文件的名称、文号；文中涉及采用的报告、报表时，应写明报告、报表所采用的格式。

8）在监理工作实施过程中，监理实施细则应根据实际情况进行补充、修改和完善。

9）监理实施细则的主要内容及条款可随工程不同而有所调整。

（2）监理实施细则的主要内容。

1）总则。

a. 编制依据。其包括施工合同文件、设计文件与图纸、监理规划、经监理机构批准的施工组织设计及技术措施（作业指导书），由生产厂家提供的有关材料、构配件和工程设备的使用技术说明，工程设备的安装、调试、检验等技术资料。

b. 适用范围。写明该监理实施细则适用的项目或专业。

c. 负责该项目或专业工程的监理人员及职责分工。

d. 适用工程范围内使用的全部技术标准、规程、规范的名称、文号。

e. 发包人为该项工程开工和正常进展应提供的必要条件。

2）开工审批内容和程序。

a. 单位工程、分部工程开工审批程序和申请内容。

b. 混凝土浇筑开仓审批程序和申请内容。

3）质量控制的内容、措施和方法。

a. 质量控制标准与方法。根据技术标准、设计要求、合同约定等，具体明确工程质量的质量标准、检验内容及质量控制措施，明确质量控制点及旁站监理方案等。

b. 材料、构配件和工程设备质量控制。具体明确材料、构配件和工程设备的运输、储存管理要求，报验、签认程序，检验内容与标准。

c. 工程质量检测试验。根据工程施工实际需要，明确对承包人检测试验室配置与管理的要求，对检测试验的工作条件、技术条件、试验仪器设备、人员岗位资格与素质、工作程序与制度等方面的要求；明确监理机构检验的抽样方法或控制点的设置、试验方法、结果分析以及试验报告的管理。

d. 施工过程质量控制。明确施工过程质量控制要点、方法和程序。

e. 工程质量评定程序。根据规程、规范、标准、设计要求等，具体明确质量评定内容与标准，并写明引用文件的名称与章节。

f. 质量缺陷和质量事故处理程序。

4）进度控制的内容、措施和方法。

a. 进度目标控制体系。该项工程的开工、完工时间，阶段目标或里程碑时间，关键节点时间。

b. 进度计划的表达方法。如横道图、网络图（双代号、时标）、“S”曲线等，应满足合同要求和控制需要。

c. 施工进度计划的申报。明确进度计划（包括总进度计划、单位工程进度计划、分部工程进度计划、年度计划、月计划等）的申报时间、内容、形式、份数等。

d. 施工进度计划的审批。明确进度计划审批的职责分工、要点、时间等。

e. 施工进度的过程控制。明确施工进度监督与检查的职责分工；拟订检查内容（包括形象进度、劳动效率、资源、环境因素等）；明确进度偏差分析与预测的方法与手段（如采用的图表、计算机软件等)；制订进度报告、进度计划修正与赶工措施的审批程序。

f. 停工与复工。明确停工与复工的程序。

g. 工期索赔。明确控制工期索赔的措施和方法。

5) 投资控制的内容、措施和方法。

a. 投资目标控制体系。投资控制的措施和方法；各年的投资使用计划。

b. 计量与支付。计量与支付的依据、范围和方法；计量申请与付款申请的内容及应提供的资料；计量与支付的申报、审批程序。

c. 实际投资额的统计与分析。

d. 控制费用索赔的措施和方法。

6) 施工安全与环境保护控制的内容、措施和方法。

a. 监理机构内部的施工安全控制体系。

b. 承包人应建立的施工安全保证体系。

c. 工程不安全因素分析与预控措施。

d. 环境保护的内容与措施。

7) 合同管理主要内容。

a. 工程变更管理。明确变更处理的监理工作内容与程序。

b. 索赔管理。明确索赔处理的监理工作内容与程序。

c. 违约管理。明确合同违约管理的监理工作内容与程序。

d. 工程担保。明确工程担保管理的监理工作的内容。

e. 工程保险。明确工程保险管理的监理工作内容。

f. 工程分包。明确工程分包管理的监理工作内容与程序。

g. 争议的解决。明确合同双方争议的调解原则、方法与程序。

h. 清场与撤离。明确承包人清场与撤离的监理工作内容。

8) 信息管理。

a. 信息管理体系。其包括设置管理人员及职责，制定文档资料管理制度。

b. 编制监理文件格式、目录。制定监理文件分类方法与文件传递程序。

c. 通知与联络。明确监理机构与发包人、承包人之间通知与联络的方式与程序。

d. 监理日志。制定监理人员填写监理日志制度，拟定监理日志的格式和内容及管理办法。

e. 监理报告。明确监理月报、监理工作报告和监理专题报告的内容和提交时间、程序。

f. 会议纪要。明确会议纪要记录要点和发放程序。

9) 工程验收与移交程序和内容。

a. 明确分部工程验收程序与监理工作内容。

b. 明确阶段验收程序与监理工作内容。

c. 明确单位工程验收程序与监理工作内容。

d. 明确合同项目完工验收程序与监理工作内容。

e. 明确工程移交程序与监理工作内容。

10) 其他根据项目或专业需要应包括的内容。

1.3.9　施工监理总程序

《水利工程建设项目施工监理规范》（SL 288—2003）规定，水利工程施工监理总程序如下：

（1）签订监理合同，明确监理范围、内容和责权。

（2）依据监理合同，组建现场监理机构，选派总监理工程师、监理工程师、监理员和其他工作人员。

（3）熟悉工程建设有关法规、规章及技术标准，熟悉工程设计文件、施合同文件和监理合同文件。

（4）编制项目监理规划。

（5）进行监理工作交底。

（6）编制各专业、各项目监理实施细则。

（7）实施施工监理工作。主要监理工作流程参照本规范附录C实施。

（8）督促承包人及时整理、归档各类资料。

（9）参加验收工作，签发工程移交证书和工程保修责任终止证书。

（10）结清监理费用。

（11）向发包人提交有关档案资料、监理工作总结报告。

（12）向发包人移交其所提供的文件资料和设施设备。

1.3.10　施工监理工作方法

（1）现场记录。监理机构认真、完整记录每日施工现场的人员、设备和材料、天气、施工环境以及施工中出现的各种情况。

（2）发布文件。监理机构采用通知、指示、批复、签认等文件形式进行施工全过程的控制和管理。

（3）旁站监理。监理机构按照监理合同约定，在施工现场对工程项目的重要部位和关键工序的施工，实施连续性的全过程检查、监督与管理。

（4）巡视检验。监理机构对所监理的工程项目进行的定期或不定期的检查、监督和管理。

（5）跟踪检测。在承包人进行试样检测前，监理机构对其检测人员、仪器设备以及拟订的检测程序和方法进行审核；在承包人对试样进行检测时，实施全过程的监督，确认其程序、方法的有效性以及检测结果的可信性，并对该结果确认。

（6）平行检测。监理机构在承包人对试样自行检测的同时，独立抽样进行的检测，核验承包人的检测结果。

（7）协调。监理机构对参加工程建设各方之间的关系以及工程施工过程中出现的问题和争议进行的调解。

1.3.11　施工监理主要工作制度

（1）技术文件审核、审批制度。根据施工合同约定由双方提交的施工图纸、施工组织设计、施工措施计划、施工进度计划、开工申请等文件均应通过监理机构核查、审核或审批方可实施。

（2）原材料、构配件和工程设备检验制度。进场的原材料、构配件和工程设备应有出厂合格证明和技术说明书，经承包人自检合格后，方可报监理机构检验。不合格的材料、构配件和工程设备应按监理指示在规定时限内运离工地或进行相应处理。

（3）工程质量检验制度。承包人每完成一道工序或一个单元工程，都应经过自检。合格后方可报监理机构进行复核检验。上道工序或上一单元工程未经复核检验或复核检验不合格，不得进行下道工序或下一单元工程施工。

（4）工程计量付款签证制度。所有申请付款的工程量均应进行计量并经监理机构确认。未经监理机构签证的付款申请，发包人不应支付。

（5）会议制度。监理机构应建立会议制度，包括第一次工地会议、监理例会和监理专题会议。会议由总监理工程师或由其授权监理工程师主持。工程建设有关各方应派员参加。各次会议应符合下列要求：

1）第一次工地会议。第一次工地会议应在合同项目开工令下达前举行，会议内容应包括工程开工准备检查情况；介绍各方负责人及其授权代理人和授权内容；沟通相关信息；进行监理工作交底。会议的具体内容可由有关各方会前约定。会议由总监理工程师或总监理工程师与发包人的负责人联合主持召开。

2）监理例会。监理机构应定期主持召开由参建各方负责人参加的会议，会上应通报工程进展情况，检查上次监理例会中有关决定的执行情况，分析当前存在的问题，提出问题的解决方案或建议，明确会后应完成的任务。会议应形成会议纪要。

3）监理专题会议。监理机构应根据需要，主持召开监理专题会议，研究解决施工中出现的涉及施工质量、施工方案、施工进度、工程变更、索赔、争议等方面的专门问题。总监理工程师应组织编写由监理机构主持召开的会议纪要，并分发与会各方。

（6）施工现场紧急情况报告制度。监理机构应针对施工现场可能出现的紧急情况编制处理程序、处理措施等文件。当发生紧急情况时，应立即向发包人报告，并指示承包人立即采取有效紧急措施进行处理。

（7）工作报告制度。监理机构应及时向发包人提交监理月报或监理专题报告；在工程验收时，提交监理工作报告；在监理工作结束后，提交监理工作总结报告。

（8）工程验收制度。在承包人提交验收申请后，监理机构应对其是否具备验收条件进行审核，并根据有关水利工程验收规程或合同约定，参与、组织或协助发包人组织工程验收。

1.4 水利工程施工监理单位、监理人员

1.4.1 施工监理单位资质及业务范围

按水利部《水利工程建设监理规定》，从事水利工程建设监理的监理单位必须取得《水利工程建设监理单位资格等级证书》，方可从事水利工程建设监理业务。

1. 资质等级

监理单位资质分为水利工程施工监理、水土保持工程施工监理、机电及金属结构设备制造监理和水利工程建设环境保护监理4个专业。其中，水利工程施工监理专业资质和水土保持工程施工监理专业资质分为甲级、乙级和丙级3个等级，机电及金属结构设备制造监理专业资质分为甲级、乙级两个等级，水利工程建设环境保护监理专业资质暂不分级。

2. 业务范围

各专业资质等级可以承担的业务范围如下：

（1）水利工程施工监理专业资质。

1）甲级可以承担各等级水利工程的施工监理业务。

2）乙级可以承担Ⅱ等（堤防2级）以下各等级水利工程的施工监理业务。

3）丙级可以承担Ⅲ等（堤防3级）以下各等级水利工程的施工监理业务。

适用本办法的水利工程等级划分标准按照《水利水电工程等级划分及洪水标准》（SL 252—2000）执行。

（2）水土保持工程施工监理专业资质。

1）甲级可以承担各等级水土保持工程的施工监理业务。

2）乙级可以承担Ⅱ等以下各等级水土保持工程的施工监理业务。

3）丙级可以承担Ⅲ等水土保持工程的施工监理业务。

同时具备水利工程施工监理专业资质和乙级以上水土保持工程施工监理专业资质的，方可承担淤地坝中的骨干坝施工监理业务。

（3）机电及金属结构设备制造监理专业资质。

1）甲级可以承担水利工程中的各类型机电及金属结构设备制造监理业务。

2）乙级可以承担水利工程中的中、小型机电及金属结构设备制造监理业务。

（4）水利工程建设环境保护监理专业资质。

可以承担各类各等级水利工程建设环境保护监理业务。

《水利工程建设监理单位资质等级证书》包括正本一份、副本4份，正本和副本具有同等法律效力，有效期为5年。资质等级证书有效期届满，需要延续的，监理单位应当在有效期届满30个工作日前，按照规定，向水利部提出延续资质等级的申请。水利部在资质等级证书有效期届满前，作出是否准予延续的决定。

1.4.2　施工监理组织机构

1. 监理组织机构概念

《水利工程建设项目施工监理规范》（SL 288—2003）规定：监理组织机构是监理单位依据监理合同派驻工程现场，由监理人员和其他工作人员组成，全面履行监理合同的机构。监理机构应在监理合同授权范围内行使职权。

2. 监理机构的基本职责与权限

（1）监理机构应制定与监理工作内容相适应的工作制度和管理制度。

（2）应将总监理工程师和其他主要监理人员的姓名、监理业务分工和授权范围报送发包人并通知承包人。

（3）进驻工地后，应将开展监理工作的基本工作程序、工作制度和工作方法等向承包人进行交底。

（4）应在完成监理合同约定的全部工作后，将履行合同期间从发包人处领取的设计文件、图纸等资料归还发包人，并履行保密义务。

（5）协助发包人选择承包人、设备和材料供货人。

（6）审核承包人拟选择的分包项目和分包人。

（7）核查并签发施工图纸。

（8）审批承包人提交的各类文件。

（9）签发指令、指示、通知、批复等监理文件。

（10）监督、检查施工过程及现场施工安全和环境保护情况。

（11）监督、检查工程施工进度。

（12）检验施工项目的材料、构配件、工程设备的质量和工程施工质量。

（13）处置施工中影响或造成工程质量、安全事故的紧急情况。

（14）审核工程计量，签发各类付款证书。

（15）处理合同违约、变更和索赔等合同实施中的问题。

（16）参与或协助发包人组织工程验收，签发工程移交证书；监督、检查工程保修情况，签发保修责任终止证书。

（17）主持施工合同各方之间关系的协调工作。

（18）解释施工合同文件。

（19）监理合同约定的其他职责与权限。

3. 监理组织机构形式

常用的有 4 种，可对照各种形式的优、缺点，针对项目、人员情况来选择。

（1）直线型组织结构。每一个工作部门，每一个工作人员都只有一个上级。优点：结构简单、职责分明、指挥灵活。缺点：项目负责人责任重大，往往要求他是全能式的人物，如图 1－1 所示。

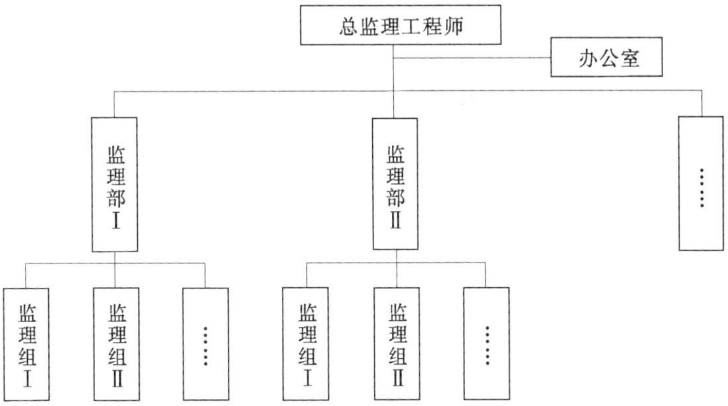

图 1－1　直线型组织结构

（2）职能型组织结构。优点：有利于发挥专业人才的作用，有利于专业人才的培养和技术水平的提高。缺点：多头命令，职责不清，协调工作量大，如图 1－2 所示。

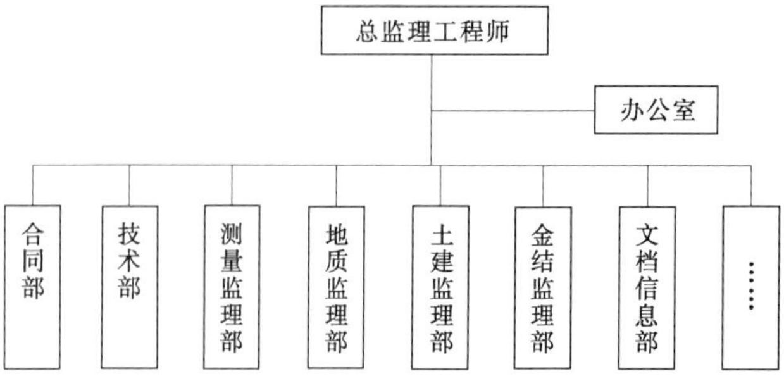

图 1-2　职能型组织结构

(3) 直线—职能型组织结构。优点：能保持指挥统一，命令一致，又能发挥专业人员的作用；管理组织系统较完整，隶属关系分明；重大方案的设计有专人负责；能在一定程度上发挥专长，提高管理效率。缺点：管理人员多，管理费用大，如图 1-3 所示。

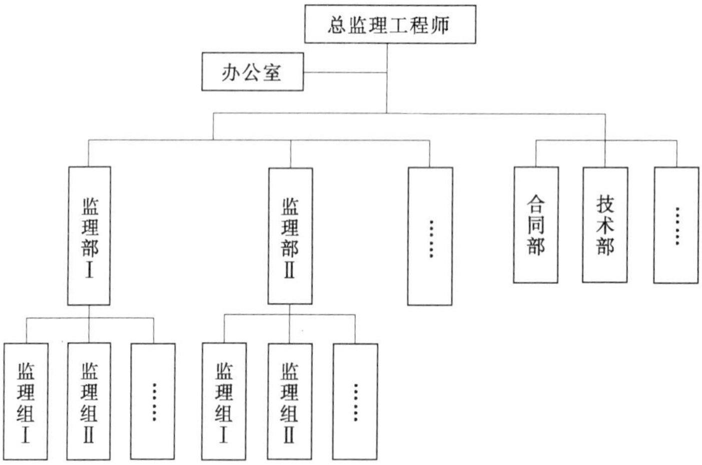

图 1-3　直线—职能型组织结构

(4) 矩阵制组织结构。承担一个大型项目或同时承担多个项目，而单位人力资源有限的可采用。优点：把职能原则与对象原则融为一体，求得企业长期例行性管理和项目一次性管理的统一；能以尽可能少的人力，实现多个项目的高效管理；有利于人才的全面培养。缺点：人员受职能部门的约束，影响其对项目的发挥；人员管理多个项目往往顾此失彼，如图 1-4 所示。

1.4.3　施工监理人员

1. 监理人员组成及其概念

水利工程施工监理人员包括总监理工程师、监理工程师、监理员。

总监理工程师是指具有《水利工程建设监理工程师岗位证书》并经总监理工程师培训班的培训合格，取得《水利工程建设监理总监理工程师岗位证书》且在总监理工程师岗位上从事建设监理业务的人员。水利工程建设监理实行总监理工程师负责制。

监理工程师是指经全国水利工程建设监理工程师资格统一考试合格，经批准获得《水

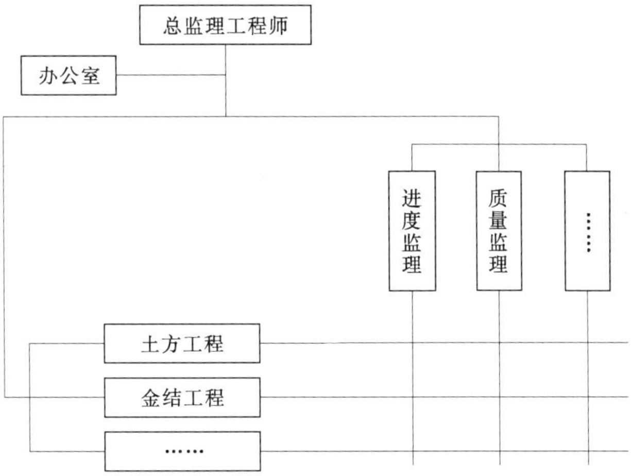

图 1-4 矩阵制组织结构

利工程建设监理工程师资格证书》，并经注册机关注册取得《水利工程建设监理工程师岗位证书》的且从事建设监理业务人员。监理工程师系岗位职务，并非国家现有专业技术职称的一个类别，而是指工程建设监理的执业资格。监理工程师的这一特点，决定了监理工程师并非终身职务。只有具备资格并经注册上岗，从事监理业务的人员，才能成为监理工程师。

监理员是指经过建设监理培训合格，经中国水利工程协会审核批准取得《水利工程建设监理员资格证书》且从事建设监理业务的人员。在监理机构中主要承担辅助、协助工作的人员。

总监理工程师是项目监理机构履行监理合同的总负责人，行使合同赋予监理单位的全部职责，全面负责项目监理工作。项目总监理工程师对监理单位负责；副总监理工程师对总监理工程师负责；部门监理工程师或专业监理工程师对副总监理工程师或总监理工程师负责。监理员对监理工程师负责，协助监理工程师开展监理工作。

2. 监理人员基本素质

总监理工程师在项目建设中所处的位置，要求他是一个技术水平高、管理经验丰富、能公正执行合同，并已取得政府主管部门核发的资格证书和注册证书的监理工程师，在整个施工阶段，总监理工程师人选不宜更换，以利监理工作的顺利开展。总监理工程师应具备的基本素质如下：

（1）必须精通专业知识，其特长应与项目专业技术相对口。

（2）具备管理知识和才能。

（3）具备一定的法律知识。

（4）具有领导艺术和组织协调能力。

监理工程师应具有的素质：

（1）应当具有较高的理论水平、专业技术水平和必要的管理知识，熟知法律、法规和规程规范，有良好的道德修养，遵纪守法。

（2）应当具有丰富的工程实践经验和能力。

监理员应具有的素质：具有初级专业技术任职资格，掌握一定的水利工程建设专业技术知识，包括水工建筑、测量、地质、检验、机电、造价等专业知识，并经过水利工程监理基本知识的专门培训。

3. 监理人员职业准则

（1）遵纪守法，坚持求实、严谨、科学的工作作风，全面履行义务，正确运用权限，勤奋、高效地开展监理工作。

（2）努力钻研业务，熟悉和掌握建设项目管理知识和专业技术知识，提高自身素质和技术、管理水平。

（3）提高监理服务意识，增强责任感，加强与工程建设有关各方的协作，积极、主动开展工作，尽职尽责，公正廉洁。

（4）未经许可，不得泄露与本工程有关的技术和商务秘密，并应妥善做好发包人所提供的工程建设文件资料的保存、回收及保密工作。

（5）除监理工作联系外，不得与承包人和材料、工程设备供货人有其他业务关系和经济利益关系。

（6）不得出卖、出借、转让、涂改、伪造资格证书或岗位证书。

（7）监理人员只能在一个监理单位注册。未经注册单位同意不得承担其他监理单位的监理业务。

（8）遵守职业道德，维护职业信誉，严禁徇私舞弊。

4. 监理人员资格管理

（1）资格管理制度。

水利工程建设监理人员资格管理实行行业自律管理制度。总监理工程师实行岗位资格管理制度，监理工程师实行执业资格管理制度，监理员实行从业资格管理制度。从事水利工程建设监理活动的人员，应当按照《水利工程建设监理人员资格管理办法》的规定，取得相应的资格（或岗位）证书。

（2）监理员和监理工程师的专业划分。

监理员、监理工程师的监理专业分为水利工程施工、水土保持工程施工、机电及金属结构设备制造、水利工程建设环境保护4类。其中，水利工程施工类设水工建筑、机电设备安装、金属结构设备安装、地质勘察、工程测量5个专业，水土保持工程施工类设水土保持一个专业，机电及金属结构设备制造类设机电设备制造、金属结构设备制造两个专业，水利工程建设环境保护类设环境保护一个专业，总监理工程师不分类别、专业。

（3）资格管理主体。

1）监理人员资格管理工作内容包括监理人员资格考试、考核、审批、培训和监督检查等。中国水利工程协会负责全国水利工程建设监理人员资格管理工作。负责全国总监理工程师资格审批，负责全国监理工程师资格审批，归口管理全国监理员资格审批，负责水利部直属单位的监理员资格审批工作。

2）流域管理机构指定的行业自律组织或中介机构受中国水利工程协会委托，负责本流域管理机构所属单位的监理员资格审批工作。

3）省级水行政主管部门指定的行业自律组织或中介机构受中国水利工程协会委托，

负责本行政区域内的监理员资格审批工作。

(4) 监理人员资格的取得。

1) 监理员资格的取得。取得监理员从业资格，需由中国水利工程协会审批，或者由有审批管辖权的行业自律组织或中介机构审批并报中国水利工程协会备案后，颁发《全国水利工程建设监理员资格证书》。

申请监理员资格应同时具备以下条件：①取得工程类初级专业技术职务任职资格，或者具有工程类相关专业学习和工作经历（中专毕业且工作5年以上、大专毕业且工作3年以上、本科及以上学历毕业且工作1年以上）；②经培训合格；③年龄不超过60周岁。

2) 监理工程师资格的取得。取得监理工程师资格，须参加中国水利工程协会组织的全国水利工程建设监理工程师资格考试（监理工程师资格考试，一般每年举行一次）且成绩合格，由中国水利工程协会颁发《全国水利工程建设监理工程师资格证书》。

a. 申请监理工程师资格考试者，应同时具备以下条件：①取得工程类中级专业技术职务任职资格，或者具有工程类相关专业学习和工作经历（大专毕业且工作8年以上、本科毕业且工作5年以上、硕士研究生毕业且工作3年以上）；②年龄不超过60周岁；③有一定的专业技术水平、组织协调能力和管理能力。

b. 申请监理工程师资格考试，应当向中国水利工程协会申报，并提交以下材料：①《水利工程建设监理工程师资格考试申请表》；②身份证、学历证书或专业技术职务任职资格证书。

c. 证书颁发。中国水利工程协会对申请材料组织审查，对审查合格者准予参加考试。中国水利工程协会向考生公布考试结果，公示合格者名单，向考试合格者颁发《全国水利工程建设监理工程师资格证书》。对监理工程师考试结果公示有异议的，可向中国水利工程协会申诉或举报。

3) 总监理工程师资格取得。取得总监理工程师岗位资格，须持有《水利工程建设监理工程师注册证书》并经培训合格后，由中国水利工程协会审批并颁发《全国水利工程建设总监理工程师岗位证书》。

a. 申请总监理工程师岗位资格应同时具备以下条件：①具有工程类高级专业技术职务任职资格并在监理工程师岗位从事水利工程建设监理工作的经历不少于两年；②已取得《水利工程建设监理工程师注册证书》；③经总监理工程师岗位培训合格；④年龄不超过65周岁；⑤具有较高的专业技术水平、组织协调能力和管理能力。

b. 申请总监理工程师岗位资格，应由其注册的监理单位签署意见后向中国水利工程协会申报，并提交以下材料：①《水利工程建设总监理工程师岗位资格申请表》；②《水利工程建设监理工程师注册证书》、专业技术职务任职资格证书、总监理工程师岗位培训合格证书；③由监理单位和建设单位共同出具近两年监理工作经历证明材料。

c. 证书颁发。中国水利工程协会组织评审总监理工程师申请材料，并将评审结果公示，公示期满后向合格者颁发《全国水利工程建设总监理工程师岗位证书》，证书有效期一般为3年。对总监理工程师岗位资格评审结果有异议的，可在公示期内向中国水利工程协会申诉或举报。中国水利工程协会负责监理人员有关培训管理工作，统一颁发培训合格证书。

1.4.4 监理人员岗位职责

(1) 总监理工程师应负责全面履行监理合同中所约定的监理单位的职责。主要职责应包括以下各项:

1) 主持编制监理规划,制定监理机构规章制度,审批监理实施细则;签发监理机构的文件。

2) 确定监理机构各部门职责分工及各级监理人员职责权限,协调监理机构内部工作。

3) 指导监理工程师开展工作;负责本监理机构中监理人员的工作考核,调换不称职的监理人员;根据工程建设进展情况,调整监理人员。

4) 主持审核承包人提出的分包项目和分包人,报发包人批准。

5) 审批承包人提交的施工组织设计、施工措施计划、施工进度计划和资金流计划。

6) 组织或授权监理工程师组织设计交底;签发施工图纸。

7) 主持第一次工地会议,主持或授权监理工程师主持监理例会和监理专题会议。

8) 签发进场通知、合同项目开工令、分部工程开工通知、暂停施工通知和复工通知等重要监理文件。

9) 组织审核付款申请,签发各类付款证书。

10) 主持处理合同违约、变更和索赔等事宜,签发变更和索赔的有关文件。

11) 主持施工合同实施中的协调工作,调解合同争议,必要时对施工合同条款做出解释。

12) 要求承包人撤换不称职或不宜在本工程工作的现场施工人员或技术、管理人员。

13) 审核质量保证体系文件并监督其实施;审批工程质量缺陷的处理方案;参与或协助发包人组织处理工程质量及安全事故。

14) 组织或协助发包人组织工程项目的分部工程验收、单位工程完工验收、合同项目完工验收,参加阶段验收、单位工程投入使用验收和工程竣工验收。

15) 签发工程移交证书和保修责任终止证书。

16) 检查监理日志;组织编写并签发监理月报、监理专题报告、监理工作报告;组织整理监理合同文件和档案资料。

(2) 总监理工程师不得将以下工作授权给副总监理工程师或监理工程师:

1) 主持编制监理规划,审批监理实施细则。

2) 主持审核承包人提出的分包项目和分包人。

3) 审批承包人提交的施工组织设计、施工措施计划、施工进度计划和资金流计划。

4) 主持第一次工地会议,签发进场通知、合同项目开工令、暂停施工通知、复工通知。

5) 签发各类付款证书。

6) 签发变更和索赔的有关文件。

7) 要求承包人撤换不称职或不宜在本工程工作的现场施工人员或技术、管理人员。

8) 签发工程移交证书和保修责任终止证书。

9) 签发监理月报、监理专题报告和监理工作报告。

一名总监理工程师只宜承担一个工程建设项目的总监理工程师工作。如需担任两个标段或项目的总监理工程师时，应经发包人同意，并配备副总监理工程师。总监理工程师可通过书面授权副总监理工程师履行除上述第（2）条规定外的总监理工程师的职责。

（3）监理工程师应按照总监理工程师所授予的职责权限开展监理工作，是所执行监理工作的直接责任人，并对总监理工程师负责。主要职责应包括以下各项：

1）参与编制监理规划，编制监理实施细则。

2）预审承包人提出的分包项目和分包人。

3）预审承包人提交的施工组织设计、施工措施计划、施工进度计划和资金流计划。

4）预审或经授权签发施工图纸。

5）核查进场材料、构配件、工程设备的原始凭证、检测报告等质量证明文件及其质量情况。

6）审批分部工程开工申请报告。

7）协助总监理工程师协调参建各方之间的工作关系。按照职责权限处理施工现场发生的有关问题，签发一般监理文件。

8）检验工程的施工质量，并予以确认或否认。

9）审核工程计量的数据和原始凭证，确认工程计量结果。

10）预审各类付款证书。

11）提出变更、索赔及质量和安全事故处理等方面的初步意见。

12）按照职责权限参与工程的质量评定工作和验收工作。

13）收集、汇总、整理监理资料，参与编写监理月报，填写监理日志。

14）施工中发生重大问题和遇到紧急情况时，及时向总监理工程师报告、请示。

15）指导、检查监理员的工作。必要时可向总监理工程师建议调换监理员。

（4）监理员应按被授予的职责权限开展监理工作，其主要职责应包括以下各项：

1）核实进场原材料质量检验报告和施工测量成果报告等原始资料。

2）检查承包人用于工程建设的材料、构配件、工程设备使用情况，并做好现场记录。

3）检查并记录现场施工程序、施工工法等实施过程情况。

4）检查和统计计日工情况；核实工程计量结果。

5）核查关键岗位施工人员的上岗资格；检查、监督工程现场的施工安全和环境保护措施的落实情况，发现异常情况及时向监理工程师报告。

6）检查承包人的施工日志和试验室记录。

7）核实承包人质量评定的相关原始记录。

当监理人员数量较少时，监理工程师可同时承担监理员的职责。

1.5 水利工程施工监理收费

为规范建设工程监理及相关服务收费行为，维护委托双方合法权益，促进工程监理行业健康发展，国家政府投资主管部门、建设部于2007年3月30日发布了《建设工程监理与相关服务收费管理规定》（建办市函［2007］233号），该规定自2007年5月1日起执行。水利工程监理项目按该文件收费。

1.6 与本课程相关的课程

水利工程监理是一种高智能的技术服务活动，对从事这项工作的监理人员不仅要求具备深厚的专业技术知识，还要求具有一定的法规、经济管理知识。因此，监理工程师的培养应先进行专业技术知识的教育，然后进行相关知识的学习。相关课程有《工程测量》、《建筑材料》、《水工建筑物设计技术》、《水利工程施工技术与组织》、《水利工程合同管理》、《水利工程概预算》、《水利工程经济》、《水利工程建设相关法规》等。

练习题

选择题：

1. 水利工程基本建设程序的建设准备阶段的主要内容有（　　）。

A. 施工现场的征地、拆迁

B. 完成施工用水、电、通信、路和场地平整等工程

C. 必需的生产、生活临时建筑工程

D. 组织招标设计、工程咨询、设备和物资采购等服务

E. 审批施工组织设计

2. 监理机构按照监理合同约定，在施工现场对工程项目的重要部位和关键工序的施工，实施连续性的全过程检查、监督与管理是（　　）监理工作方法。

A. 现场记录　B. 发布文件　C. 旁站监理　D. 跟踪检测

3. 监理员的主要职责有（　　）。

A. 检查和统计计日工情况；核实工程计量结果

B. 检查承包人的施工日志和试验室记录

C. 核实进场原材料质量检验报告和施工测量成果报告等原始资料

D. 检查并记录现场施工程序、施工工法等实施过程情况

E. 审核工程计量的数据和原始凭证，确认工程计量结果

4. 申请监理员资格应同时具备以下（　　）条件。

A. 年龄不超过60周岁

B. 取得工程类初级专业技术职务任职资格，或者具有工程类相关专业学习和工作经历（中专毕业且工作5年以上、大专毕业且工作2年以上、本科及以上学历毕业且工作1年以上）

C. 经水利工程协会组织的监理员培训合格

5. 施工监理主要工作制度中，（　　）制度主要由监理员执行。

A. 原材料、构配件和工程设备检验制度

B. 技术文件审核、审批制度

C. 工程质量检验制度

D. 工程计量付款签证制度

E. 会议制度

6. 监理单位投标文件的核心是（　　）。

A. 监理大纲　B. 监理规划　　C. 监理细则　　D. 监理业绩

7. 由项目监理机构的专业监理工程师编写，并经总监理工程师批准实施的监理文件是（　　）。

A. 监理大纲　B. 监理规划　　C. 监理实施细则　D. 监理合同

8. 水利工程建设监理的主要内容包括（　　）。

A. 进行建设工程合同管理

B. 组织施工、材料设备招标

C. 控制工程建设的投资、进度和质量

D. 编制项目建议书

E. 协调施工合同双方的合同关系

9. 水利工程施工监理的工作方法包括（　　）。

A. 现场记录　　B. 发布文件

C. 旁站监理　　D. 跟踪检测与平行检测

E. 三检制

10. 水利工程建设监理会议制度包括（　　）。

A. 第一次工地会议　　B. 工作会议

C. 监理例会　　D. 验收工作会议

E. 监理专题会议

11. 第一次工地会议的会议内容应包括（　　）。

A. 工程开工准备检查情况

B. 介绍各方负责人及其授权代理人和授权内容

C. 签发图纸

D. 沟通相关信息

E. 进行监理工作交底

12.《水利工程建设项目施工监理规范》（SL 288—2003）规定，监理机构应根据需要，主持召开监理专题会议，研究解决施工中出现的涉及（　　）、索赔、争议等方面的专门会议。

A. 施工质量　　B. 施工方案

C. 施工进度　　D. 环境评价

E. 工程变更

13. 监理规划的主要内容有（　　）。

A. 工程项目概况　　B. 监理工程范围和监理工作目标

C. 监理方法、措施　　D. 项目监理组织机构

E. 施工组织设计

实训项目 1

行业相关资料查询并下载：分组上水利工程协会网、水利部网，查询水利工程监理法规、技术规范；网上查询招聘监理员的情况，监理员、监理工程师、总监理工程师的资格要求；通过广州建设工程交易中心网查询广东省水利工程监理单位，了解其资质等级、业务范围、人员情况、联系方式等，查询水利工程监理招标项目情况，了解行业发展情况。提交下载资料。

操作流程

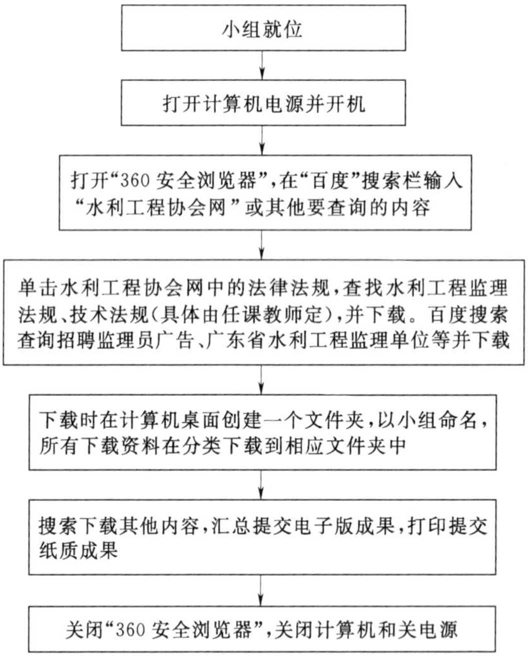

实训项目 2

组建项目监理部：对背景资料，分组模拟组建现场监理机构，熟悉组织机构形式的选择，熟悉监理员、监理工程师、总监理工程师的岗位职责。观看第一次工地会议、监理例会、监理专题会议的录像，模拟开会，熟悉会议制度及开会内容。提交监理组织机构人员名单、岗位职责和会议记录。

背景资料：某大型引水工程，技术复杂、工程量大，分别由混凝土挡水坝、引水隧洞、明渠 3 个施工标段组成。各标段营地距离较远，且交通条件不太好，往返一次均在 6h 以上。拟选择一家监理单位承担该项监理任务。其主营地与建设单位营地计划一并设置在混凝土挡水坝下游附近，根据需要，工程沿线可安排下属监理机构。

问题：若你单位独立承担该监理任务，试简要绘制监理组织机构图并说明该设计的主要理由。

操作流程

找出 4 种组织结构形式的特点及适用范围

↓

将背景资料具体内容，与 4 种组织结构形式的特点及适用范围比对找出最适合的组织结构形式

↓

绘出最适合组织结构形式图，说明选择理由。提交电子版成果，打印提交纸质成果

↓

找出书本监理员、监理工程师、总监理工程师的岗位职责，分组讨论。观看第一次工地会议、监理例会、监理专题会议的录像

↓

模拟开会，熟悉会议制度及开会内容

↓

提交监理组织机构人员名单、岗位职责、会议记录电子版、纸质成果

任务 1

某水利电力投资公司拟在韶关投资一水电站，土建工程预算投资 2000 万元，按建设部于 2007 年 3 月 30 日发布的《建设工程监理与相关服务收费管理规定（建办市函[2007] 233 号）》计算该土建工程监理费是多少？

项目2 水利工程施工准备阶段监理

教学目标

知识学习目标	2.1施工准备阶段各方自身主要工作内容	2.2监理单位在施工准备阶段的工作	2.3 水利工程施工项目划分
熟悉	施工准备阶段各方自身主要工作内容	项目法人责任制、建设监理制	单位工程、分部工程项目划分原则
掌握		监理单位在施工准备阶段的工作	单元工程项目划分原则
能力目标	能叙述监理机构主要准备工作内容；能根据规范进行项目划分		

基本知识学习

水利工程（合同项目）施工准备阶段是指施工单位进场后至工程正式开工前的建设阶段。施工准备阶段是一个极为重要的工作阶段，它的工作质量对整个项目建设目标的实现起着举足轻重的作用。从技术经济的角度来讲，施工准备是一个集施工方法、人力资源、机械设备、物资投入以及工期、质量、安全、环保、成本的计划和比选的优化过程；而从项目实施角度来讲，施工准备则是为项目按期开工创造必要的技术物质条件。因此，参与工程建设的有关单位，都必须对该阶段的工作予以足够的重视和投入。

2.1 施工准备阶段各方自身主要工作内容

施工准备阶段各方自身主要工作内容如表2-1所示。

表2-1　　施工准备阶段各方自身主要工作内容表

准备方	监理机构	建设单位	承　包　人
各方自身主要准备工作内容	（1）设立组织机构 （2）建立监理工作规章制度 （3）接收和收集并熟悉监理依据性文件、资料 （4）接收和完善发包人提供的生活、工作条件 （5）施工环境调查 （6）编制监理规划和监理实施细则，报送发包人	（1）配备人员，建立各项管理制度 （2）移交或委托监理向施工单位移交测量基准点 （3）征地拆迁，提供施工场地 （4）首次工程预付款的付款 （5）提供道路、供电、供水、通信等条件；开工前需要	（1）按合同人员到位及岗前培训，制定规章制度和质量、安全保证体系等 （2）组织数量、规格、性能满足要求的施工机械进场 （3）测量基准点进行复核及布设施工测量控制网和原始地形图测绘 （4）建立试验室或委托有资

续表

准备方	监理机构	建设单位	承包人
各方自身主要准备工作内容	（7）监理合同规定应完成的其他准备工作	办理的各种手续 （6）提供图纸、地质勘察报告、地下管线情况资料 （7）组织或委托监理组织设计技术交底 （8）组织项目划分 （9）办理工程保险 （10）监理、施工合同规定应完成的其他准备工作	质的检测单位，原材料、构配件、设备、工艺试验等向监理报验 （5）修建或租赁临时生活房屋，施工辅助设施准备 （6）编制施工组织设计、施工措施计划、施工进度计划和资金流计划提交监理审批 （7）检查核实由建设单位提供的施工条件，做好本身开工准备工作 （8）施工合同规定应完成的其他准备工作

2.2 监理单位在施工准备阶段的工作

监理单位除按表2-1完成自身的准备工作外，还要检查施工单位的以下准备工作：

（1）承包人派驻现场的主要管理、技术人员数量及资格是否与施工合同文件一致。如有变化，应重新审查并报发包人认定。

（2）承包人进场施工设备的数量和规格、性能是否符合施工合同约定要求。

（3）检查进场原材料、构配件的质量、规格、性能是否符合有关技术标准和技术条款的要求，原材料的储存量是否满足工程开工及随后施工的需要。

（4）承包人试验室具备的条件是否符合有关规定要求。

（5）承包人对发包人提供的测量基准点复核情况，并督促承包人在此基础上完成施工测量控制网的布设及施工区原始地形图的测绘。

（6）砂石料系统、混凝土拌和系统以及场内道路、供水、供电、供风等施工辅助设施的准备。

（7）承包人的质量保证体系。

（8）承包人的施工安全、环境保护措施、规章制度的制定及关键岗位施工人员的资格。

（9）承包人中标后的施工组织设计、施工措施计划、施工进度计划和资金流计划等技术文件是否完成并提交给监理机构审批。

（10）应由承包人负责提供的设计文件和施工图纸文件是否完成并提交给监理机构审批。

（11）按照施工规范要求需要进行的各种施工工艺参数的试验是否完成并提交给监理机构审核。

水利工程施工开工审批案例

合同项目开工令（监理［2010］合开工01号）

合同名称：某电排站新建工程　　　　　　　　　　　　　合同编号：＊＊＊-＊＊-SG-01

<table>
<tr><td>致：＊＊＊水利水电工程有限公司（承包人）
你方2010年3月29日报送的某电排站新建工程 项目开工申请（承包［2010］合开工01号）已经通过审核。你方可从即日起，按施工计划安排开工。
本开工令确定此合同项目的实际开工日期为2010年4月3日。
附件：批复表（监理［2010］批复01号）；
监理机构：某工程监理有限公司某电排站监理部
总监理工程师：
日期：　　年　　月　　日</td></tr>
<tr><td>今已收到合同项目的开工令。
承　包　人：＊＊＊水利水电工程有限公司
项目经理：
日期：　　年　　月　　日</td></tr>
</table>

说明：本表一式4份，由监理机构填写。承包人签收后，承包人、监理机构、发包人、设代机构各1份。

批复表（监理［2010］批复01号）

合同名称：＊＊＊电排站新建工程　　　　　　　　　　　合同编号：＊＊-＊＊-SG-01

<table>
<tr><td>致：＊＊＊水利水电工程有限公司
你方于2010年3月29日报送的＊＊＊电排站新建工程　（文号：承包［2010］合开工01号），经监理机构审核，批复意见如下：
1. 本工程设备已基本进厂，施工人员已基本到位。
2. 控制性施工进度已编制完毕。
3. 施工组织设计已经审核批准。
4. 施工场地已移交和“三通一平”工作已基本完成。
5. 工程所需的资金已基本到位。
6. 图纸会审与设计技术交底已完成。
7. 测量基准点已交接并通过复核、审核。
由于本单位工程，属于控制性工程，时间紧，同意单位工程开工；开工日期为：2010年4月3日。
监理机构：某工程监理有限公司某电排站监理部
总监理工程师：
日期：　　年　　月　　日</td></tr>
<tr><td>承包人：＊＊＊水利水电工程有限公司
签收人：
日　期：　　年　　月　　日</td></tr>
</table>

说明：1. 本表一式4份，由监理机构填写。承包人签收后，承包人、监理机构、发包人各1份。

2. 一般批复由监理工程师发，重要批复由总监理工程师签发。

3. 本批复表可用于对承包人的申请、报告的批复。

2.3 水利工程施工项目划分

水利工程建设项目通常分解为单项工程、单位工程、分部工程和单元工程。水利工程分解项目的特征如表2-2所示。

表2-2　水利工程分解项目的特征表

形式	特　征
单项工程	具有独立设计文件，可以独立施工，建成后能独立发挥设计文件所规定的生产能力或效益的工程
单位工程	具有独立发挥作用或独立施工条件的建筑物。主要建筑物及主要单位工程——主要建筑物，指其失事后将造成下游灾害或严重影响工程效益的建筑物，如堤坝、泄洪建筑物、输水建筑物、电站厂房及泵站等。属于主要建筑物的单位工程称为主要单位工程
分部工程	在一个建筑物内能组合发挥一种功能的建筑安装工程，是组成单位工程的部分。对单位工程安全、功能或效益起决定性作用的分部工程称为主要分部工程
单元工程	在分部工程中由几个工序（或工种）施工完成的最小综合体，是日常质量考核的基本单位。关键部位单元工程——对工程安全、或效益、或功能有显著影响的单元工程，包括土建类工程、金属结构及启闭机安装工程中属于关键部位的单元工程。重要隐蔽单元工程——主要建筑物的地基开挖、地下洞室开挖、地基防渗、加固处理和排水等隐蔽工程中，对工程安全或功能有严重影响的单元工程，如主坝坝基开挖中涉及断层或裂隙密集带的单元工程

水利工程施工项目划分是质量检验与评定的要求，也是承包人实施安全、环保、质量、进度的保证及成本控制的需要。《水利水电工程施工质量检验与评定规程》（SL 176—2007）规定：由建设单位组织监理、设计及施工等单位进行工程项目划分，并确定主要单位工程、主要分部工程、重要隐蔽单元工程和关键部位单元工程。建设单位在主体工程开工前将项目划分表及说明书面报相应工程质量监督机构确认。

项目划分原则：水利水电工程项目划分应结合工程结构特点、施工部署及施工合同要求进行，划分结果应有利于保证施工质量及施工质量管理。

2.3.1 单位工程项目的划分

应按下列原则确定：

(1) 枢纽工程。一般以每座独立的建筑物为一个单位工程。当工程规模大时，可将一个建筑物中具有独立施工条件的一部分划分为一个单位工程。

(2) 堤防工程。按招标标段或工程结构划分单位工程。规模较大的交叉连接建筑物及管理设施以每座独立的建筑物为一个单位工程。

(3) 引水（渠道）工程。按招标标段或工程结构划分单位工程。大、中型引水（渠道）建筑物以每座独立的建筑物为一个单位工程。

(4) 除险加固工程。按招标标段或加固内容，并结合工程量划分单位工程。除险加固工程因险情不同，其除险加固内容和工程量也相差很大，应按实际情况进行项目划分。加固工程量大时，以同一招标标段中的每座独立建筑物的加固项目为一个单位工程，当加固工程量不大时，也可将一个施工单位承担完成的几个建筑物的加固项目划分为一个单位工程。

2.3.2　分部工程项目的划分

应按下列原则确定：

（1）枢纽工程。土建部分按设计的主要组成部分划分。金属结构及启闭机安装工程和机电设备安装工程按组合功能划分。

（2）堤防工程。按长度或功能划分。

（3）引水（渠道）工程中的河（渠）道。按施工部署或长度划分。大、中型建筑物按工程结构主要组成部分划分。

（4）除险加固工程。按加固内容或部位划分。

（5）同一单位工程中，各个分部工程的工程量（或投资）不宜相差太大，每个单位工程中的分部工程数目不宜少于 5 个。

2.3.3　单元工程项目的划分

应按下列原则确定：

（1）按照现行 2012 年版的《水利水电工程单元工程施工质量验收评定标准》（SL 631—637）（以下简称《单元工程评定标准》）规定进行划分。

（2）河（渠）道开挖、填筑及衬砌单元工程划分界限宜设在变形缝或结构缝处，长度一般不大于 100m。同一分部工程中各单元工程的工程量（或投资）不宜相差太大。

（3）《单元工程评定标准》中未涉及的单元工程可依据工程结构、施工部署或质量考核要求，按层、块、段进行划分。

2.3.4　水利工程施工项目划分案例

工程项目划分报审表（监理［2010］项分 01 号）

合同名称：某电排站新建工程　　　　合同编号：＊＊＊-＊＊＊-SG-01

致：某水利水电工程质量监督站 根据工程设计图纸和按《水利水电工程施工质量评定规程》（SL 176—2007）和《水利水电建设工程验收规程》（SL 223—2008）规定，经与相关单位研究，建议该工程项目划分为 1 个单位工程、8 个分部工程和若干个单元工程。请审定。 附件：工程项目划分及编码一览表。 监理机构：某工程监理有限公司某电排站监理部 总监理工程师： 日期：　年　月　日
同意。 建设单位：佛山市南海区大沥镇水利工程建设指挥部 代表： 日期：　年　月　日

说明：本表一式 4 份，由监理机构填写。监理机构、承包人各 1 份，发包人 2 份。

附件：　　　某电排站新建工程项目划分及编码一览表

单位工程	分部工程		单元工程		备注
	序号	名称	编号	名称	
某电排站新建工程	1	▲基础开挖与处理	1—1	内涌连接段基础开挖（进行井点降水）	
			1—2	▲泵室基础开挖（进行井点降水）	
			1—5	▲交通桥基础 ϕ500mm 水泥搅拌桩	每15根桩划分为一个单元
			1—9	▲泵室基础 ϕ500mm 搅拌桩	
			1—15	▲斜坡段基础松木桩	每20根桩划分为一个单元
	2	外江连接段	2—1	▲消力池底板	
			2—3	斜坡段底板	
	3	▲泵室段	3—1	▲泵室底板	
			3—2	▲泵室边墙	
	4	内涌连接段	4—1	内涌交通桥底板	
			4—2	内涌交通桥墩及桥面板	
	5	厂房工程	5—1	首层柱	
			5—2	二层梁板	
	6	▲复堤工程	6—1	▲泵室左侧回填土	每层划分为一个单元
			6—2	▲泵室右侧回填土	
			7—2	▲出水钢管制安	
			7—5	▲电动机安装	
			7—8	双掩门安装	
	8	附属工程	8—1	围墙基础	
			8—7	浆砌石墙加高	

注　分部工程中带▲为主要分部工程，单元工程中带▲为重要隐蔽单元工程或关键部位单元工程。

练习题

选择题：

1. 施工准备阶段监理机构的主要工作有（　　）。

　A. 接收和收集并熟悉监理依据性文件、资料

B. 组织设计技术交底

C. 编制监理规划和监理实施细则，报送发包人

D. 征地拆迁，提供施工场地

E. 施工环境调查

2. 施工准备阶段建设单位的主要工作有（　　）。

A. 测量基准点的移交

B. 组织设计技术交底

C. 提供道路、供电、供水、通信等条件；开工前需要办理的各种手续

D. 征地拆迁，提供施工场地

E. 提供图纸、地质勘察报告、地下管线情况资料

3. 施工准备阶段承包人的主要工作有（　　）。

A. 测量基准点进行复核及布设施工测量控制网和原始地形图测绘

B. 组织设计技术交底

C. 编制施工组织设计、施工措施计划、施工进度计划和资金流计划

D. 征地拆迁，提供施工场地

E. 提供图纸、地质勘察报告、地下管线情况资料

4. 下列分部工程项目的划分原则，正确的是（　　）。

A. 除险加固工程，按加固内容或部位划分

B. 引水（渠道）工程中的河（渠）道按施工部署或长度划分。大、中型建筑物按工程结构主要组成部分划分

C. 堤防工程，按长度或功能划分

D. 同一单位工程中，各个分部工程的工程量（或投资）不宜相差太大，每个单位工程中的分部工程数目，不宜少于3个

E. 枢纽工程，土建部分按设计的主要组成部分划分。金属结构及启闭机安装工程和机电设备安装工程按组合功能划分

5. 建设工程开工前，（　　）办理工程质量监督手续。

A. 施工单位负责　　B. 建设单位负责

C. 监理单位负责　　D. 监理单位协助建设单位

6. 某工程施工过程中，监理工程师要求承包单位在工程施工之前根据施工过程质量控制的要求提交质量控制点明细表并实施质量控制，这是（　　）的原则要求。

A. 坚持质量第一　　B. 坚持质量标准

C. 坚持预防为主　　D. 坚持科学的职业道德规范

实训项目3

水利工程施工准备阶段监理实训：对背景资料讨论签发开工令的条件、水利工程项目划分。提交讨论记录、项目划分情况。背景资料：某水闸工程施工图。

操作流程

找出规范《水利水电工程施工质量检验与评定规程》(SL 176—2007)、《水利水电建设工程验收规程》(SL 223—2008)、《水利水电工程单元工程质量等级评定标准》(2012 年版)、某水闸工程施工图

↓

熟悉图纸，对照课本讨论签发开工令的条件并记录

↓

对照规范，结合图纸内容进行项目划分，并列出项目划分表

↓

提交讨论记录、项目划分情况的电子版、纸质成果

任务 2

针对 2.3.4 小节的案例某电排站新建工程的项目内容，建设单位、监理机构、施工单位在开工前应做哪些准备工作？根据监理员岗位职责，监理员在开工前应做好哪些准备工作？监理人员有哪些工作方法？

项目3 水利工程施工进度控制

教学目标

知识学习目标	3.1 进度、质量、投资控制三者的相互关系	3.2 进度控制相关概念	3.3 影响工程项目进度的因素	3.4 施工进度计划的编制	3.5 施工进度计划编制方法	3.6 施工进度控制方法及措施	3.7 施工进度控制的主要环节
了解	进度、质量、投资控制三者的相互关系			施工进度计划的编制	施工进度计划的编制方法		
熟悉		进度控制相关概念					
掌握		规定工期与计划工期；合同工期	影响工程项目进度的因素			施工进度控制方法及措施	施工进度控制的主要环节
能力目标	能分析进度偏差原因及其对工期的影响，能运用监理工作方法处理进度问题						

基本知识学习

3.1 进度、质量、投资控制三者的相互关系

工程建设监理的中心任务就是控制工程项目目标，即对工程项目建设的进度、质量和投资目标实施控制。工程建设监理的目的就是通过监理工程师谨慎而勤奋地工作，力求在计划的投资、工期和质量目标内完成项目建设。三者关系如下。

1. 三大目标是对立又统一的关系

工程项目三大目标是相互制约、相互影响的对立统一体。例如，投资与进度的关系，

加快进度往往要花很多钱，而加快进度提早投产就可能增加收入，提高投资效益。又如进度与质量的关系，加快进度有可能影响质量，而质量控制严格，不返工，进度则会加快。投资与质量的关系也是这样，提高质量可能要增加投资；而质量控制严了，可以减少经常的维护费用，提高投资效益。因此，工程的三大控制是相辅相成、相互制约的，不能片面追求某一目标而忽视其他目标的控制。

2. 三大目标的优先次序

三大目标不同时期，重要性不同，取决于建设单位的侧重点。三大目标优先次序的确认至关重要，它关系到监理工作的重点。对于大型水利水电工程，投资大，工期长，而一旦建成投产，收益又是巨大的，建设单位可能愿意花合适的额外投资以获得进度的加快，使工程能提前或按时投产。因此在水利水电工程中，进度在三大目标中往往显得尤为重要。

3.2 进度控制相关概念

工程项目进度控制是指项目管理者围绕目标工期要求编制进度计划，付诸实施且在此过程中经常检查计划的实际执行情况，分析进度偏差原因并在此基础上，不断调整或修改原计划，如此循环直至工程竣工交付使用。对一个工程项目而言，其建设进度安排是否合理，在实施过程中又能否按计划执行，这直接关系到工程项目经济效益的发挥。因此，进度控制是目标控制的任务之一。

（1）工程项目进度。进度是指活动或工作进行的速度；工程项目进度或称工程进度，指工程项目进行的速度。工程项目进度不能过快或过慢，工程进度慢或拖延工期将导致工程不能按期发挥效益；赶工加快工程进度，则会增加建设成本，工程质量、安全也容易出现问题。因此，工程项目进度应控制在一定范围内，并与工程成本、投资和质量目标协调一致。

（2）工程项目工期。工期指完成工程项目或其子项目所需要的时间，常用天、周或月表示。

（3）建设工期。建设工期指工程项目或单项工程从正式开工到全部建成投产或交付使用所经历的时间。建设工期一般按日历月计算，有明确的起止年月，并在建设项目的可行性研究报告、初步设计报告中有具体规定。建设工期是建设单位具体安排建设计划的依据，同时，也是编制施工招标文件和确定合同工期的依据。

（4）合同工期。合同工期指完成合同范围工程项目所经历的时间，一般以日历天计，开始当天不计入，从次日开始计算。期限最后一天的截止时间为当天 24：00。开始计算日期为承包人接到监理工程师开工通知令这一天或开工令中写明的开工日期（参见 2.2 节中的水利工程施工开工审批案例）。具体按承包合同中专用合同条款的规定，没有规定时按《水利水电工程标准施工招标文件》（2009 年版）、《中华人民共和国标准施工招标文件》（2007 年版）的通用合同条款，工期指承包人在投标函中承诺的完成合同工程所需的期限，包括按“通用合同条款”的第 11.3 款、第 11.4 款和第 11.6 款约定所作的变更。竣工日期，即合同工程完工日期，指通用合同条款第 1.1.4.3 目约定工期届满时的日期。实际完工日期以合同工程完工证书中写明的日期为准。缺陷责任期，即工程质量保修期，指履行“通用合同条款”的第19.2款约定的缺陷责任的期限，包括根据第19.3款约定所作的延长，具体期限由专用合同条款约定。

（5）施工进度计划工期。其指进度计划编制者，在合同工期的限定下，根据工程项目实施特点、经济性、安全性等方面要求而制定的施工计划工期。例如，编制合同项目总进度计划时，一般根据合同工期确定工程总进度计划工期，并要求工程总进度计划工期不大于建设工期；承包人在编制合同工程进度计划时，一般根据合同工期确定合同工程进度计划工期，并要求合同工程进度计划工期不大于合同工期。

3.3　影响工程项目进度的因素

工程项目进度控制是一个动态过程，影响因素多，风险大，应认真分析和预测，合理采取措施，在动态管理中实现进度目标。影响工程项目进度的因素来自下列几方面：

（1）建设单位。建设单位提出的建设工期目标的合理性，建设单位的资金是否到位，征地及“三通一平”等是否按时完成，建设单位其他各项准备工作的进度，建设单位项目管理的有效性，能否及时协调解决施工中出现的问题等，均影响着建设项目进度。在不少的工程项目建设中，资金和征地往往是影响工程进度的重要因素。

（2）勘察设计单位。其影响因素包括勘察设计目标的确定、可投入的力量及其工作效率、各专业设计的配合以及建设单位和设计单位的配合等。现实中，经常出现施工单位“等图”施工的现象，特别是设计变更文件不能及时提供，从而影响进度。

（3）承包人。其影响因素包括：施工进度目标确定，施工组织设计，施工作业计划编制的合理性，投入的人力及施工设备是否足够，以及施工技术、管理水平等。

（4）建设环境。其影响因素包括建筑市场状况、国家财政经济形势、建设管理体制、当地施工条件（气象、水文、地形、地质、交通、建筑材料供应）等。

上述多方面的因素是客观存在的，但有许多是人为的，是可以预测和控制的，参与工程建设各方要加强对各种影响因素的控制，确保进度控制目标的实现。

3.4　施工进度计划的编制

承包人按施工承包合同的约定，在规定时间内编制提交工程项目施工进度计划，经监理机构审核批准后实施。

1. 工程施工进度计划编制依据

（1）施工承包合同。合同中一般有总工期、关键节点工期约定。

（2）设计文件及施工详图供图计划。

（3）施工方法，施工工艺要求等。

（4）有关法规、技术规范或标准。

（5）施工企业的资源及施工技术。

（6）承包人的管理水平和设备状况。

（7）有关施工条件，如地形、地质条件，当地社会、经济条件，外部资源支持等。

2. 工程施工进度计划编制程序

（1）调查研究，收集相关资料（熟悉依据，收集定额、资源需求和供应情况、有关历史统计资料）。

（2）确定总工期目标和关键节点工期目标。

（3）分解工程项目。

（4）确定分解项目的逻辑关系或施工顺序。

（5）绘制横道图或网络图（常用双代号网络图）。

（6）计划资源配置，计算持续时间。

（7）计算网络计划时间参数。

（8）找出关键线路，作为工期控制的主线。

（9）优化网络计划。

（10）整理优化后的网络计划。

3.5　施工进度计划编制方法

常用的有横道图法、网络图（关键线路）两种方法。网络图（关键线路）一般采用双代号网络图。具体请通过《水利工程施工技术与组织》教材学习。

3.6　施工进度控制方法及措施

1. 进度控制准备

（1）建立进度控制监理组织机构，落实人员职责与分工。总监理是进度控制的总负责人和总协调人，各专业或子项的进度控制由相关责任人负责。

（2）收集、整理进度控制依据，如施工合同、工程前期资料、工程内容、范围、工程性质、工程量及工程地点、交通、环境、气候等。

（3）分析可能影响工程进度的因素，提出预控措施，明确进度检查、统计周期、数据采集方式、进度报表格式、统计分析方法、控制网络图等要素，对施工进度实行有效监控。

（4）审查设计单位报审的设计图纸交付计划，报业主审批。

（6）审核物资供应商提出的供货计划，并协助业主督促其执行。

（7）监理根据开工条件审查情况，对满足开工要求的，及时签署开工文件。

2. 审查进度计划

（1）根据合同工期及关键节点进度要求，审核施工单位编制的进度计划，并报业主批准，进度计划应做到衔接合理、安排有序。

（2）进度计划的主要内容包括以下几项：

1）物资供应计划主要包括机械需要计划、主要材料需要计划。

2）劳动力平衡计划。根据施工进度及工程量，安排落实劳动力的调配计划，包括各个时段和工程部位所需劳动力的技术工种、人数、工日数等。

3）技术组织措施计划。根据施工进度计划及施工组织设计的要求，编制在技术组织措施方面的具体工作计划，如保证完成关键作业项目，实现安全施工等。

4）财务资金计划。详细安排施工期间的资金使用计划，包括设备、材料、人工等支出计划。

（3）进度计划审批重点。

1）进度安排是否满足合同规定的开工、竣工日期。

2）施工顺序的安排是否符合逻辑，是否符合施工程序的要求。

3）承包人的劳动力、材料、机具设备供应计划能否保证进度计划的实现。

4）进度安排的合理性，以防止承包人利用进度计划的安排造成发包人违约，并以此向发包人提出索赔。

5）该进度计划是否与其他工作计划协调。

6）进度计划的安排是否满足连续性、均衡性的要求。

7）各承包人的进度计划之间是否协调。

8）承包人的进度计划是否与发包人的工作计划协调。

3. 进度计划检查

（1）监理应根据审批的施工进度计划和设计图纸交付计划对工程实际进度进行跟踪检查，掌握现场人员、材料、设备、机械、环境等情况，并做好相应记录。

（2）专业监理工程师注意收集工程进度信息，了解工程进度计划中各分项、分部工程施工的实际进度情况，并与计划对比分析。

（3）对进度检查结果与进度计划进行比较、分析，发生偏差（不影响工程关键节点进度）时应发出监理工程师通知单或召开协调会，要求责任单位及时采取调整措施，以实现进度目标。

（4）工程实际进度与计划进度发生严重偏差时，监理项目部将召集参建各方召开专题会议分析偏差产生原因，提出改善意见及建议，督促施工项目部调整施工计划，采取有效措施保证进度目标的实现。必要时采取赶工措施，应重点考虑以下因素：

1）增加工作面，组织更多的队伍作业。

2）增加劳动力和施工机械数量，延长每天工作时间。

3）改进施工工艺和技术，缩短工艺技术间歇时间。

4）改善外部配合条件和劳动条件，实施强有力的调度。

5）适当采用激励机制，提高施工人员的积极性。

4. 进度协调

（1）掌握各施工标段施工动态，包括进度计划执行情况，工程形象面貌，施工资源投入及使用情况。

（2）协助业主组织好各承包商之间的协调衔接，尽可能减少各承包商之间的矛盾，减少施工干扰，使工程正常、有序地进行。

（3）定期召开监理例会，检查分析进度计划执行情况，及时解决施工中存在的问题，确定下一周期进度计划。

5. 审核进度调整计划

（1）重点审核调整计划是否符合工程总进度计划要求，是否与要求工期有矛盾。

（2）进度计划是否合理、可行，是否能够保证均衡、有序实施。

（3）资源配置计划是否合理，能否保证进度计划的实现。

（4）各单位工程的工期和搭接关系是否合理、可行，必要时督促施工单位予以调整，报监理审查、业主审批。

3.7 施工进度控制的主要环节

施工进度控制的主要环节有进度计划的确定、进度的检查、进度的分析、进度的纠偏及调整。

（1）进度计划的确定。承包人按施工承包合同的规定，在规定时间内编制提交工程项目施工进度计划，经监理机构审核批准后实施。

（2）进度检查。要重点跟踪检查每个分部工程的第一个单元工程，因其进度情况对后续单元工程的进度控制有指导作用。如果第一个单元工程进度正常，证明影响进度的各项因素正常；反之则找出原因采取措施解决。主要检查内容如下：

1）施工形象进度检查。在工程项目的实施过程中，应定期地对进度计划的执行情况进行跟踪检查，通过实际进度与计划进度的比较找出进度偏差，以便发现问题并及时采取措施加以解决。主要有横道图检查法、S形曲线检查法、前锋线检查法。

2）设计图纸及设计文件编制工作进展情况检查。

3）设备采购进展情况检查。

4）材料供应或成品、半成品加工情况检查。通过检查，进行实际进度与计划进度的比较，得出偏差。

（3）进度的分析。分析施工进度偏差对后续工作及工期影响的，按图3-1所示的程序分析。

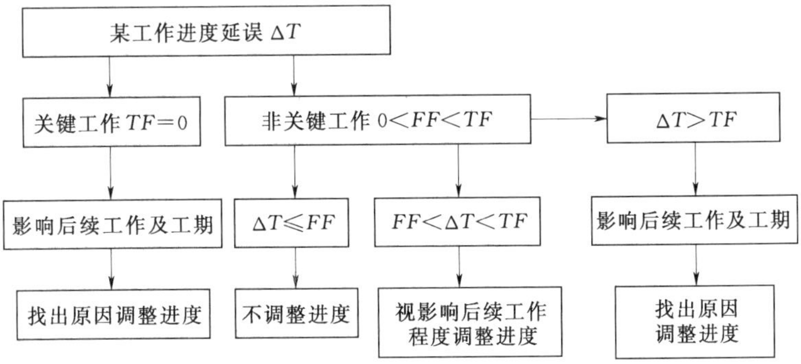

图3-1 进度分析程序

（4）进度的纠偏及调整。根据影响进度的因素逐条分析，找出原因，针对原因采取措施。

1）进度纠偏的措施有以下几个：

a）组织措施。可以调整任务分工，增加工作面，增加工作班组，将顺序施工改为搭接施工或平行施工；组织劳动竞赛。

b）技术措施。采用更好的施工方法、先进的或效率更高的施工机械。

c）经济措施。可以提前支付款项、奖励工期超前，对工期落后的进行罚款。

d）合同措施。采取控制设计变更、按合同规定办理工期索赔。

2）进度计划的调整。根据进度的分析，当实际进度偏差影响到后续工作、工期而需要调整进度计划时，其调整的方法有以下几种：

a）改变关键线路上的某些工作间的逻辑关系或先后顺序。将顺序作业改为平行或搭接作业，分段组织流水作业可有效缩短工期。

b）缩短关键线路上的某些工作或非关键线路上某些超过其总时差工作的持续时间。不改变或无法改变逻辑关系时，采用调整任务分工，增加工作面，增加工作班组或工作时间，或采用更好的施工方法、先进的效率更高的施工机械施工，来缩短工作的持续时间。

3.7.1　横道图法检查工程进度案例

利用横道图进行进度检查时，可将每天、每周或每月实际进度情况定期记录在横道图上，用以直观地比较计划进度与实际进度，评价实际进度是超前、落后，还是按计划进行。若通过检查发现实际进度落后了，则应采取必要措施，改变落后状况；若发现实际进度远比计划进度提前，可适当降低单位时间的资源用量，使实际进度接近计划进度，并可降低相应的成本费用。

某电排站新建工程（见2.3.4小节的案例）的计划进度和实际进度如图3-2所示。工程项目进展到3周末，实际状况为：泵室基础开挖已按计划完成；泵室基础ϕ500mm搅拌桩施工已于第3周初开始，累计完成工程量为15%；其他工作尚未开始。则可将实际的开始（结束）时间标在计划的横道图下面，用不同图例，以作对比。

通过比较同一时刻实际累计完成工作量的百分比和计划累计完成工作量的百分比，判断活动实际进度和计划进度的关系。若计划累计完成工作量的百分比大于实际累计完成工作量的百分比，表示进度拖后，拖欠的工作量为两者之差。若计划累计完成工作量的百分比小于实际累计完成工作量的百分比，表示进度提前，提前的工作量为两者之差。至检查日期，泵室基础开挖已按计划完成，泵室基础ϕ500mm搅拌桩施工按计划应完成33%，实际完成15%，工作拖后，应分析原因采取措施。

3.7.2　S形曲线法检查工程进度案例

S形曲线是一条累计完成工作量百分比随时间变化规律的曲线，由于其形状似英文字母“S”而得名。项目施工过程中，在检查时间点将实际累计完成工作量百分比随时间变化的曲线绘制在原计划S形曲线图上，如图3-3所示。通过比较实际进度S曲线和计划进度S曲线，可以获得以下信息：

（1）工程项目整体实际进展状况。如果工程实际进展点落在计划S曲线左侧，表明此时实际进度比计划进度超前；如果工程实际进展点落在S曲线右侧，表明此时实际进度拖后；如果工程实际进展点正好落在S曲线上，则表示此时实际进度与计划进度

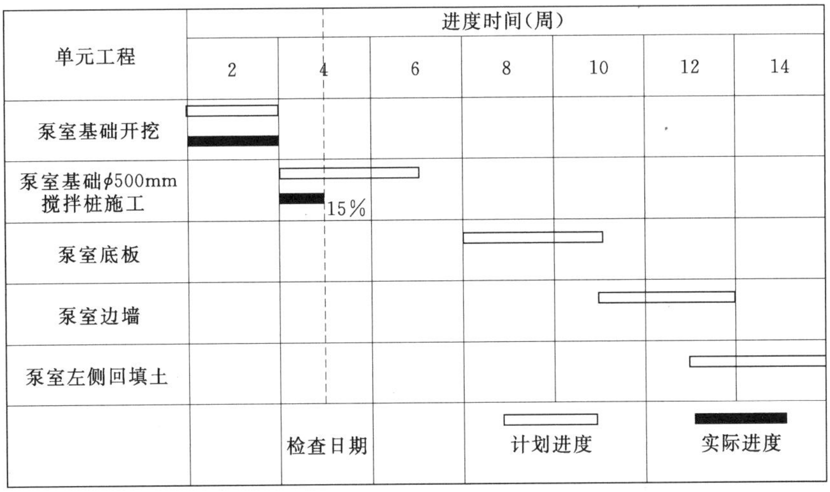

图 3-2　横道图法检查工程进度图

一致。

（2）工程项目实际进度超前或拖后的时间。在S曲线图中可以直接读出实际进度比计划进度超前或拖后的时间。如图所示，ΔT_b 表示 T_b 时刻实际进度拖后的时间。

（3）工程实际超额或拖欠的任务量。在S曲线图中也可以直接读出实际进度比计划进度超额或拖欠的任务量。如图3-3所示，ΔQ_b 表示 T_b 时刻拖欠完成的任务量。

（4）后期工程进度预测。如果后期工程按原计划速度进行，则可作出后期工程实际进度曲线，从而预测工期拖延值 ΔT_c。

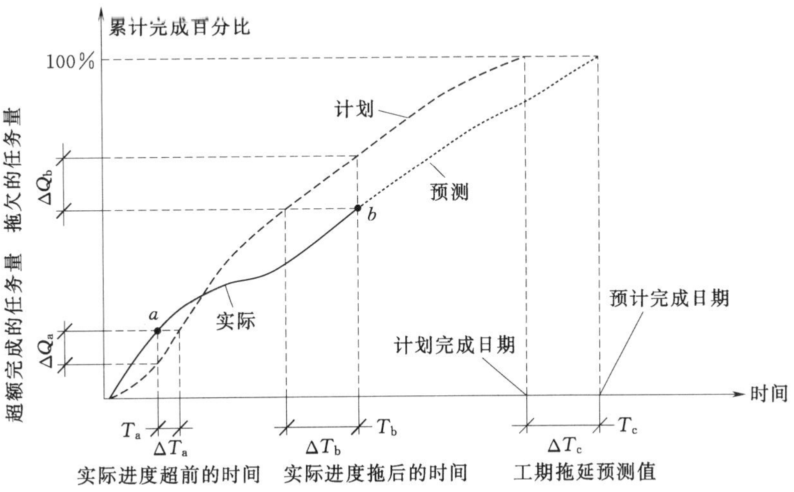

图 3-3　S形曲线法检查工程进度图

3.7.3　前锋线法检查工程进度案例

前锋线检查法是进度动态管理的一种方法。前锋线又称实际进度前锋线，它是网络计划执行中的某一时刻正在进行的各活动的实际进度前锋的连线。前锋线是在时标网络图上表示的，从时间坐标轴开始，自上而下依次连接各线路的实际进度点，即形成一条波折线，这条波折线就是前锋线，如图 3－4 所示。

画前锋线的关键是标定各活动的实际进度点的位置。其标定方法有两种。

(1) 按已完成的工程实物量比例来标定。时间坐标网络图上箭线的长度与相应活动的历时对应，也与其工程实物量成比例。检查时刻某活动的工程实物量完成了几分之几，其前锋点自左至右标在箭线长度的几分之几的位置。

(2) 按尚需时间来标定。有时活动的历时是难以按工程实物量来换算的，只能根据经验或用其他办法来估算。要标定该活动在某时刻的实际进度前锋，就用估算办法估算出从该时刻起到完成该活动还需要的时间，从箭线的末端反过来自右到左进行标定。

图 3－4 是一份时标网络计划用前锋线进行检查的示例图。该图有两条前锋线，分别记录了第 1 月末和第 3 月末检查的结果。实际进度前锋线的功能包括两个方面：

(1) 分析当前进度。以检查日期为基准，实际进度在其右边的表示进度超前，实际进度在其左边的表示进度落后。画出前锋线，整个工程在该检查日期的实际进度状况便可一目了然。按检查点画出每次检查时的实际进度前锋线，可形象地描述实际进度与计划进度的差异。

(2) 预测未来进度。通过对当前和过去检查日两条前锋线的分析比较，可对工程未来的进度变化趋势作出粗略预测。

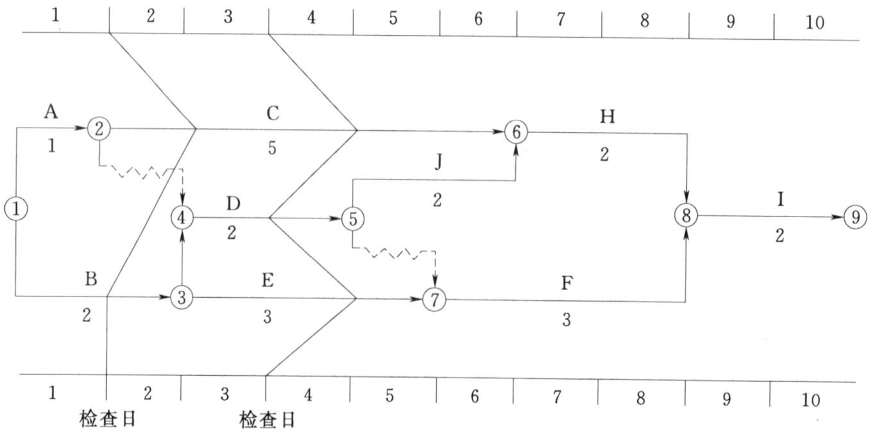

图 3－4　前锋线法检查工程进度图

练习题

选择题：

1. 施工进度控制中，将顺序施工改为搭接施工或平行施工是（　　）纠偏措施。
   A. 技术措施　　B. 经济措施　　C. 合同措施　　D. 组织措施
2. 施工进度控制中，从合同管理的角度来看，下列是建设单位原因的是（　　）。
   A. 建设单位在资金及施工场地等方面的提供进度
   B. 勘察设计单位的任务完成进度
   C. 监理工程师的指令错误
   D. 施工组织设计不合理
3. 在建设工程实施过程中进行严格的质量控制，不仅可减少实施过程中的返工费用，而且可减少投入使用后的维修费用。这体现了建设工程质量目标和投资目标之间的（　　）。
   A. 对立关系　　B. 统一关系
   C. 对立统一关系　　D. 既不对立又不统一的关系
4. 在水利水电工程施工网络进度计划中，自由时差是指在不影响（　　）的前提下，该工作所具有的机动时间。
   A. 其紧后工作最早开始　　B. 其紧后工作最迟开始
   C. 其紧前工作最早完成　　D. 工程工期
5. 在工程网络计划执行过程中，如果某项非关键工作实际进度拖后的时间没有超过其总时差，则（　　）。
   A. 该工作的总时差不变　　B. 该工作的自由时差不变
   C. 该网络计划的计划工期不会变　　D. 不影响其紧后工作及工程总工期
6. 在实际进度与计划进度的比较方法中，前锋线比较法（　　）。
   A. 只能从局部进行工作的实际进度与计划进度的比较
   B. 适用于各种形式的网络计划
   C. 适用于各种形式的施工进度计划
   D. 既可以判断网络计划中工作是否出现了进度偏差，同时还可以根据工作进度偏差判断其对后续工作及总工期的影响程度
7. 根据水利水电工程施工合同通用条款，合同工期从承包人接到监理人发出的开工通知书之日或（　　）开始起算。
   A. 签订合同之日　　B. 签订合同之后 14d
   C. 开工通知书中写明的开工日期　　D. 投标截止前 28d 后
8. 当遇到特殊反常天气时，承包商可以要求（　　）。
   A. 延长工期　　B. 费用补偿
   C. 延长工期，补偿费用　　D. 补偿利润

实训项目 4

进度控制实训：讨论背景资料项目的进度控制计划，进度控制的内容、方法，画出双

代号网络图及其关键线路。提交成果报告。

背景资料：假设该项目工期为260d。施工到第133d时，连续下暴雨5d，施工单位于第200d提交了工期索赔报告。

操作流程

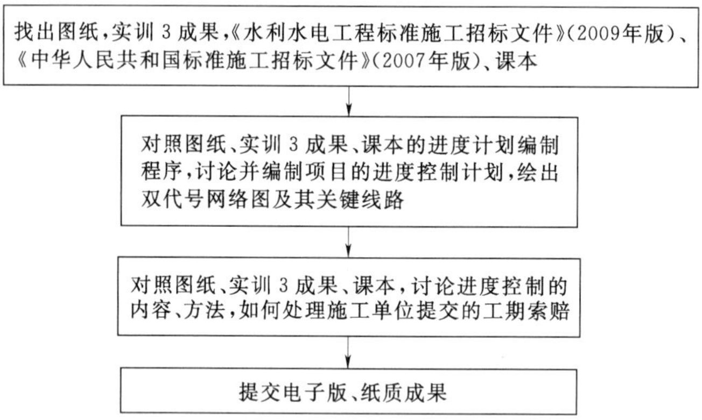

任务3

某建设项目合同工期16个月，其双代号网络计划如图3-5所示。该计划已经监理机构批准。问题：

1. 找出该网络计划的关键路线。
2. 工作D的总时差和自由时差各为多少？
3. 当该计划实施到第8个月末时，经监理工程师检查发现工作C、B已按计划完成，而工作D还需要两个月才能完成。此时工作D实际进度是否会使总工期延长？为什么？
4. 如果工作D的进度落后影响总工期，有何措施纠正？怎样调整？
5. 在进度控制中监理人员可以采用哪些工作方法？怎么用？

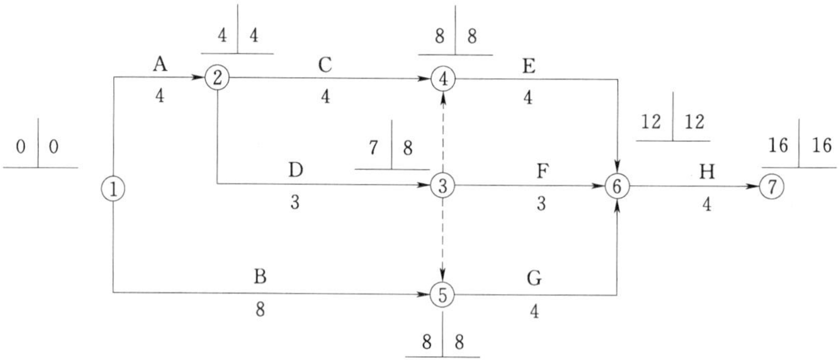

图3-5　双代号网络计划

项目4　水利工程施工质量控制

教学目标

知识学习目标	4.1 工程项目质量控制的概念	4.2 建设工程各参与方的质量责任	4.3 影响工程项目质量的主要因素	4.4 施工质量控制的依据	4.5 施工质量控制内容	4.6 设置质量控制点	4.7 水利水电工程施工质量检验与评定	4.8 水利水电建设工程验收
了解	工程项目质量控制的概念	建设单位质量责任					单位工程质量检验与评定标准	水利工程验收种类
熟悉	全面质量控制	施工、监理方的质量责任		施工质量控制的依据			质量事故等级	法人验收组织程序
掌握	核心思想是预防为主质量控制的环节		影响工程项目质量的因素		施工质量控制内容	设置质量控制点	单元工程、分部工程质量检验与评定标准	分部工程验收条件、组织程序
能力目标	能分析质量偏差原因，能运用监理工作方法处理质量问题，能设置质量控制点，能评定单元工程质量等级，能组织分部工程验收							

基本知识学习

4.1　工程项目质量控制的概念

1. 工程项目质量

工程项目质量包括工程产品质量和工作质量两个方面。

(1) 工程产品质量。它是指满足规定要求和需要的能力。规定要求指规范规程、技术标准、合同要求等，主要是结构安全的要求，需要指用户对工程产品使用功能方面的要求。主要表现在几个方面：

1）适用性。其包括建筑物平面、空间布置合理；操作、维修方便；有利生产、方便生活等。

2）可靠性。其包括满足强度、刚度、稳定性要求；满足耐久性要求，如耐磨、耐腐蚀、抗渗、抗冻；使用有效和安全等。

3）经济性。它包括工程项目投资效益高、运行和维修费用低等。

（2）工作质量。水利工程项目都是可分解为由单元工程组成的。而每一单元工程的施工则是通过一道道工序来完成的。因此，工程质量是在工序活动中创造的，而每道工序又是由若干操作作业所组成。所以从质量控制角度出发，工程质量应包括工程产品质量、工序质量和工作质量。产品质量和工序质量取决于施工操作作业和管理活动等各方面的工作质量。因此，保证工作质量是保证工序质量和工程产品质量的基础。

2. 工程项目质量控制

工程项目质量控制是指为达到工程项目质量要求所采取的作业技术和管理活动。工程项目质量要求主要表现为体现在工程合同、设计文件、技术规范规定的相关质量标准中。因此，工程项目质量控制就是为了保证达到工程合同规定的质量标准而采取的一系列措施、手段和方法。

工程项目质量控制按其实施者不同可分为：建设单位的质量控制——工程建设监理的质量控制，特点是外部的、横向的控制；政府方面的质量控制——政府监督机构的质量控制，特点是外部的、纵向的控制；承建商方面的质量保证，特点是内部的、自身的控制。

核心思想是预防为主。要充分运用作业技术，并在质量环上开展各项活动，及时发现并排除工程项目质量形成的各个阶段存在的问题及原因，使每个过程及环节始终处于受控状态。

质量控制包括下列3个环节：

（1）确定标准。制定工程质量控制计划和标准是工程质量控制的第一步。

（2）实施和反馈。工程建设中，按质量计划和标准执行，并在实施中进行监视和检验。出现质量问题，需及时反馈，以便及时采取措施。

（3）纠偏。即发现质量问题后进行纠正的过程。只有建立一个灵敏的、高效的纠偏系统，才能及时对质量偏差进行纠正，使各项质量活动及结果始终处于受控状态。

质量控制是工程建设目标控制的任务之一，进度、投资控制要在质量合格的基础上进行。

3. 全面质量控制

美国质量管理专家戴明把全面质量控制的基本方法概括为4个阶段、8个步骤。第一个工作阶段是计划阶段，也叫P（Plan）阶段，主要是在调查问题的基础上制定计划。计划的内容包括确立目标、活动等，制定完成任务的具体方法。这个阶段包括8个步骤中的4个步骤：①查找问题；②进行排列；③分析问题产生的原因；④制定对策和措施。第二个工作阶段是实施阶段，也叫D（Do）阶段，就是按照制定的计划和措施去实施，即执行计划。这个阶段是8个步骤中的第五个步骤，即⑤执行措施。第3个工作阶段是检查阶段，也叫 C（Check）阶段，就是检查生产（设计或施工）是否按计划执行，其效果如何。这个阶段是 8 个步骤中的第六个步骤，即⑥检查采取措施后的效果。第四个工作阶段是处理阶段，也叫 A（Action）阶段，就是总结经验和清理遗留问题。这个阶段包括 8 个步骤中的最后两个步骤：⑦建立巩固措施，即把检查结果中成功的做法和经验加以标准化、制度化，并使之巩固下来；⑧确定遗留问题，并将其转入下一个循环，即对本次循环中没有解决的问题或不完善之处列出来，作为下一次循环中应处理的内容。上述 4 个阶段工作形成循环，即 PDCA 循环，又称“戴明环”，不断重复，使工作不断改进，质量不断提高，如图 4-1 所示。

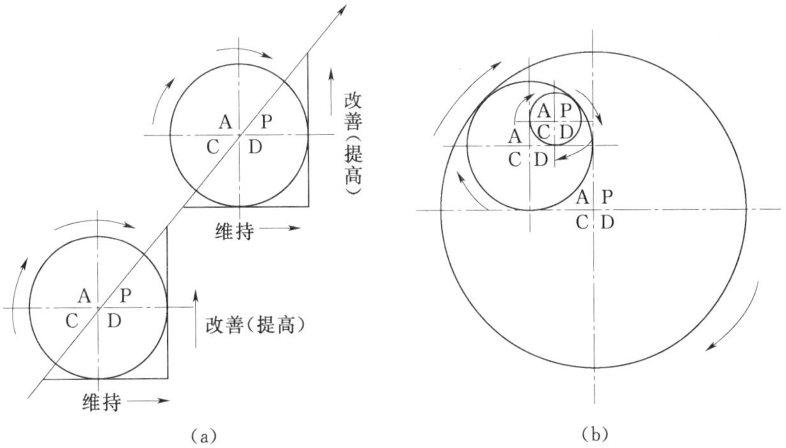

图 4-1 PDCA 循环示意图

(a) 循环一次，改善一次，提高一步；(b) 大环套小环，大小一起转

4.1.1 监理单位的质量控制体系

工程建设监理的质量控制，是指监理单位受发包人委托，按照合同规定的质量标准对工程项目质量进行的控制。

监理单位的质量控制体系主要依据国家的有关法律、技术规范、合同文件、设计图纸，对承包人在施工全过程进行检查认证，及时发现其中的问题，分析原因，采取正确的措施加以纠正，防患于未然。

监理单位对质量的检查、认证有一套完整的、严密的组织机构、工作程序和方法，构成了建设项目的质量控制体系，成为我国工程建设管理体系中不可缺少的另一层次的组成部分，并对强化质量管理发挥了越来越重要的作用。

但是，监理单位的质量控制并不能代表承包人内部的质量保证体系，它只能通过执行承包合同，运用质量认证权和否决权，对承包人进行检查和管理监督，并促使承包人建立健全质量保证体系，从而保证工程质量。

4.1.2 承包人的质量保证体系

质量保证体系是以保证和提高工程质量为目标，运用系统的概念和方法，把承包人各部门、各环节的质量管理职能和活动合理组织起来，形成一个明确任务、职责、权限，而又互相协调、互相促进的管理网络和有机整体，使质量管理制度化、标准化，从而建造出用户满意的工程，形成一个有机的质量保证体系。

在工程项目施工过程中，质量保证是指承包人对用户在工程质量方面作出担保和保证（承诺）。在承包人组织内部，质量保证是一种管理手段。在合同环境中，质量保证还被承包人用以向建设单位提供信任。无论如何，质量保证都是承包人应尽的义务。

承包人的质量保证体系，是我国工程建设管理体系中最基础的部分，对于确保工程质量是至关重要的。只有使质量保证体系正常实施和运行，才能使建设单位、承包人在质量、进度、投资/成本3个方面达到最佳状态。

4.2 建设工程各参与方的质量责任

请下载《中华人民共和国建筑法》、现行《水利工程质量管理规定》、《建设工程质量管理条例》，自行学习。

4.3 影响工程项目质量的主要因素

施工是一种物质生产活动。因此，影响工程产品质量的因素可归结为以下5个方面，它们分别是人、材料、机械、方法及环境（简称工、料、机、法、环），其中“人”是最重要的因素。在质量控制的系统过程中，无论是对投入物质资源的控制，还是对施工及安装生产过程的控制，都应当对影响工程实体质量的5个主要因素进行全面的控制。

（1）人的质量控制。工程质量取决于工序质量和工作质量，工序质量又取决于工作质量，而工作质量直接取决于参与工程建设各方所有人员的技术水平、文化修养、心理行为、职业道德、质量意识、身体条件等因素。这里所指的人员包括了施工承包人的操作、指挥及组织者，重点控制人员对应其工作岗位的资格，特殊工种要有上岗证。“人”作为控制的对象，要避免产生失误，要充分调动人的积极性，以发挥“人是第一因素”的主导作用。

（2）材料、设备的质量控制。工程项目是由各种建筑材料、辅助材料、成品、半成品、构配件、设备等构成的实体，这些材料、构配件、设备等本身的质量及其生产环节质量控制质量保证工作，对工程质量具有十分重要的影响。材料质量是工程质量的基础，材料质量及工程设备不符合要求，工程质量也就不可能符合标准。主要控制以下几项：

1）生产厂家的资格能力，可到厂家实地考察。

2）出厂合格证、材质化验单、设备出厂检验报告。

3）主要材料要求监理人员要按合同规定见证取样，并送到有资质条件的试验检测单位试验，结果符合相关规范要求才可使用。

4）各种构配件、成品、半成品要有出厂合格证、厂家批号，或能证明其质量合格的文件。

5）材料质量检验方法分为书面检验、外观检验、理化检验和无损检验等4种。检验程度有抽样检验、全部检验，可根据规范要求采用。

(3) 施工方法的质量控制。包含工程项目整个建设周期内所采取的技术方案、工艺流程、组织措施、检测手段、施工组织设计等的控制。

施工方案合理与否、施工方法和工艺先进与否，均会对施工质量产生极大的影响，是直接影响工程项目的进度控制、质量控制、投资控制三大控制目标能否顺利实现的关键。监理机构在审核施工方案和施工工艺、方法时，必须结合工程实际和资源条件，作技术经济比较，力求三大控制目标能顺利地实现。

(4) 施工机械设备的质量控制。目的在于为施工提供性能好、效率高、操作方便、安全可靠、经济合理且数量足够的施工机械设备，以保证按照合同规定的工期和质量要求，完成建设项目施工任务。监理机构应着重从施工机械设备的型号、主要性能参数、使用操作要求等3个方面审查是否满足合同质量要求予以控制。

(5) 施工环境的质量控制。影响工程项目质量的施工环境因素主要有技术环境、施工管理环境及自然环境。

1) 技术环境因素包括施工所用的规程、规范、设计图纸及质量评定标准。

2) 施工管理环境因素包括质量保证体系、三检制、质量管理制度、质量签证制度、质量奖惩制度等。

3) 自然环境因素包括工程地质、水文、气象等。

环境因素对施工质量的影响具有复杂而多变的特点，气象条件就是千变万化，温度、大风、暴雨、酷暑、严寒等均影响到施工质量。监理机构应要求承包人根据工程特点和具体条件，采取有效的措施，严格控制影响质量的环境因素，确保工程项目质量。比如合理安排施工顺序、土石方施工尽可能避开当地雨季。

4.4 施工质量控制的依据

施工阶段监理机构进行质量控制的依据，主要有以下几类：

(1) 地质勘察报告、已批准的设计文件及相应的设计变更与修改文件。“按图施工”是施工阶段质量控制的一项重要原则，已批准的设计文件无疑是监理机构进行质量控制的依据。监理机构在施工前还应参加建设单位（或委托监理）组织的图纸会审和设计交底工作会议，以达到了解设计意图和质量要求，发现图纸差错和减少质量隐患的目的。

(2) 已批准的施工组织设计。施工组织设计是承包人进行施工准备和指导现场施工的规范性、指导性文件，它详细规定了承包人进行工程施工的现场布置、人员组织配备和施工机具配置，每项工程的技术要求，施工工序和工艺、施工方法及技术保证措施，质量检查方法和技术标准等。施工承包人在工程开工前，必须提出对于编制所承包的建设项目的施工组织设计，报请监理机构审查。一旦获得批准，它就成为监理机构进行质量控制的重要依据之一。

(3) 国家现行法律法规、行业技术标准及规范。

(4) 工程承包合同中有关质量的合同条款及合同履行过程中签署的文件。

(5) 制造厂提供的设备安装说明书和有关技术标准。

4.5 施工质量控制内容

施工是形成工程实体的动态过程，施工质量控制是一个由选择施工人员队伍和施工方案、投入材料的质量控制开始，直到完成工程检查验收为止的全过程的控制体系。这个过程大致可分成施工前、中、后期3个阶段。监理机构审核批准质量文件，不能免除承包人按合同规定应负的责任。

4.5.1 事前质量控制的内容

事前质量控制内容是指正式开工前所进行的质量控制工作，其具体内容包括以下方面：

(1) 建立健全监理组织，完善内部管理。

1) 根据专业工作需要，按监理合同约定的监理组织形式组建项目监理机构，配备专业齐全的监理人员，进行部门分工，明确职责，制定各项管理规章制度。

2) 组织学习有关工程设计、施工方面的规程规范，掌握设计意图，熟悉施工图纸，深入研究施工承包合同有关约定和条款，明确工程各部位的质量标准。

3) 总监理工程师在工程开工前组织对监理机构全体监理人员开展规划、细则、强制执行和质量、专业技术等方面的教育学习和培训工作。

(2) 编写监理实施细则。

监理实施细则是针对工程项目中某专业或某项监理工作的操作性文件。依照监理规划，由专业监理工程师根据施工进展情况，分阶段编写监理实施细则，并经总监理工程师批准，发送发包人和有关施工单位。

(3) 审查施工单位质量管理体系。

审查施工单位的质量管理体系，满足要求时予以确认，对质量管理体系应审查以下内容：

1) 组织机构。

2) 质量管理、技术管理制度。

3) 主要管理人员资格证、上岗证，特别是项目经理和专职质量管理人员。

4) 审查施工单位上报的人员资格表，审查人员是否经过相关培训，是否持证上岗，是否与投标文件一致，数量是否满足工程施工管理需要，更换项目经理是否经建设单位书面同意。

(4) 审查分包单位资格。

专业监理工程师依据合同和有关规定对分包单位资质进行审核，符合规定后由总监理工程师签认，报建设单位审批。主要审核内容如下：

1) 法人资格的营业执照和施工资质证书。

2) 政府主管部门颁发的安全生产许可证。

3) 分包单位施工业绩，近年安全、质量记录。

4) 确保安全、质量的施工技术素质（包括项目负责人、技术负责人、质量管理人员、安全管理人员等）及特种作业人员持证情况。

5）施工管理机构、安全质量管理体系及其人员配备。

6）保证施工安全和质量的机械、工器具、计量器具、防护设施、用具的配备。

7）安全文明施工和质量管理制度。

8）拟分包工程的范围和内容。

（5）组织图纸会审及设计交底。

设计文件、图纸是工程施工的直接依据，图纸会审是质量控制的重要手段。图纸会审一般由监理机构组织施工、设计、业主等单位有关单位人员参加。先由设计人员介绍设计意图、施工要求和关键技术问题，然后由各方代表对设计图纸中存在的问题及对设计单位提出的要求进行讨论、协商，解决存在的问题和澄清疑点，并写出会议纪要。

为了使施工承包人熟悉有关的设计图纸，充分了解拟施工工程特点、设计意图和工艺与质量要求，在工程开工前，由业主（或委托监理）组织设计、施工、监理等单位有关人员进行设计交底，交底的主要内容有以下几个方面：①自然条件方面情况；②设计依据、设计规范及建筑材料情况；③设计意图、进度与工期设计安排等；④设计中采用新结构、新工艺对施工提出的要求等。

（6）审查承包人提交的施工组织设计、施工措施计划。

监理人对施工组织设计的审查，着重以下几个方面：

1）质量管理体系、保证体系是否健全。

2）施工现场总体布置是否合理，特别是施工道路、防洪排水、器材存放、给水及供电、混凝土供应系统等方面。

3）主要的施工项目有无针对性措施及预控方法，有无可靠、有效的技术和组织措施。

4）各分部工程进度安排是否合理，是否符合工期目标要求。

5）设备、人员配备是否合理，是否满足施工强度要求。

6）施工程序的安排是否合理。

施工组织设计、施工措施计划提交监理人审查批准后，承包人应遵照执行，不得擅自变改，如需变改施工方案或工艺时，必须报请监理人审查批准后才能实施。

（7）检查施工机械设备的进场情况和完好率。

承包人进场的主要施工机械、设备是否满足要求，是关系工程质量、工期的重要因素。为此，监理工程师应督促承包人按投标文件的承诺投入足够的设备，并从以下几个方面进行监控：

1）机械选型是否恰当，是否满足质量要求和适合现场条件。

2）机械设备的数量是否足够，是否满足作业要求和保证施工的连续性。

3）施工机械设备，是否按已批准的计划备妥，是否处于完好的可用状态。

4）施工设备进场，承包人需填报进场设备申报表，向监理人申报审批。

（8）检查承包人的工程技术环境和管理环境。

监理机构要主动向政府质量监督部门联系、汇报本项目开展质量监理的具体方法，取得质监部门的支持和帮助。同时，对承包人的技术、质量管理环境进行检查，主要包括以下内容：

1）质量管理的组织结构、检测制度、人员配备等方面是否完善和明确，自检系统是否处于良好的状态。

2）质量检测、试验和计量等仪器、设备和仪表是否满足使用要求，有无合格的证明和鉴定表。

3）拟定检测、试验机构的资质等级是否符合要求。

4）若自然环境条件对施工作业质量可能出现不利影响时，是否已有充分的认识，并采取有效的对策措施以保证工程质量。

（9）复核施工测量控制网。

协助建设单位向施工单位提供施工测量基准点、基准线和水准点。承包人据此按规范精度要求测设施工控制网，并埋设标桩和完成有关内业工作，报监理工程师审查和复测。

（10）做好施工场地的质量检查验收和移交工作。

开工前，监理机构应与建设单位、施工单位共同检查施工场地的准备情况，主要检查工程施工所需的场地征用、居民占地设施或堆放物的迁移是否完成，以及道路和水、电及通信线路是否开通等，对符合开工条件的场地，及时提供给施工承包人使用。

（11）签发合同项目开工文件。

专业监理工程师审查施工单位报审的开工报审表及附件，并进行现场核查，符合条件时，由总监理工程师签认，报建设单位批准。审查主要内容如下：

1）施工组织设计已审批。

2）施工图会审及设计交底已进行。

3）质量验收及评定项目划分已报审。

4）施工人力和机械已进场，施工组织已落实到位。

5）主要施工管理人员已到位。

6）物资、材料准备能满足连续施工的需要。

7）计量器具、仪表经法定单位检验合格。

8）特殊工种/特种作业人员能满足施工需要。

（12）施工人员和分包商的资质审核。主要指对承包人的施工项目经理和主要技术人员的审核，要求进场的这些人员与投标文件中填报的相一致。若招标文件中允许选择分包商，则承包人所选择的分包商需经监理工程师认可，方能进场施工。

（13）对工程所需原材料、构配件的质量进行检查与控制。有些原材料、半成品、构配件应事先提交样品，经认可后方能采购订货。凡进场材料均应有产品合格证或技术说明书，同时还应按有关规定进行抽检。没有合格证或抽检不合格者，不得用于工程。

（14）对工程设备，应按审批同意后的设计图纸组织采购或订货。这些设备到货后，均应进行检查和验收。

（15）审核承包人提出的施工组织设计和施工技术措施。

（16）检查施工现场的水平坐标、高程水准点。对重要工程，一般监理工程师向承包人提供坐标点和水准点，并要求承包人复核，最后监理工程师对复核结果进行审核。

（17）要求承包人建立完善的质量保证体系，包括完善的计量及质量检测技术和手段。

（18）参加建设单位组织的设计交底和图纸审核。由总监理工程师签发施工图给承包人。

(19) 对工程质量有重大影响的施工机械设备，应审核其型号、类型、性能、数量等能否满足施工质量的要求，不符合质量要求者，不能在施工中使用。

(20) 把好开工关。对现场各项施工准备检查满意后，监理工程师才发布开工令。对停工的项目，监理工程师在发布复工令前，不得恢复施工。

4.5.2 事中质量控制的内容

1. 施工技术监督管理

技术管理为工程质量保驾护航，监理机构应：

(1) 督促施工单位进行施工技术交底，必要时监理工程师参与施工过程中重要（关键）环节的施工技术交底会。

(2) 监督检查施工单位对技术标准及各种施工方案的执行情况。

(3) 审查新技术、新材料、新工艺、新设备（简称“四新”）的应用计划，监督检查“四新”的开展和应用。

2. 材料、构配件、设备进场验收

材料是关系工程质量的重要因素，重点是把好材料的选购进货关。砂、石和反滤料等当地材料应有固定的供货渠道，批量进货前通过试验检验其品质；水泥、钢筋、止水、土工布等应由质量、信誉良好的厂商供货，并经过抽样检验合格后方可投入使用。

(1) 监理机构对施工单位报审的工程材料、构配件、设备进场使用报审表及质量证明文件等附件进行审核，并按照有关规定进行外观检查等抽样验收，对有复试要求的由监理人员现场见证取样后送检，并由施工单位填写见证取样送检记录表，监理人员签字确认。

(2) 参加或组织设备开箱检查，按合同、设计文件、装箱单等检查设备及配件是否齐全、质量是否符合要求，并办理开箱检验签证。

(3) 未经监理工程师验收或验收不合格的工程材料、半成品、构配件和设备等，不得用于工程中，并通知施工单位限期将不合格品撤出施工现场。

3. 施工过程质量控制

监理机构应根据质量控制的要求，建立现场值班制度，全过程监督承包人的工作人员、施工设备、使用的材料、工艺方法和施工环境，掌握现场施工质量状况，及时制止不规范的行为，以保证工程质量。

(1) 现场跟踪检查的主要内容包括：

1) 开工前检查。检查承包人的各项准备工作完成情况，是否具备开工条件，能否保证施工的连续性和工程质量。

2) 工序施工检查。主要是检查和监督在施工过程中，人员、材料、施工设备、施工方法和施工环境条件是否处于良好的状态，若发现问题及时予以纠正。

3) 工序交接检查。工序完成后，施工承包人进行自检，经自检合格通知监理人员到现场检验，检验合格并签字确认后，方可进入下道工序施工。在工序交接检查中，要严格遵守上道工序不经检查验收不准进行下道工序施工的原则。

4) 隐蔽工程覆盖前检查。隐蔽工程施工完成后，承包人首先进行自检，并进行必要的测量和地质测绘素描，经自检合格后通知监理人员验收，监理工程师将联合设计代表、承包人代表，必要时会同发包人代表和质量监督部门代表，联合组成隐蔽工程验收小组，对隐蔽工程实行联合验收，办理隐蔽工程验收签证手续，经验收合格后方可覆盖。

5）施工预检。为了避免出现难以补救或全局性危害的质量事故，施工之前对一些重要的施工参数进行复核性的预先检查，如分部分项工程的位置、轴线、标高、预留孔的位置和尺寸、管线的坡度等。

6）成品保护质量检查。在施工过程中，当某些工程或部位已完工，而其他工程或部位还在继续施工，为保护已完工的成品免受损坏，应督促承包人采取防护、包裹、覆盖、封闭等措施加以保护，并经常进行巡视检查。

（2）现场质量跟踪检查的方法如下：

1）目测检查。其包括观察、目测和手摸检查，采用看、摸、敲、照等手法对检查对象进行检查。例如，材料的品种、规格和质量；混凝土浇筑的平整情况，出现麻面、蜂窝、狗洞、露筋情况；模板安装的稳定性、刚度和强度，表面光洁度等；施工操作是否符合规程等项目的检查。

2）量测检查。利用仪器和工具进行检查，量测的手法分为靠、吊、量。如建筑物的轴线、标高、轮廓尺寸；混凝土拌合物坍落度、分层浇筑厚度和表面平整度等。

3）试验。通过现场试验或试验室试验等理化手段取得数据，分析判断质量情况，若出现偏差及时采取措施调整，如水泥、砂、石的品质以及土料压实度等。

4. 重要部位和关键工序旁站监督

重要的工程部位和对质量有重大影响的工序，监理人员应进行施工过程的旁站监督与控制，及时发现和纠正违章作业以及不按设计文件、规程规范施工的现象，确保使用材料及工艺过程的质量。

5. 必要时下达停工指令控制施工质量

在施工过程中，出现下述情况，除合同另有规定外，监理机构应征求业主同意后及时下达停工指令控制施工质量：

（1）施工中出现质量异常情况，承包人未采取有效措施，或措施不力未能扭转这种情况者。

（2）隐蔽作业未经依法查验确认合格，而擅自覆盖者。

（3）已发生质量事故迟迟未按监理工程师要求进行处理，或者是已发生质量缺陷或事故，如不停工则质量缺陷或事故将继续发展的情况下。

（4）未经监理工程师审查同意，擅自变更设计或修改图纸进行施工者。

（5）未经技术资质审查的人员或不合格人员进入现场施工者。

（6）使用的原材料、构配件不合格或未经检查确认者，或擅自采用未经审查认可的代用材料者。

（7）擅自使用未经监理人审查认可的分包商进场施工。

（8）合同规定的其他情况。

6. 建立质量监理日志和质量跟踪档案

监理工程师应对各个工序施工活动过程进行详细记录，以便对其质量状况进行严密、细致和有效的控制。记录内容包括：材料的检验情况及质量状态，工序施工工艺状况，工序施工质量验收及签证情况，不合格项目的记录及其处理措施、处理效果等。监理工程师将把收集来的质量信息进行整理，根据信息种类采取不同的分析方法进行分析，目的在于及时发现有无系统因素的影响，以便及时采取纠正和预防措施，使工程质量处于受控状态，并将相关信息报告发包人。

7. 计量与进度款支付采取质量否决措施

如果施工承包人完成的工程质量达不到规定的要求和标准，而又不能按监理工程师的批示予以处理，监理工程师应拒绝开具部分或全部的支付签证，采取经济手段促使承包人保证施工质量。

8. 及时处理已发生的质量问题或质量事故

在施工过程中如发生质量问题或质量事故，监理机构应及时要求承包人进行处理。处理的原则：找出问题或事故原因，制定处理或清除问题的措施，责任者受到教育，制定预防类似问题再发生的措施等。

（1）完善工序质量控制。把影响工序质量的因素纳入管理状态。建立质量控制点，及时检查和分析质量统计分析资料和质量控制图表。

1）施工工序质量控制内容。

a. 确定工序质量控制计划。施工前，要求对施工质量控制做出计划，但这种计划一般较粗。在每一分部分项工程施工前还应制定详细工序质量计划，明确控制的重点和难点。对某些重要的控制点还应具体计划作业程序和有关参数的控制范围。每道工序完成后，对工序质量进行检查，仅当工序质量经检验认为合格后，才能进行下道工序的施工。

b. 控制工序活动条件。这是工序质量控制的重要内容。工序活动条件包括人、机、工艺或方法、材料和环境。主动对工序活动条件质量进行控制，这是保证工序质量的重要措施之一。在工序活动条件控制中，要抓住主要因素进行控制，以便达到较好的控制效果。

c. 工序分析。工序分析，概括地说，就是要找出对工序的关键或重要的质量特征性能起着支配性作用的那些因素的全部活动。对这些支配因素，要制订成标准，加以重点控制。

2）施工工序质量控制过程。施工工序是施工中人、机、材料、工艺或方法综合作用的单元，工序质量控制包括对工序活动和工序活动效果的控制，这两种控制反复进行，从而达到对施工工序质量的控制。施工工序质量控制的步骤包括：

a. 工序活动前的控制。即在操作前，要求人、机、材料、方法或工艺和施工环境能满足要求。

b. 检验。采用必要的检测工具或手段，对工序活动的效果进行质量检验。

c. 效果分析。对检验数据进行分析，找出其变化规律。

d. 判断。根据工序质量标准和分析数据，对整个工序的质量进行评价，判断该工序是否达到质量标准，即是否正常。

e. 因素分析。若工序质量正常，控制过程的一个循环结束；若工序质量异常，则进行工序分析，寻找影响工序质量的因素，尤其要找出其中的主要影响因素。

f. 主要影响因素控制。找出主要影响因素后，对其进行调整，使其符合规定要求。

g. 重复检验。重复 b. ～d. 步骤，检查调整效果。

h. 重复循环。过一时段间隔或完成一定工程量后，重复 a. ～h. 步骤实施控制。

(2) 严格工序间交接检查。施工过程中承包人应对每道施工工序进行自检，并将自检结果报送监理人备查，重要工程或关键部位在承包人自检合格并经监理机构确认后才能进行下一道工序施工。隐蔽工程的检查及重新检查按承包合同规定执行。

(3) 重要工程部位或专业工程应进行试验检测或技术复核。承包人必须提供相应条件，如结果不符合合同规定，必须进行返工处理，处理合格后，方可继续施工。

(4) 对完成的单元、分部工程，按相应的质量评定标准和办法进行检查、验收。

(5) 审核设计变更和图纸修改。

(6) 组织定期或不定期的现场会议，分析、通报工程质量状况，协调有关单位间的业务关系。

4.5.3 事后质量控制的内容

1. 及时组织分部工程验收，严把验收关

分部工程完成后，承包人应对其进行自检，确认合格后，再向监理机构提交验收申请报告。监理机构应参加或组织分部工程验收，联合发包人、设计人、承包人、质量监督部门组成联合验收小组，依据合同、设计文件和规程规范，对其外观、几何尺寸、内在质量等方面进行现场检查，并审查质量验收签证，检验、检测资料，检查工程质量是否存在缺陷，判断验收项目是否达到验收标准，不合格的工程不予验收，严把验收关，不留后患。

2. 审查竣工图及其他技术资料，并编目建档

竣工图是工程建设的重要档案文件，监理机构应严格按竣工图的编制规定审查承包人提交的竣工图质量，保证其与工程实物吻合。其他技术资料按工程建设档案整编规定整编和建档，监理工程师审查其整编质量。

3. 缺陷责任期质量控制

(1) 工程完工验收后，监理机构应对验收过程中发现的质量缺陷进行分析归类，列成细目，通知承包人进行修补、修复。

(2) 工程投入运行后，监理机构应对工程质量状况进行检查，在缺陷责任期内出现的质量问题，会同有关单位进行认真的分析，分清责任，并制定措施妥善处理。

(3) 对修补缺陷的项目进行检查、验收。在这一过程中，监理工程师仍要像控制正常施工质量一样，抓好每一环节的质量控制，缺陷修补完成后，仍按合同、设计文件和有关规程规范进行检查验收。

1) 按规定的质量评定标准和办法，对完成工程进行质量检验评定。

2) 审核、整理有关质量检验报告及技术文件，并编目、建档。

3) 整理有关工程项目的竣工验收资料，并编目、建档。

4) 按合同要求，组织工程验收。

4.6 设置质量控制点

4.6.1 质量控制点概念

质量控制点（WHS）是指在施工中某些需要重点控制的施工项目、部位或环节。设置质量控制点，对其重点进行控制，是提高工序质量的重要途径。

1. 见证点 W（Witness Point）

在规定的施工关键过程（工序）实施前，项目监理、施工等责任方在约定的时间到现场进行见证检查或进行文件检查的控制点，相关检查方在规定的时间未能到场见证，作业单位可以认为已获认可，可继续进行该项作业。

2. 停工待检点 H（Hold Point）

针对作业过程中有特殊要求而设置的控制点，项目监理、施工等责任方应在约定的时间到现场对该控制点进行监督检查，未经检查认可不得超越该点作业。但如果检查方不在施工现场，作业方又查明已根据合同规定预先通知了责任方，则作业方在以书面形式正式通知责任方的规定时间后，可以进行下一道作业。

3. 旁站点 S（Standby Point）

针对工程关键部位和关键工序的质量控制而设置的全过程连续监控点。

4.6.2 质量控制点设置

质量控制点是指在施工中某些需要重点控制的施工项目、部位或环节。设置质量控制点，对其重点进行控制，是提高工序质量的重要途径。质量控制点设置原则：①对工程性能、寿命、安全、可靠性和精度等有严重影响的关键部位和关键工序；②对工艺有严格要求，对下道工序的工作有严重影响的关键部位或工序；③隐蔽工程。质量控制点设置内容如下：

（1）选择质量控制点。应根据项目特点、工艺的难易经分析后确定。下列应设置质量控制点。

1）关键的单元工程，如大体积混凝土工程、土石坝工程的坝体填筑、隧洞开挖工程等。

2）关键的工程部位，如混凝土面板堆石坝面板趾板及周边缝的接缝、软土基上水闸的地基基础、预制框架结构的梁板节点、关键设备的基础等。

3）薄弱环节。指经常发生或容易发生质量问题的环节，或施工承包人施工无把握的环节，或采用新工艺（材料）施工环节等。

4）关键工序。如钢筋混凝土工程的混凝土振捣，灌注桩的混凝土钻孔灌注，隧洞开挖大坝填筑的分层铺土厚度、碾压遍数、压实指标检测钻孔布置、方向、深度、用药量和填塞等。

5）关键工序的关键质量特性，如混凝土的强度、土石坝的干容重等。

6）关键质量特性的关键因素，如冬季混凝土强度的关键因素是环境（养护温度）、支模的稳定性的关键是支撑方法、泵送混凝土输送质量的关键是机械等。

（2）制定质量控制措施。确定质量控制点后，应制定每个质量控制点的控制措施。步骤及内容如下：

1）列出质量控制点明细表。

2）质量控制点施工流程图。

3）从影响质量的五大因素逐个分析，找出工序质量的支配性影响因素。

4）制定工序质量表，对各支配性因素制定出明确的控制范围和控制要求，可通过现行2012年版的《水利水电工程单元工程施工质量验收评定标准》（SL 631—637）查找主控项目、一般项目的要求。

5）编制保证质量的作业指导书。

（3）实施质量控制点的控制。步骤如下：

1）进行控制措施交底。将质量控制点的控制措施向作业班组交底，使操作人员明确操作要点。比如土方填筑工程，要通过试验找出满足设计要求的参数，其中压实遍数是质量控制点，在施工前要告诉压路机司机。

2）对工序活动条件进行检查验收。

3）按作业指导书进行操作。

4）认真记录，检查结果。

5）运用数理统计方法不断分析、改进与提高质量（实施PDCA循环），以保证质量控制点验收合格。

根据质量控制点的重要程度及监督控制要求不同，将质量控制点区分为见证点、停止点和旁站点，其中，旁站点要求对施工过程进行连续旁站监督。根据合同约定和建设单位要求，编制质量控制点（WHS）设置表，在编制监理实施细则时确定，并对承包人现场施工管理人员进行监理交底。

4.6.3　质量控制见证点

见证点是指承包人在施工过程中达到这一类质量控制点时，应事先书面通知监理人到现场见证，观察和检查承包人的实施过程。然而在监理人接到通知后未能在约定时间到场的情况下，承包人有权继续施工。例如，对涉及工程结构安全的试块、试件及有关材料，应实行见证取样；重要的试验过程，见证点的实施程序如下：

步骤1：施工或安装承包人在到达这一类质量控制点（见证点）之前24h，书面通知监理人，说明何日何时到达该见证点，要求监理人届时到场见证。

步骤2：监理人应注明他收到见证通知的日期并签字。

步骤3：如果在约定的见证时间监理人未能到场见证，承包人有权进行该项施工或安装工作。

步骤4：如果在此之前，监理人根据对现场的检查，并写明他的意见，则承包人在监理人意见的旁边，应写明根据上述意见已经采取的措施。

监理人到场见证时，应仔细观察，检查该质量控制点的实施过程，并在见证表上详细记录，说明见证的建筑物名称、部位、工作内容、工时、质量等情况，并签字。同时承包人也在该表签字，证实监理人的工作。

4.6.4　质量控制停止点

对于某些更为重要的质量控制点，必须要在监理人到场监督、检查的情况下承包人才能进行检验，称为停止点。停止点和见证点执行程序的不同，就在于步骤3，即如果在到达停止点时，监理人未能到场，承包人不得进行该项工作，也不得越过该项工作进行下一工序的施工，事后监理人应说明未能到场的原因，然后双方约定新的检查时间。比如：灌注桩造孔到达持力层岩面时、隐蔽工程验收时。

4.7　水利水电工程施工质量检验与评定

按《水利水电工程施工质量检验与评定规程》（SL 176—2007）、《水利水电工程单元工程施工质量验收评定标准》（以下简称《评定标准》）规定进行。水利水电工程施工质量检验与评定顺序：工序质量验收评定→单元工程质量验收评定→分部工程质量检验与评定→单位工程质量检验与评定→工程项目质量检验与评定。

4.7.1　工序、单元工程质量的验收与评定

1. 术语

（1）单元工程。依据建筑物设计结构、施工部署和质量考核要求，将分部工程划分为若干个层、块、区、段，每一层、块、区、段为一个单元工程，通常是由若干工序组成的综合体，是施工质量考核的基本单位。

（2）工序。按施工的先后顺序将单元工程划分成的若干个具体施工过程或施工步骤。对单元工程质量影响较大的工序称为主要工序。

（3）主控项目。对单元工程的功能起决定性作用或对安全、卫生、环境保护有重大影响的检验项目。

（4）一般项目。除主控项目以外的检验项目。

2. 基本规定

（1）一般要求。

1）单元工程划分应符合下列要求：

a. 分部工程开工前应由建设单位或监理单位组织设计、施工等单位，根据本评定标准要求，共同划分单元工程。

b. 建设单位应根据工程性质和部位确定重要隐蔽单元工程和关键部位单元工程。

c. 单元工程划分结果应书面报送质量监督机构备案。

2）单元工程按工序划分情况，分为划分工序单元工程和不划分工序单元工程：

a. 划分工序单元工程应先进行工序施工质量验收评定。在工序验收评定合格和施工项目实体质量检验合格的基础上，进行单元工程施工质量验收评定。

b. 不划分工序单元工程的施工质量验收评定，在单元工程中所包含的检验项目检验合格和施工项目实体质量检验合格的基础上进行。

3）检验项目分为主控项目和一般项目。

4）工序和单元工程施工质量等各类项目的检验，应采用随机布点和监理工程师现场指定区位相结合的方式进行。检验方法及数量应符合本评定标准和相关标准的规定。

5）工序和单元工程施工质量验收评定表及其备查资料的制备由工程施工单位负责，其规格宜采用国际标准 A4（210mm×297mm），验收评定表一式 4 份，备查资料一式 2 份，其中验收评定表及其备查资料各 1 份，应由监理单位保存，其余应由施工单位保存。

（2）工序施工质量验收评定。

1）单元工程中的工序分为主要工序和一般工序。主要工序和一般工序的划分应按本评定标准的规定执行。

2）工序施工质量验收评定应具备下列条件：

a. 工序中所有施工项目（或施工内容）已完成，现场具备验收条件。

b. 工序中所包含的施工质量检验项目经施工单位自检全部合格。

3）工序施工质量验收评定应按下列程序进行：

a. 施工单位应首先对已经完成的工序施工质量按本评定标准进行自检，并做好检验记录。

b. 施工单位自检合格后，应填写工序施工质量验收评定表，质量责任人履行相应签认手续后，向监理单位申请复核。

c. 监理单位收到申请后，应在 4h 内进行复核。复核应包括下列内容：核查施工单位报验资料是否真实、齐全；结合平行检测和跟踪检测结果等，复核工序施工质量检验项目是否符合本评定标准的要求；在施工单位提交的工序施工质量验收评定表中填写复核记录，并签署工序施工质量评定意见，核定工序施工质量等级，相关责任人履行相应签认手续。

d. 工序施工质量验收评定应包括下列资料：

ⅰ. 施工单位报验时，应提交下列资料：各班、组的初检记录、施工队复检记录、施工单位专职质检员终验记录；工序中各施工质量检验项目的检验资料；施工单位自检完成后，填写的工序施工质量验收评定表。

ⅱ. 监理单位应提交下列资料：监理单位对工序中施工质量检验项目的平行检测资料；监理工程师签署质量复核意见的工序施工质量验收评定表。

e. 工序施工质量评定分为合格和优良两个等级，其标准应符合下列规定：

ⅰ. 合格等级标准应符合下列规定：主控项目，检验结果应全部符合本评定标准的要求；一般项目，逐项应有 70%及以上的检验点合格，且不合格点不应集中；各项报验资料应符合本评定标准要求。

ⅱ. 优良等级标准应符合下列规定：主控项目，检验结果应全部符合本评定标准的要求；一般项目，逐项应有 90%及以上的检验点合格，且不合格点不应集中；各项报验资料应符合本评定标准要求。

（3）单元工程施工质量验收评定。

1）单元工程施工质量验收评定应具备下列条件：

a. 单元工程所含工序（或所有施工项目）已完成，施工现场具备验收的条件。

b. 已完工序施工质量经验收评定全部合格，有关质量缺陷已处理完毕或有监理单位批准的处理意见。

2）单元工程施工质量验收评定应按下列程序进行：

a. 施工单位应首先对已经完成的单元工程施工质量进行自检，并填写检验记录。

b. 施工单位自检合格后，应填写单元工程施工质量验收评定表，向监理单位申请复核。

c. 监理单位收到申报后，应在8h内进行复核。复核应包括下列内容：①核查施工单位报验资料是否真实、齐全；②对照施工图纸及施工技术要求，结合平行检测和跟踪检测结果等，复核单元工程质量是否达到本评定标准要求；③检查已完单元工程遗留问题的处理情况，在施工单位提交的单元工程施工质量验收评定表中填写复核记录，并签署单元工程施工质量评定意见，评定单元工程施工质量等级，相关责任人履行相应签认手续；④对验收中发现的问题提出处理意见。

d. 重要隐蔽单元工程和关键部位单元工程施工质量的验收评定应由建设单位（或委托监理单位）主持，应由建设、设计、监理、施工等单位的代表组成联合小组，共同验收评定，并应在验收前通知工程质量监督机构。

3）单元工程施工质量验收评定应包括下列资料：

a. 施工单位申请验收评定时，应提交下列资料：单元工程中所含工序（或检验项目）验收评定的检验资料；各项实体检验项目的检验记录资料；施工单位自检完成后，填写的单元工程施工质量验收评定表。

b. 监理单位应提交下列资料：监理单位对单元工程施工质量的平行检测资料；监理工程师签署质量复核意见的单元工程施工质量验收评定表。

4）划分工序单元工程施工质量评定分为合格和优良两个等级，其标准应符合下列规定：

a. 合格等级标准应符合下列规定：各工序施工质量验收评定应全部合格；各项报验资料应符合本评定标准要求。

b. 优良等级标准应符合下列规定：各工序施工质量验收评定应全部合格，其中优良工序应达到50%及以上，且主要工序应达到优良等级；各项报验资料应符合本标准评定标准要求。

5）不划分工序单元工程施工质量评定分为合格和优良两个等级，其标准应符合下列规定：

a. 合格等级标准应符合下列规定：主控项目，检验结果应全部符合本标准评定标准的要求；一般项目，逐项应有70%及以上的检验点合格，且不合格点不应集中；各项报验资料应符合本标准评定标准要求。

b. 优良等级标准应符合下列规定：主控项目，检验结果应全部符合本标准评定标准的要求；一般项目，逐项应有90%及以上的检验点合格，且不合格点不应集中；各项报验资料应符合本标准评定标准要求。

6）单元工程施工质量验收评定未达到合格标准时，应及时进行处理，处理后应按下列规定进行验收评定：

a. 全部返工重做的，重新进行验收评定。

b. 经加固处理并经设计和监理单位鉴定能达到设计要求时，其质量评定为合格。

c. 处理后的单元工程部分质量指标仍未达到设计要求时，经原设计单位复核，建设单位及监理单位确认能满足安全和使用功能要求，可不再进行处理；或经加固处理后，改变了建筑物外形尺寸或造成工程永久缺陷的，经建设单位、设计单位及监理单位确认能基本满足设计要求，其质量可认定为合格，并按规定进行质量缺陷备案。

7）工序施工质量及单元工程施工质量验收评定表（样式）。

a. 划分工序的单元工程，其工序、单元工程施工质量验收评定应分别采用表4-1和表4-2的格式。

表4-1　　　　工序施工质量验收评定表

<table>
<tr><td colspan="3">单位工程名称</td><td></td><td>工序编号</td><td colspan="2"></td></tr>
<tr><td colspan="3">分部工程名称</td><td></td><td>施工单位</td><td colspan="2"></td></tr>
<tr><td colspan="3">单元工程名称、部位</td><td></td><td>施工日期</td><td colspan="2">年　月　日～　年　月　日</td></tr>
<tr><td colspan="2">项次</td><td>检验项目</td><td>质量标准</td><td>检查（测）记录</td><td>合格数</td><td>合格率</td></tr>
<tr><td rowspan="5">主控项目</td><td>1</td><td></td><td></td><td></td><td></td><td></td></tr>
<tr><td>2</td><td></td><td></td><td></td><td></td><td></td></tr>
<tr><td>3</td><td></td><td></td><td></td><td></td><td></td></tr>
<tr><td>4</td><td></td><td></td><td></td><td></td><td></td></tr>
<tr><td></td><td></td><td></td><td></td><td></td><td></td></tr>
<tr><td rowspan="5">一般项目</td><td>1</td><td></td><td></td><td></td><td></td><td></td></tr>
<tr><td>2</td><td></td><td></td><td></td><td></td><td></td></tr>
<tr><td>3</td><td></td><td></td><td></td><td></td><td></td></tr>
<tr><td>4</td><td></td><td></td><td></td><td></td><td></td></tr>
<tr><td></td><td></td><td></td><td></td><td></td><td></td></tr>
<tr><td colspan="2">施工单位自评意见</td><td colspan="5">主控项目检验点100%合格，一般项目逐项检验点的合格率为____%，且不合格点不集中分布。工序质量等级评定为：____________。

（签字，加盖公章）　　年　月　日</td></tr>
<tr><td colspan="2">监理单位复核意见</td><td colspan="5">经复核，主控项目检验点100%合格，一般项目逐项检验点的合格率为___%，且不合格点不集中分布。工序质量等级评定为：____________。

（签字，加盖公章）　　年　月　日</td></tr>
</table>

表 4-2　　　　单元工程施工质量验收评定表（划分工序）

单位工程名称		单元工程量	
分部工程名称		施工单位	
单元工程名称、部位		施工日期	年　月　日～　年　月　日
项次	工序编号	工序质量验收评定等级	
1			
2			
3			
4			
5			
6			
施工单位自评意见	各工序施工质量全部合格，其中优良工序占____%，且主要工序达到____等级。 单元质量等级评定为：____________________。 （签字，加盖公章）　　年　月　日		
监理单位复核意见	经抽查并查验相关检验报告和检验资料，各工序施工质量全部合格，其中优良工序占____%，且主要工序达到____等级。 单元工程质量等级评定为：____________________。 （签字，加盖公章）　　年　月　日		

注　1. 对重要隐蔽单元工程和关键部位单元工程的施工质量验收评定应有设计、建设等单位的代表签字，具体要求应满足 SL 176 的规定。
2. 本表所填“单元工程量”不作为施工单位工程量结算计量的依据。

b. 不划分工序的单元工程施工质量验收评定应采用表 4-3 的格式。

表 4-3　　　　单元工程施工质量验收评定表（不划分工序）

单位工程名称				单元工程量		
分部工程名称				施工单位		
单元工程名称、部位				施工日期	年　月　日～　年　月　日	
项次		检验项目	质量标准	检查（测）记录或备查资料名称	合格数	合格率
主控项目	1					
	2					
	3					
	4					

续表

<table>
<tr><td colspan="3">单位工程名称</td><td colspan="2"></td><td>单元工程量</td><td colspan="2"></td></tr>
<tr><td colspan="3">分部工程名称</td><td colspan="2"></td><td>施工单位</td><td colspan="2"></td></tr>
<tr><td colspan="3">单元工程名称、部位</td><td colspan="2"></td><td>施工日期</td><td colspan="2">年 月 日～ 年 月 日</td></tr>
<tr><td rowspan="5">一般项目项</td><td>1</td><td></td><td></td><td></td><td></td><td></td><td></td></tr>
<tr><td>2</td><td></td><td></td><td></td><td></td><td></td><td></td></tr>
<tr><td>3</td><td></td><td></td><td></td><td></td><td></td><td></td></tr>
<tr><td>4</td><td></td><td></td><td></td><td></td><td></td><td></td></tr>
<tr><td></td><td></td><td></td><td></td><td></td><td></td><td></td></tr>
<tr><td>施工单位自评意见</td><td colspan="7">主控项目检验点100%合格，一般项目逐项检验点的合格率____%。且不合格点不集中分布。
单元质量等级评定为：________________。
（签字，加盖公章） 年 月 日</td></tr>
<tr><td>监理单位复核意见</td><td colspan="7">经抽检并查验相关检验报告和检验资料，主控项目检验点100%合格，一般项目逐项检验点的合格率____%，且不合格点不集中分布。
单元质量等级评定为：________________。
（签字，加盖公章） 年 月 日</td></tr>
</table>

注 1. 对关键部位单元工程和重要隐蔽单元工程的施工质量验收评定应有设计、建设等单位的代表签字，具体要求应满足 SL 176 的规定。

2. 本表所填“单元工程量”不作为施工单位工程量结算计量的依据。

4.7.2 质量检验

质量检验是通过检查、量测、试验等方法，对工程质量特性进行的符合性评价。

1. 基本规定

（1）承担工程检测业务的检测单位应具有水行政主管部门颁发的资质证书。其设备和人员的配备应与所承担的任务相适应，有健全的管理制度。

（2）工程施工质量检验中使用的计量器具、试验仪器仪表及设备应定期进行鉴定，并具备有效的鉴定证书。国家规定需强制鉴定的计量器具应经县级以上计量行政部门认定的计量鉴定机构或其授权设置的计量鉴定机构进行鉴定。

（3）检测人员应熟悉检测业务，了解被检测对象性质和所用仪器设备性能，经考核合格后，持证上岗。参与中间产品及混凝土（砂浆）试件质量资料复核的人员应具有工程师以上工程系列技术职称，并从事过相关试验工作。

（4）工程质量检验项目和数量应符合《单元工程评定标准》的规定。

（5）工程质量检验方法，应符合《单元工程评定标准》和国家及行业现行技术标准的有关规定。

（6）工程质量检验数据应真实、可靠，检验记录及签证应完整、齐全。

（7）工程项目中如遇《单元工程评定标准》中尚未涉及的项目质量评定标准时，其质量标准及评定表格，由项目法人组织监理、设计及施工单位按水利部有关规定进行编制和报批。

（8）工程中永久性房屋、专用公路、专用铁路等项目的施工质量检验与评定可按相应行业标准执行。

（9）项目法人、监理、设计、施工和工程质量监督等单位根据工程建设需要，可委托具有相应资质等级的水利工程质量检测单位进行工程质量检测。施工单位自检性质的委托检测项目及数量，按《单元工程评定标准》及施工合同约定执行。对已建工程质量有重大分歧时，应由项目法人委托第三方具有相应资质等级的质量检测单位进行检测，检测数量视需要确定，检测费用由责任方承担。

（10）堤防工程竣工验收前，项目法人应委托具有相应资质等级的质量检测单位进行抽样检测，工程质量抽检项目和数量由工程质量监督机构确定。凡抽检不合格的工程，必须按有关规定进行处理，不得进行验收。处理完毕后，由项目法人提交处理报告连同质量检测报告一并提交竣工验收委员会。

（11）对涉及工程结构安全的试块、试件及有关材料，应实行见证取样。见证取样资料由施工单位制备，记录应真实、齐全，参与见证取样人员应在相关文件上签字。见证取样送检的试样由项目法人确定有相应资质的质量检测单位进行检验。

（12）工程中出现检验不合格的项目时，应按以下规定进行处理：

1）原材料、中间产品一次抽样检验不合格时，应及时对同一取样批次另取两倍数量进行检验，如仍不合格，则该批次原材料或中间产品应定为不合格，不得使用。

2）单元（工序）工程质量不合格时，应按合同要求进行处理或返工重做，并经重新检验且合格后方可进行后续工程施工。

3）混凝土（砂浆）试件抽样检验不合格时，应委托具有相应资质等级的质量检测单位对相应工程部位进行检验。如仍不合格，由项目法人组织有关单位进行研究，并提出处理意见。

4）工程完工后的质量抽检不合格，或其他检验不合格的工程，应按有关规定进行处理，合格后才能进行验收或后续工程施工。

2. 质量检验职责范围

（1）永久性工程（包括主体工程及附属工程）施工质量检验应符合下列规定：

1）施工单位应依据工程设计要求、施工技术标准和合同约定，结合《单元工程评定标准》的规定确定检验项目及数量并进行自检，自检过程应有书面记录，同时结合自检情况如实填写水利部颁发的《水利水电工程施工质量评定表》（办建管［2002］182号）。

2）监理单位应根据《单元工程评定标准》和抽样检测结果复核工程质量。其平行检测和跟踪检测的数量按《水利工程建设项目施工监理规范》（SL 288—2003）（以下简称《监理规范》）或合同约定执行。

3）项目法人应对施工单位自检和监理单位抽检过程进行督促检查，对报工程质量监督机构核备、核定的工程质量等级进行认定。

4）工程质量监督机构应对项目法人、监理、勘测、设计、施工单位以及工程其他参建单位的质量行为和工程实物质量进行监督检查。检查结果应按有关规定及时公布，并书面通知有关单位。永久性工程施工质量检验是工程质量检验的主体与重点，施工单位必须按照《单元工程评定标准》进行全面检验并将实测结果如实填写在《水利水电工程施工质量评定表》中。施工单位应坚持三检制。一般情况下，由班组自检、施工队复检、项目经理部专职质检机构终检。监理单位应按照《监理规范》第6.2.11条的规定对施工质量进行抽样检测。

（2）临时工程质量检验及评定标准，应由项目法人组织监理、设计及施工等单位根据工程特点，参照《单元工程评定标准》和其他相关标准确定，并报相应的工程质量监督机构核备。临时工程（如围堰、导流隧洞、导流明渠等）质量直接影响主体工程质量、进度与投资，应予以重视。

3. 质量检验内容

（1）质量检验包括施工准备检查，原材料与中间产品质量检验，水工金属结构、启闭机及机电产品质量检查，单元（工序）工程质量检验，质量事故检查和质量缺陷备案，工程外观质量检验等。

（2）主体工程开工前，施工单位应组织人员进行施工准备检查，并经项目法人或监理单位确认合格且履行相关手续后，才能进行主体工程施工。施工准备检查的主要内容如下：

1）质量保证体系落实情况，主要管理和技术人员的数量及资格是否与施工合同文件一致，规章制度的制定及关键岗位施工人员到位情况。

2）进场施工设备的数量和规格、性能是否符合施工合同要求。

3）进场原材料、构配件的质量、规格、性能是否符合有关技术标准和合同技术条款的要求，原材料的储存量是否满足工程开工后的需求。

4）工地试验室的建立情况，是否满足工程开工后的需要。

5）测量基准点的复核和施工测量控制网的布设情况。

6）砂石料系统、混凝土拌和系统以及场内道路、供水、供电、供风、供油及其他施工辅助设施的准备情况。

7）附属工程及大型临时设施，防冻、降温措施，养护、保护措施，防自然灾害预案等准备情况。

8）是否制定了完善的施工安全、环境保护措施计划。

9）施工组织设计的编制和要求进行的施工工艺参数试验结果是否经过监理单位的审批。

10）施工图及技术交底工作进行情况。

11）其他施工准备工作。

（3）施工单位应按《单元工程评定标准》及有关技术标准对水泥、钢材等原材料与中间产品质量进行检验，并报监理单位复核。不合格产品，不得使用。检验项目和标准如表4－4所列。

表 4-4 检验项目和标准

名称	主要检验项目	主要技术标准
水泥	3d、28d抗压强度及抗折强度，细度，凝结时间，安定性等	《硅酸盐水泥、普通硅酸盐水泥》(GB 175)、《中热硅酸盐水泥、低热硅酸盐水泥、低热矿渣硅酸盐水泥》(GB 200)、《矿渣硅酸盐水泥、火山灰质硅酸盐水泥及粉煤灰硅酸盐水泥》(GB 1344)、《低热微膨胀水泥》(GB 2938)、《复合硅酸盐水泥》(GB 12958)、《抗硫酸盐硅酸盐水泥》(GB 748)
钢筋	外观质量及公称直径、抗拉强度、屈服点、伸长率、冷弯等	《钢筋混凝土用热轧光圆钢筋》(GB 13013)、《钢筋混凝土用热轧带肋钢筋》(GB 1499)、《冷轧带肋钢筋》(GB 13788)
粉煤灰	细度、烧失量、需水量比、三氧化硫等	《水工混凝土掺用粉煤灰技术规范》(DL/T 5055)
外加剂		《混凝土外加剂》(GB 8076)、《水工混凝土外加剂技术规程》(DL/T 5100)

(4) 水工金属结构、启闭机及机电产品进场后，有关单位应按有关合同进行交货检查和验收。安装前，施工单位应检查产品是否有出厂合格证、设备安装说明书及有关技术文件，对在运输和存放过程中发生的变形、受潮、损坏等问题应做好记录，并进行妥善处理。无出厂合格证或不符合质量标准的产品不得用于工程中。

(5) 施工单位应按《单元工程评定标准》检验工序及单元工程质量，做好书面记录，在自检合格后，填写《水利水电工程施工质量评定表》送监理单位复核。监理单位根据抽检资料核定单元（工序）工程质量等级。发现不合格单元（工序）工程，应要求施工单位及时进行处理，合格后才能进行后续工程施工。对施工中的质量缺陷应书面记录备案，进行必要的统计分析，并在相应单元（工序）工程质量评定表"评定意见"栏内注明。单元（工序）工程质量检验可参考图 4-2 进行。

(6) 施工单位应及时将原材料、中间产品及单元（工序）工程质量检验结果送监理单位复核，并按月将施工质量情况报监理单位，由监理单位汇总分析后报（送）项目法人和工程质量监督机构。

(7) 单位工程完工后，项目法人应组织监理、设计、施工及工程运行管理等单位组成工程外观质量评定组，现场进行工程外观质量检验评定，并将评定结论报工程质量监督机构核定。参加工程外观质量评定的人员应具有工程师以上技术职称或相应执业资格。评定组人数应不少于 5 人，大型工程不宜少于 7 人。工程外观质量评定办法请查阅相关规范。

4. 质量事故检查和质量缺陷备案

(1) 根据《水利工程质量事故处理暂行规定》(水利部令第 9 号)，水利水电工程质量事故分为一般质量事故、较大质量事故、重大质量事故和特大质量事故 4 类。质量事故分类按照《水利工程质量事故处理暂行规定》进行，水利工程质量事故分类标准见表 4-5。

(2) 质量事故发生后，有关单位应按"三不放过"原则，调查事故原因，研究处理措施，查明事故责任者，并根据《水利工程质量事故处理暂行规定》做好事故处理工作。"三不放过"原则，是指事故原因不查清不放过，主要事故责任者和职工未受到教育不放

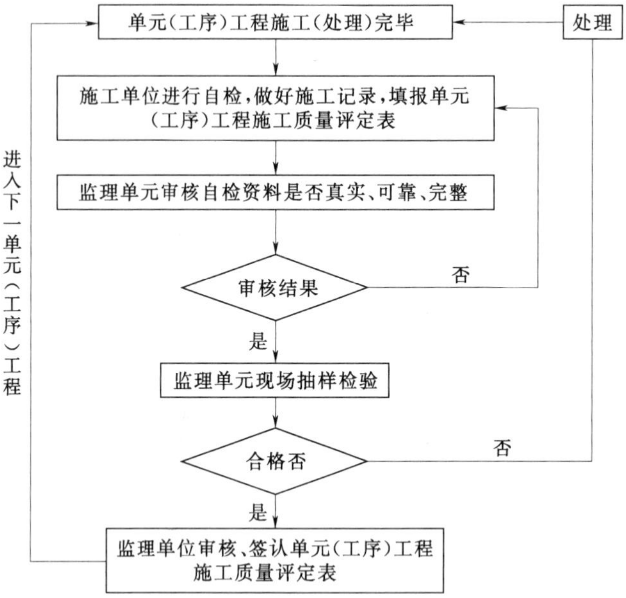

图4-2　单元（工序）工程质量检验程序

过，补救和防范措施不落实不放过。

按照《水利工程质量事故处理暂行规定》的要求，质量事故发生后，事故单位要严格保护现场，采取有效措施抢救人员和财产，防止事故扩大。项目法人应及时按照管理权限向上级主管部门报告。

质量事故的调查应按照管理权限组织调查组进行调查，查明事故原因，提出处理意见，提交事故调查报告。

1）一般质量事故由项目法人组织设计、施工、监理等单位进行调查，调查结果报项目主管部门核备。

2）较大质量事故由项目主管部门组织调查组进行调查，调查结果报上级主管部门批准并报省级水行政主管部门核备。

3）重大质量事故由省级以上水行政主管部门组织调查组进行调查，调查结果报水利部核备。

4）特大质量事故由水利部组织调查。

表4-5　水利工程质量事故分类标准

损失情况		事故类别			
		特大质量事故	重大质量事故	较大质量事故	一般质量事故
事故处理所需的物质、器材和设备、人工等直接损失费用（万元）	大体积混凝土，金结制作和机电安装工程	>3000	>500，≤3000	>100≤500	>20，≤100
	土石方工程、混凝土薄壁工程	>1000	>100，≤1000	>30，≤100	>10，≤30
事故处理所需合理工期（月）		>6	>3，≤6	>1，≤3	≤1

续表

损失情况	事故类别			
	特大质量事故	重大质量事故	较大质量事故	一般质量事故
事故处理后对工程功能和寿命的影响	影响工程正常使用，需限制条件运行	影响正常使用，但对工程寿命有较大影响	不影响正常使用，但对工程寿命有一定影响	不影响正常使用和工程寿命

注　1. 直接经济损失费用为必需条件，其余两项主要适用于大、中型工程。
2. 小于一般质量事故的质量问题称为质量缺陷。

质量事故的处理按以下规定执行：

1）一般质量事故，由项目法人负责组织有关单位制定处理方案并实施，报上级主管部门备案。

2）较大质量事故，由项目法人负责组织有关单位制定处理方案，经上级主管部门审定后实施，报省级水行政主管部门或流域机构备案。

3）重大质量事故，由项目法人负责组织有关单位提出处理方案，征得事故调查组意见后，报省级水行政主管部门或流域机构审定后实施。

4）特大质量事故，由项目法人负责组织有关单位提出处理方案，征得事故调查组意见后，报省级水行政主管部门或流域机构审定后实施，并报水利部备案。

事故处理需要进行设计变更的，需原设计单位或有资质的单位提出设计变更方案。需要进行重大设计变更的，必须经原设计审批部门审定后实施。

（3）在施工过程中，因特殊原因使得工程个别部位或局部发生达不到技术标准和设计要求（但不影响使用），且未能及时进行处理的工程质量缺陷问题（质量评定仍定为合格），应以工程质量缺陷备案形式进行记录备案。

（4）质量缺陷备案表由监理单位组织填写，内容应真实、准确、完整。各工程参建单位代表应在质量缺陷备案表上签字，若有不同意见应明确记载。质量缺陷备案表应及时报工程质量监督机构备案。质量缺陷备案资料按竣工验收的标准制备。工程竣工验收时，项目法人应向竣工验收委员会汇报并提交历次质量缺陷备案资料。工程质量缺陷的备案，是按水利部水建管 1－20013 74 号文《印发关于贯彻落实加强公益性水利工程建设管理若干意见的实施意见的通知》中相关规定编写。

（5）工程质量事故处理后，应由项目法人委托具有相应资质等级的工程质量检测单位检测后，按照处理方案确定的质量标准，重新进行工程质量评定。

4.7.3　质量评定

1. 合格标准

（1）合格标准是工程验收标准。不合格工程必须进行处理且达到合格标准后，才能进行后续工程施工或验收。水利水电工程施工质量等级评定的主要依据如下：

1）国家及相关行业技术标准。

2）《单元工程评定标准》。

3）经批准的设计文件、施工图纸、金属结构设计图样与技术条件、设计修改通知书、厂家提供的设备安装说明书及有关技术文件。

4）工程承发包合同中约定的技术标准。

5）工程施工期及试运行期的试验和观测分析成果。

（2）单元（工序）工程施工质量合格标准应按照《单元工程评定标准》或合同约定的合格标准执行。当达不到合格标准时，应及时处理。处理后的质量等级应按下列规定重新确定：

1）全部返工重做的，可重新评定质量等级。

2）经加固补强并经设计和监理单位鉴定能达到设计要求时，其质量评为合格。

3）处理后的工程部分质量指标仍达不到设计要求时，经设计复核，项目法人及监理单位确认能满足安全和使用功能要求，可不再进行处理；或经加固补强后，改变了外形尺寸或造成工程永久性缺陷的，经项目法人、监理及设计单位确认能基本满足设计要求，其质量可定为合格，但应按规定进行质量缺陷备案。技术标准、设计文件、图纸、质检资料、合同文件等是工程施工质量评定的依据。试运行期的观测资料可综合反映工程建设质量，是评定工程施工质量的重要依据。

（3）分部工程施工质量同时满足下列标准时，其质量评为合格：

1）所含单元工程的质量全部合格，质量事故及质量缺陷已按要求处理，并经检验合格。

2）原材料、中间产品及混凝土（砂浆）试件质量全部合格，金属结构及启闭机制造质量合格，机电产品质量合格。

（4）单位工程施工质量同时满足下列标准时，其质量评为合格：

1）所含分部工程质量全部合格。

2）质量事故已按要求进行处理。

3）工程外观质量得分率达到70%以上。

4）单位工程施工质量检验与评定资料基本齐全。

5）工程施工期及试运行期，单位工程观测资料分析结果符合国家和行业技术标准以及合同约定的标准要求。

外观质量得分率按下式计算，小数点后保留一位：

单位工程外观质量得分＝实得分/应得分×100%

条文中“外观质量得分率达到70%以上”含外观质量得分率70%。

施工质量检验与评定资料基本齐全是指单位工程的质量检验与评定资料的类别或数量不够完善，但已有资料仍能反映其结构安全和使用功能符合实际要求者。对达不到“基本齐全”要求的单位工程，尚不具备单位工程质量合格等级的条件。

（5）工程项目施工质量同时满足下列标准时，其质量评为合格：

1）单位工程质量全部合格。

2）工程施工期及试运行期，各单位工程观测资料分析结果均符合国家和行业技术标准以及合同约定的标准要求。对试运行期及施工期间各单位工程观测资料分析结果不符合国家和行业技术标准以及合同约定的标准要求者，项目法人应组织设计、施工、监理等单位分析研究原因。

2. 优良标准

(1) 优良等级是为工程项目质量创优而设置。其评定标准为推荐性标准，是为鼓励工程项目质量创优或执行合同约定而设置。

(2) 单元工程施工质量优良标准应按照《单元工程评定标准》以及合同约定的优良标准执行。全部返工重做的单元工程，经检验达到优良标准时，可评为优良等级。

(3) 分部工程施工质量同时满足下列标准时，其质量评为优良：

1) 所含单元工程质量全部合格，其中70%以上达到优良等级，重要隐蔽单元工程和关键部位单元工程质量优良率达90%以上，且未发生过质量事故。

2) 中间产品质量全部合格，混凝土（砂浆）试件质量达到优良等级（当试件组数小于30时，试件质量合格），原材料质量、金属结构及启闭机制造质量合格，机电产品质量合格。

(4) 单位工程施工质量同时满足下列标准时，其质量评为优良：

1) 所含分部工程质量全部合格，其中70%以上达到优良等级，主要分部工程质量全部优良，且施工中未发生过较大质量事故。

2) 质量事故已按要求进行处理。

3) 外观质量得分率达到85%以上。

4) 单位工程施工质量检验与评定资料齐全。

5) 工程施工期及试运行期，单位工程观测资料分析结果符合国家和行业技术标准以及合同约定的标准要求。

(5) 工程项目施工质量同时满足下列标准时，其质量评为优良：

1) 单位工程质量全部合格，其中70%以上单位工程质量达到优良等级，且主要单位工程质量全部优良。

2) 工程施工期及试运行期，各单位工程观测资料分析结果均符合国家和行业技术标准以及合同约定的标准要求。

3. 质量评定工作的组织与管理

(1) 单元（工序）工程质量在施工单位自评合格后，由监理单位复核，监理工程师核定质量等级并签证认可。具体做法是：单元（工序）工程在施工单位自检合格填写《水利水电工程施工质量评定表》终检人员签字后，由监理工程师复核评定。

(2) 重要隐蔽单元工程及关键部位单元工程质量经施工单位自评合格、监理单位抽检后，由项目法人（或委托监理）、监理、设计、施工、工程运行管理（施工阶段已经有时）等单位组成联合小组，共同检查核定其质量等级并填写签证表，报工程质量监督机构核备。重要隐蔽单元工程（关键部位单元工程）质量等级签证表见表4-6。如该单元工程由分包单位完成，则总包、分包单位各派1人参加联合小组。

(3) 分部工程质量。在施工单位自评合格后，由监理单位复核，项目法人认定。分部工程验收的质量结论由项目法人报工程质量监督机构核备。大型枢纽工程主要建筑物的分部工程验收的质量结论由项目法人报工程质量监督机构核定。分部工程施工质量评定表见表4-7。一般分部工程由施工单位质检部门按照分部工程质量评定标准自评，填写分部工程质量评定表，监理单位复核后交项目法人认定。分部工程验收后，由项目法人将验收质量结论报工程质量监督机构核备。核备的主要内容是：检查分部工程质量检验资料的真实性及其等级评定是否准确，如发现问题，应及时通知监理单位重新复核。大型枢纽主要建筑物的分部工程验收的质量结论，需报工程质量监督机构核定。

(4) 单位工程质量。在施工单位自评合格后，由监理单位复核，项目法人认定。单位工程验收的质量结论由项目法人报工程质量监督机构核定。单位工程施工质量评定表见表4-8，单位工程施工质量检验与评定资料核查表见表4-9。施工单位质检部门按照单位工程质量评定标准自评，并填写单位工程质量评定表，监理单位复核，项目法人认定。单位工程验收的质量结论由项目法人报工程质量监督机构核定。

(5) 工程项目质量。在单位工程质量评定合格后，由监理单位进行统计并评定工程项目质量等级，经项目法人认定后，报工程质量监督机构核定。工程项目施工质量评定表见表4-10。

(6) 阶段验收前。工程质量监督机构应提交工程质量评价意见。阶段验收时，工程项目一般没有全部完成，验收范围内的工程有时构不成完整的分部工程或单位工程。为对验收范围内的工程质量有一定的评价，对需要验收的工程进行质量检验与评定。

(7) 工程质量监督机构应按有关规定在工程竣工验收前提交工程质量监督报告，工程质量监督报告应有工程质量是否合格的明确结论。

表4-6　　重要隐蔽单元工程（关键部位单元工程）质量等级签证表

<table>
<tr><td>单位工程名称</td><td colspan="2"></td><td>单元工程量</td><td></td></tr>
<tr><td>分部工程名称</td><td colspan="2"></td><td>施工单位</td><td></td></tr>
<tr><td>单元工程名称、部位</td><td colspan="2"></td><td>自评日期</td><td>年　月　日</td></tr>
<tr><td>施工单位
自评意见</td><td colspan="4">1. 自评意见：
2. 自评质量等级：
终检人员　　（签名）</td></tr>
<tr><td>监理单位
抽查意见</td><td colspan="4">抽查意见：
监理工程师　　（签名）</td></tr>
<tr><td>联合小组
核定意见</td><td colspan="4">1. 核定意见：
2. 质量等级：
年　月　日</td></tr>
<tr><td>保留意见</td><td colspan="4">（签名）</td></tr>
<tr><td>备查资料
清单</td><td colspan="4">(1) 地质编录　□
(2) 测量成果　□
(3) 检测试验报告（岩芯试验、软基承载力试验、结构强度等）　□
(4) 影像资料　□
(5) 其他（　　）　□</td></tr>
</table>

续表

<table>
<tr><td colspan="2">单位工程名称</td><td></td><td>单元工程量</td><td></td></tr>
<tr><td colspan="2">分部工程名称</td><td></td><td>施工单位</td><td></td></tr>
<tr><td colspan="2">单元工程名称、部位</td><td></td><td>自评日期</td><td>年　月　日</td></tr>
<tr><td rowspan="6">联合
小组
成员</td><td colspan="2">单位名称</td><td>职务、职称</td><td>签名</td></tr>
<tr><td>项目法人</td><td></td><td></td><td></td></tr>
<tr><td>监理单位</td><td></td><td></td><td></td></tr>
<tr><td>设计单位</td><td></td><td></td><td></td></tr>
<tr><td>施工单位</td><td></td><td></td><td></td></tr>
<tr><td>运行管理</td><td></td><td></td><td></td></tr>
</table>

注　重要隐蔽单元工程验收时，设计单位应同时派地质工程师参加。备查资料清单中凡涉及的项目应在“□”内打“√”，如有其他资料应在括号内注明资料的名称。

表 4-7　**分部工程施工质量评定表**

<table>
<tr><td colspan="2">单位工程名称</td><td></td><td>施工单位</td><td colspan="3"></td></tr>
<tr><td colspan="2">分部工程名称</td><td></td><td>施工日期</td><td colspan="3">自　年　月　日至　年　月　日</td></tr>
<tr><td colspan="2">分部工程量</td><td></td><td>评定日期</td><td colspan="3">年　月　日</td></tr>
<tr><td>项次</td><td>单元工程种类</td><td>工程量</td><td>单元工程个数</td><td>合格个数</td><td>其中优良个数</td><td>备注</td></tr>
<tr><td>1</td><td></td><td></td><td></td><td></td><td></td><td></td></tr>
<tr><td>2</td><td></td><td></td><td></td><td></td><td></td><td></td></tr>
<tr><td>3</td><td></td><td></td><td></td><td></td><td></td><td></td></tr>
<tr><td>4</td><td></td><td></td><td></td><td></td><td></td><td></td></tr>
<tr><td>5</td><td></td><td></td><td></td><td></td><td></td><td></td></tr>
<tr><td>6</td><td></td><td></td><td></td><td></td><td></td><td></td></tr>
<tr><td colspan="2">合计</td><td></td><td></td><td></td><td></td><td></td></tr>
<tr><td colspan="2">重要隐蔽单元工程、
关键部位单元工程</td><td></td><td></td><td></td><td></td><td></td></tr>
<tr><td colspan="4">施工单位自评意见</td><td>监理单位复核意见</td><td colspan="2">项目法人认定意见</td></tr>
<tr><td colspan="4">本分部工程的单元工程质量全部合格。优良率为____%，重要隐蔽单元工程及关键部位单元工程____个，优良率为____%。原材料质量，中间产品质量____，金属结构及启闭机制造质量，机电产品质量____。质量事故及质量缺陷处理情况：
分部工程质量等级：
评定人：
项目技术负责人：　　（盖公章）
年　月　日</td><td>复核意见：
分部工程质量等级：
监理工程师：
年　月　日
总监或副总监：
（盖公章）
年　月　日</td><td colspan="2">认定意见：
分部工程质量等级：
现场代表：
年　月　日
技术负责人：
（盖公章）
年　月　日</td></tr>
<tr><td colspan="2">工程质量监督机构</td><td colspan="5">核定（备）意见：
核定等级：　核定（备）人：（签名）　　负责人：（签名）
年　月　日　　　　年　月　日</td></tr>
</table>

注　分部工程验收的质量结论，由项目法人报工程质量监督机构核备。大型枢纽工程主要建筑物的分部工程验收的质量结论，由项目法人报工程质量监督机构核定。

表 4-8　单位工程施工质量评定表

<table>
<tr><td colspan="2">工程项目名称</td><td colspan="2"></td><td>施工单位</td><td colspan="3"></td></tr>
<tr><td colspan="2">单位工程名称</td><td colspan="2"></td><td>施工日期</td><td colspan="3">自　年月　日至　年月　日</td></tr>
<tr><td colspan="2">单位工程量</td><td colspan="2"></td><td>评定日期</td><td colspan="3">年月　日</td></tr>
<tr><td rowspan="2">序号</td><td rowspan="2">分部工程名称</td><td colspan="2">质量等级</td><td rowspan="2">序号</td><td rowspan="2">分部工程名称</td><td colspan="2">质量等级</td></tr>
<tr><td>合格</td><td>优良</td><td>合格</td><td>优良</td></tr>
<tr><td>1</td><td></td><td></td><td></td><td>8</td><td></td><td></td><td></td></tr>
<tr><td>2</td><td></td><td></td><td></td><td>9</td><td></td><td></td><td></td></tr>
<tr><td>3</td><td></td><td></td><td></td><td>10</td><td></td><td></td><td></td></tr>
<tr><td>4</td><td></td><td></td><td></td><td>11</td><td></td><td></td><td></td></tr>
<tr><td>5</td><td></td><td></td><td></td><td>12</td><td></td><td></td><td></td></tr>
<tr><td>6</td><td></td><td></td><td></td><td>13</td><td></td><td></td><td></td></tr>
<tr><td>7</td><td></td><td></td><td></td><td>14</td><td></td><td></td><td></td></tr>
<tr><td colspan="8">分部工程共__个，全部合格，其中优良__个，优良率__%，主要分部工程优良率__%</td></tr>
<tr><td colspan="2">外观质量</td><td colspan="6">应得__分，实得__分，得分率__%</td></tr>
<tr><td colspan="2">施工质量检验资料</td><td colspan="6"></td></tr>
<tr><td colspan="2">质量事故处理情况</td><td colspan="6"></td></tr>
<tr><td colspan="2">观测资料分析结论</td><td colspan="6"></td></tr>
<tr><td colspan="2">施工单位自评
等级：
评定人：
项目经理：
（盖公章）
年　月　日</td><td colspan="2">监理单位复核
等级：
复核人：
总监或副总监：
（盖公章）
年　月　日</td><td colspan="2">项目法人认定
等级：
认定人：
单位负责人：
（盖公章）
年　月　日</td><td colspan="2">工程质量监督机构
核定等级：
核定人：
机构负责人：
（盖公章）
年　月　日</td></tr>
</table>

表 4-9　单位工程施工质量检验与评定资料核查表

<table>
<tr><td colspan="3" rowspan="2">单位工程名称</td><td rowspan="2"></td><td>施工单位</td><td></td></tr>
<tr><td>核查日期</td><td>年　月　日</td></tr>
<tr><td>项次</td><td colspan="2">项　目</td><td>份数</td><td colspan="2">核查情况</td></tr>
<tr><td>1</td><td rowspan="11">原材料</td><td>水泥出厂合格证、厂家试验报告</td><td></td><td colspan="2" rowspan="11"></td></tr>
<tr><td>2</td><td>钢材出厂合格证、厂家试验报告</td><td></td></tr>
<tr><td>3</td><td>外加剂出厂合格证及有关技术性能指标</td><td></td></tr>
<tr><td>4</td><td>粉煤灰出厂合格证及技术性能指标</td><td></td></tr>
<tr><td>5</td><td>防水材料出厂合格证、厂家试验报告</td><td></td></tr>
<tr><td>6</td><td>止水带出厂合格证及技术性能试验报告</td><td></td></tr>
<tr><td>7</td><td>土工布出厂合格证及技术性能试验报告</td><td></td></tr>
<tr><td>8</td><td>装饰材料出厂合格证及技术性能试验报告</td><td></td></tr>
<tr><td>9</td><td>水泥复验报告及统计资料</td><td></td></tr>
<tr><td>10</td><td>钢材复验报告及统计资料</td><td></td></tr>
<tr><td>11</td><td>其他原材料出厂合格证及技术性能试验资料</td><td></td></tr>
</table>

续表

单位工程名称			施工单位	
			核查日期	年 月 日
项次	项目		份数	核查情况
12	中间产品	砂、石骨料试验资料		
13		石料试验资料		
14		混凝土拌合物检查资料		
15		混凝土试件统计资料		
16		砂浆拌合物及试件统计资料		
17		混凝土预制件（块）检验资料		
18	金属结构及启闭机	拦污栅出厂合格证及有关技术文件		
19		闸门出厂合格证及有关技术文件		
20		启闭机出厂合格证及有关技术文件		
21		压力钢管生产许可证及有关技术文件		
22		闸门、拦污栅安装测量记录		
23		压力钢管安装测量记录		
24		启闭机安装测量记录		
25		焊接记录及探伤报告		
26		焊工资质证明材料（复印件）		
27		运行试验记录		
28	机电设备	产品出厂合格证、厂家提交的安装说明书及有关资料		
29		重大设备质量缺陷处理资料		
30		水轮发电机组安装测量记录		
31		升压变电设备安装测试记录		
32		电气设备安装测试记录		
33		焊缝探伤报告及焊工资质证明		
34		机组调试及试验记录		
35		水力机械辅助设备试验记录		
36		发电电气设备试验记录		
37		升压变电电气设备检测试验报告		
38		管道试验记录		
39		72h试运行记录		
40	重要隐蔽工程施工记录	灌浆记录、图表		
41		造孔灌注桩施工记录、图表		
42		振冲桩振冲记录		
43		基础排水工程施工记录		
44		地下防渗墙施工记录		
45		主要建筑物地基开挖处理记录		
46		其他重要施工记录		

续表

<table>
<tr><td colspan="2" rowspan="2">单位工程名称</td><td rowspan="2"></td><td>施工单位</td><td></td></tr>
<tr><td>核查日期</td><td>年　月　日</td></tr>
<tr><td>项次</td><td colspan="2">项　　目</td><td>份数</td><td>核查情况</td></tr>
<tr><td>47</td><td rowspan="4">综合资料</td><td>质量事故调查及处理报告、质量缺陷处理检查记录</td><td></td><td rowspan="4"></td></tr>
<tr><td>48</td><td>工程施工期及试运行期观测资料</td><td></td></tr>
<tr><td>49</td><td>工序、单元工程质量评定表</td><td></td></tr>
<tr><td>50</td><td>分部工程、单位工程质量评定表</td><td></td></tr>
<tr><td colspan="3">施工单位自查意见</td><td colspan="2">监理单位复查意见</td></tr>
<tr><td colspan="3">自查：
填表人：
质检部门负责人：　　（盖公章）
年　月　日</td><td colspan="2">复查：
监理工程师：
监理单位：　　（盖公章）
年　月　日</td></tr>
</table>

表4-10　工程项目施工质量评定表

<table>
<tr><td colspan="2">工程项目名称</td><td colspan="3"></td><td colspan="2">项目法人</td><td colspan="4"></td></tr>
<tr><td colspan="2">工程等级</td><td colspan="3"></td><td colspan="2">设计单位</td><td colspan="4"></td></tr>
<tr><td colspan="2">建设地点</td><td colspan="3"></td><td colspan="2">监理单位</td><td colspan="4"></td></tr>
<tr><td colspan="2">主要工程量</td><td colspan="3"></td><td colspan="2">施工单位</td><td colspan="4"></td></tr>
<tr><td colspan="2">开工、竣工日期</td><td colspan="3">自　年　月　日至
年　月　日</td><td colspan="2">评定日期</td><td colspan="4">年　月　日</td></tr>
<tr><td rowspan="2">序号</td><td rowspan="2">单位工程名称</td><td colspan="3">单元工程质量统计</td><td colspan="3">分部工程质量统计</td><td rowspan="2">单位工程等级</td><td rowspan="2">备注</td></tr>
<tr><td>个数（个）</td><td>其中优良（个）</td><td>优良率（%）</td><td>个数（个）</td><td>其中优良（个）</td><td>优良率（%）</td></tr>
<tr><td>1</td><td></td><td></td><td></td><td></td><td></td><td></td><td></td><td></td><td rowspan="14">加△者为主要单位工程</td></tr>
<tr><td>2</td><td></td><td></td><td></td><td></td><td></td><td></td><td></td><td></td></tr>
<tr><td>3</td><td></td><td></td><td></td><td></td><td></td><td></td><td></td><td></td></tr>
<tr><td>4</td><td></td><td></td><td></td><td></td><td></td><td></td><td></td><td></td></tr>
<tr><td>5</td><td></td><td></td><td></td><td></td><td></td><td></td><td></td><td></td></tr>
<tr><td>6</td><td></td><td></td><td></td><td></td><td></td><td></td><td></td><td></td></tr>
<tr><td>7</td><td></td><td></td><td></td><td></td><td></td><td></td><td></td><td></td></tr>
<tr><td>8</td><td></td><td></td><td></td><td></td><td></td><td></td><td></td><td></td></tr>
<tr><td>9</td><td></td><td></td><td></td><td></td><td></td><td></td><td></td><td></td></tr>
<tr><td>10</td><td></td><td></td><td></td><td></td><td></td><td></td><td></td><td></td></tr>
<tr><td>11</td><td></td><td></td><td></td><td></td><td></td><td></td><td></td><td></td></tr>
<tr><td>12</td><td></td><td></td><td></td><td></td><td></td><td></td><td></td><td></td></tr>
<tr><td>13</td><td></td><td></td><td></td><td></td><td></td><td></td><td></td><td></td></tr>
<tr><td>14</td><td></td><td></td><td></td><td></td><td></td><td></td><td></td><td></td></tr>
</table>

续表

工程项目名称		项目法人	
工程等级		设计单位	
建设地点		监理单位	
主要工程量		施工单位	
开工、竣工日期	自 年 月 日至 年 月 日	评定日期	年 月 日

序号	单位工程名称	单元工程质量统计			分部工程质量统计			单位工程等级	备注
		个数(个)	其中优良(个)	优良率(%)	个数(个)	其中优良(个)	优良率(%)		
15									加△者为主要单位工程
16									
17									
18									
19									
20									
单元工程、分部工程合计									

评定结果	本项目单位工程____个，质量全部合格。其中优良工程____个，优良率____%，主要单位工程优良率____%
观测资料分析结论	

监理单位意见	项目法人意见	工程质量监督机构核定意见
工程项目质量等级： 总监理工程师： 监理单位： （盖公章） 年 月 日	工程项目质量等级： 法定代表人： 项目法人： （盖公章） 年 月 日	工程项目质量等级： 负责人： 质量监督机构： （盖公章） 年 月 日

4.8 水利水电建设工程验收

按《水利水电建设工程验收规程》（SL 223—2008）（以下简称为《规程》）规定进行。

4.8.1 总则

(1) 水利水电建设工程验收，按验收主持单位可分为法人验收和政府验收。

法人验收应包括分部工程验收、单位工程验收、水电站（泵站）中间机组启动验收、合同工程完工验收等；政府验收应包括阶段验收、专项验收、竣工验收等。验收主持单位可根据工程建设需要增设验收的类别和具体要求。

（2）工程验收应以下列文件为主要依据：

1）国家现行有关法律、法规、规章和技术标准。

2）有关主管部门的规定。

3）经批准的工程立项文件、初步设计文件、调整概算文件。

4）经批准的设计文件及相应的工程变更文件。

5）施工图纸及主要设备技术说明书等。

6）法人验收还应以施工合同为依据。

（3）工程验收应包括以下主要内容：

1）检查工程是否按照批准的设计进行建设。

2）检查已完工程在设计、施工、设备制造安装等方面的质量及相关资料的收集、整理和归档情况。

3）检查工程是否具备运行或进行下一阶段建设的条件。

4）检查工程投资控制和资金使用情况。

5）对验收遗留问题提出处理意见。

6）对工程建设作出评价和结论。

（4）政府验收应由验收主持单位组织成立的验收委员会负责；法人验收应由项目法人组织成立的验收工作组负责。验收委员会（工作组）由有关单位代表和有关专家组成。

验收的成果性文件是验收鉴定书，验收委员会（工作组）成员应在验收鉴定书上签字。对验收结论持有异议的，应将保留意见在验收鉴定书上明确记载并签字。

（5）工程验收结论应经2/3以上验收委员会（工作组）成员同意。

验收过程中发现的问题，其处理原则应由验收委员会（工作组）协商确定。主任委员（组长）对争议问题有裁决权。若1/2以上的委员（组员）不同意裁决意见时，法人验收应报请验收监督管理机关决定；政府验收应报请竣工验收主持单位决定。

（6）工程项目中需要移交非水利行业管理的工程，验收工作宜同时参照相关行业建设单位主管部门的有关规定。

（7）当工程具备验收条件时，应及时组织验收。未经验收或验收不合格的工程不应交付使用或进行后续工程施工。验收工作应相互衔接，不应重复进行。

（8）工程验收应在施工质量检验与评定的基础上，对工程质量提出明确结论意见。

（9）验收资料制备由项目法人统一组织，有关单位应按要求及时完成并提交。项目法人应对提交的验收资料进行完整性、规范性检查。

（10）验收资料分为应提供的资料和需备查的资料。有关单位应保证其提交资料的真实性并承担相应责任。验收资料清单分别见《规程》的附录A和附录B。

（11）工程验收的图纸、资料和成果性文件应按竣工验收资料要求制备。除图纸外，验收资料的规格宜为国际标准A4（210mm×297mm）。文件正本应加盖单位印章且不应采用复印件。

(12) 工程验收所需费用应进入工程造价，由项目法人列支或按合同约定列支。

(13) 水利水电建设工程的验收除应遵守本规程外，还应符合国家现行有关标准的规定。

4.8.2 工程验收监督管理

(1) 水利部负责全国水利工程建设项目验收的监督管理工作。

水利部所属流域管理机构（以下简称流域管理机构）按照水利部授权，负责流域内水利工程建设项目验收的监督管理工作。

县级以上地方人民政府水行政主管部门按照规定权限负责本行政区域内水利工程建设项目验收的监督管理工作。

(2) 法人验收监督管理机关应对工程的法人验收工作实施监督管理。

由水行政主管部门或者流域管理机构组建项目法人的，该水行政主管部门或者流域管理机构是本工程的法人验收监督管理机关；由地方人民政府组建项目法人的，该地方人民政府水行政主管部门是本工程的法人验收监督管理机关。

(3) 工程验收监督管理的方式应包括现场检查、参加验收活动、对验收工作计划与验收成果性文件进行备案等。

(4) 水行政主管部门、流域管理机构以及法人验收监督管理机关可根据工作需要到工程现场检查工程建设情况、验收工作开展情况以及对接到的举报进行调查处理等。

(5) 工程验收监督管理应包括以下主要内容：

1) 验收工作是否及时。

2) 验收条件是否具备。

3) 验收人员组成是否符合规定。

4) 验收程序是否规范。

5) 验收资料是否齐全。

6) 验收结论是否明确。

(6) 当发现工程验收不符合有关规定时，验收监督管理机关应及时要求验收主持单位予以纠正，必要时可要求暂停验收或重新验收并同时报告竣工验收主持单位。

(7) 法人验收监督管理机关应对收到的验收备案文件进行检查，不符合有关规定的备案文件应要求有关单位进行修改、补充和完善。

(8) 项目法人应在开工报告批准后 60 个工作日内，制定法人验收工作计划，报法人验收监督管理机关备案。当工程建设计划进行调整时，法人验收工作计划也应相应地进行调整并重新备案。法人验收工作计划内容要求见《规程》的附录 C。

(9) 法人验收过程中发现的技术性问题原则上应按合同约定进行处理。合同约定不明确的，应按国家或行业技术标准规定处理。当国家或行业技术标准暂无规定时，由法人验收监督管理机关负责协调解决。

4.8.3　分部工程验收

（1）分部工程验收应由项目法人（或委托监理单位）主持。验收工作组应由项目法人以及勘测、设计、监理、施工、主要设备制造（供应）商等单位的代表组成。运行管理单位可根据具体情况决定是否参加。

质量监督机构宜派代表列席大型枢纽工程主要建筑物的分部工程验收会议。

（2）大型工程分部工程验收工作组成员应具有中级及其以上技术职称或相应执业资格；其他工程的验收工作组成员应具有相应的专业知识或执业资格。参加分部工程验收的每个单位代表人数不宜超过两名。

（3）分部工程具备验收条件时，施工单位应向项目法人提交验收申请报告，其内容要求见《规程》附录D。项目法人应在收到验收申请报告之日起10个工作日内决定是否同意进行验收。

（4）分部工程验收应具备以下条件：

1）所有单元工程已完成。

2）已完单元工程施工质量经评定全部合格，有关质量缺陷已处理完毕或有监理机构批准的处理意见。

3）合同约定的其他条件。

（5）分部工程验收应包括以下主要内容：

1）检查工程是否达到设计标准或合同约定标准的要求。

2）评定工程施工质量等级。

3）对验收中发现的问题提出处理意见。

（6）分部工程验收应按以下程序进行：

1）听取施工单位工程建设和单元工程质量评定情况的汇报。

2）现场检查工程完成情况和工程质量。

3）检查单元工程质量评定及相关档案资料。

4）讨论并通过分部工程验收鉴定书。

（7）项目法人应在分部工程验收通过之日后10个工作日内，将验收质量结论和相关资料报质量监督机构核备。大型枢纽工程主要建筑物分部工程的验收质量结论应报质量监督机构核定。

（8）质量监督机构应在收到验收质量结论之日后20个工作日内，将核备（定）意见书面反馈项目法人。

（9）当质量监督机构对验收质量结论有异议时，项目法人应组织参加验收单位进一步研究，并将研究意见报质量监督机构。当双方对质量结论仍然有分歧意见时，应报上一级质量监督机构协调解决。

（10）分部工程验收遗留问题处理情况应有书面记录并有相关责任单位代表签字，书面记录应随分部工程验收鉴定书一并归档。

（11）分部工程验收鉴定书格式见《规程》附录E。正本数量可按参加验收单位、质量和安全监督机构各一份以及归档所需要的份数确定。自验收鉴定书通过之日起30个工作日内，由项目法人发送有关单位，并报送法人验收监督管理机关备案。

4.8.4 单位工程验收

(1) 单位工程验收应由项目法人主持。验收工作组应由项目法人以及勘测、设计、监理、施工、主要设备制造（供应）商、运行管理等单位的代表组成。必要时，可邀请上述单位以外的专家参加。

(2) 单位工程验收工作组成员应具有中级及其以上技术职称或相应执业资格，每个单位代表人数不宜超过3名。

(3) 单位工程完工并具备验收条件时，施工单位应向项目法人提出验收申请报告，其内容要求见《规程》的附录D。项目法人应在收到验收申请报告之日起10个工作日内决定是否同意进行验收。

(4) 项目法人组织单位工程验收时，应提前通知质量和安全监督机构。主要建筑物单位工程验收应通知法人验收监督管理机关。法人验收监督管理机关可视情况决定是否列席验收会议，质量和安全监督机构应派员列席验收会议。

(5) 单位工程验收应具备以下条件：

1) 所有分部工程已完建并验收合格。

2) 分部工程验收遗留问题已处理完毕并通过验收，未处理的遗留问题不影响单位工程质量评定并有处理意见。

3) 合同约定的其他条件。

(6) 单位工程验收应包括以下主要内容：

1) 检查工程是否按批准的设计内容完成。

2) 评定工程施工质量等级。

3) 检查分部工程验收遗留问题处理情况及相关记录。

4) 对验收中发现的问题提出处理意见。

(7) 单位工程验收应按以下程序进行：

1) 听取工程参建单位工程建设有关情况的汇报。

2) 现场检查工程完成情况和工程质量。

3) 检查分部工程验收有关文件及相关档案资料。

4) 讨论并通过单位工程验收鉴定书。

(8) 需要提前投入使用的单位工程应进行单位工程投入使用验收。单位工程投入使用验收由项目法人主持，根据工程具体情况，经竣工验收主持单位同意，单位工程投入使用验收也可由竣工验收主持单位或其委托的单位主持。

(9) 单位工程投入使用验收除应满足《规程》4.0.5的条件外，还应满足以下条件：

1) 工程投入使用后，不影响其他工程正常施工，且其他工程施工不影响该单位工程安全运行。

2) 已经初步具备运行管理条件，需移交运行管理单位的，项目法人与运行管理单位已签定提前使用协议书。

(10) 单位工程投入使用验收除完成《规程》4.0.6的工作内容外，还应对工程是否具备安全运行条件进行检查。

（11）项目法人应在单位工程验收通过之日起10个工作日内，将验收质量结论和相关资料报质量监督机构核定。

（12）质量监督机构应在收到验收质量结论之日起20个工作日内，将核定意见反馈项目法人。

（13）当质量监督机构对验收质量结论有异议时，应按《规程》3.0.9的规定执行。

（14）单位工程验收鉴定书格式见《规程》的附录F。正本数量可按参加验收单位、质量和安全监督机构、法人验收监督管理机关各一份以及归档所需要的份数确定。自验收鉴定书通过之日起30个工作日内，由项目法人发送有关单位并报法人验收监督管理机关备案。

4.8.5　合同工程完工验收

（1）施工合同约定的建设内容完成后，应进行合同工程完工验收。当合同工程仅包含一个单位工程（分部工程）时，宜将单位工程（分部工程）验收与合同工程完工验收一并进行，但应同时满足相应的验收条件。

（2）合同工程完工验收应由项目法人主持。验收工作组应由项目法人以及与合同工程有关的勘测、设计、监理、施工、主要设备制造（供应）商等单位的代表组成。

（3）合同工程具备验收条件时，施工单位应向项目法人提出验收申请报告，其内容要求见《规范》的附录D。项目法人应在收到验收申请报告之日起20个工作日内决定是否同意进行验收。

（4）合同工程完工验收应具备以下条件：

1）合同范围内的工程项目和工作已按合同约定完成。

2）工程已按规定进行了有关验收。

3）观测仪器和设备已测得初始值及施工期各项观测值。

4）工程质量缺陷已按要求进行处理。

5）工程完工结算已完成。

6）施工现场已经进行清理。

7）需移交项目法人的档案资料已按要求整理完毕。

8）合同约定的其他条件。

（5）合同工程完工验收应包括以下主要内容：

1）检查合同范围内工程项目和工作完成情况。

2）检查施工现场清理情况。

3）检查已投入使用工程运行情况。

4）检查验收资料整理情况。

5）鉴定工程施工质量。

6）检查工程完工结算情况。

7）检查历次验收遗留问题的处理情况。

8）对验收中发现的问题提出处理意见。

9）确定合同工程完工日期。

10）讨论并通过合同工程完工验收鉴定书。

（6）合同工程完工验收鉴定书格式见《规程》的附录G。正本数量可按参加验收单位、质量和安全监督机构以及归档所需要的份数确定。自验收鉴定书通过之日起30个工作日内，应由项目法人发送有关单位，并报送法人验收监督管理机关备案。

4.8.6 阶段验收

1. 一般规定

（1）阶段验收应包括枢纽工程导（截）流验收、水库下闸蓄水验收、引（调）排水工程通水验收、水电站（泵站）首（末）台机组启动验收、部分工程投入使用验收以及竣工验收主持单位根据工程建设需要增加的其他验收。

（2）阶段验收应由竣工验收主持单位或其委托的单位主持。阶段验收委员会应由验收主持单位、质量和安全监督机构、运行管理单位的代表及有关专家组成；必要时，可邀请地方人民政府以及有关部门参加。

工程参建单位应派代表参加阶段验收，并作为被验收单位在验收鉴定书上签字。

（3）工程建设具备阶段验收条件时，项目法人应提出阶段验收申请报告，其内容要求见《规程》的附录H。阶段验收申请报告应由法人验收监督管理机关审查后转报竣工验收主持单位，竣工验收主持单位应自收到申请报告之日起20个工作日内决定是否同意进行阶段验收。

（4）阶段验收应包括以下主要内容：

1）检查已完工程的形象面貌和工程质量。

2）检查在建工程的建设情况。

3）检查未完工程的计划安排和主要技术措施落实情况，以及是否具备施工条件。

4）检查拟投入使用工程是否具备运行条件。

5）检查历次验收遗留问题的处理情况。

6）鉴定已完工程施工质量。

7）对验收中发现的问题提出处理意见。

8）讨论并通过阶段验收鉴定书。

（5）大型工程在阶段验收前，验收主持单位根据工程建设需要，可成立专家组先进行技术预验收。

（6）技术预验收工作可参照《规程》的8.4的规定进行。

（7）阶段验收的工作程序可参照《规程》的8.5.3的规定进行。

（8）阶段验收鉴定书格式见《规程》的附录1。数量按参加验收单位、法人验收监督管理机关、质量和安全监督机构各1份以及归档所需要的份数确定。自验收鉴定书通过之日起30个工作日内，由验收主持单位发送有关单位。

2. 枢纽工程导（截）流验收

（1）枢纽工程导（截）流前，应进行导（截）流验收。

（2）导（截）流验收应具备以下条件：

1）导流工程已基本完成，具备过流条件，投入使用（包括采取措施后）不影响其他后续工程继续施工。

2）满足截流要求的水下隐蔽工程已完成。

3）截流设计已获批准，截流方案已编制完成，并做好各项准备工作。

4）工程度汛方案已经有管辖权的防汛指挥部门批准，相关措施已落实。

5）截流后壅高水位以下的移民搬迁安置和库底清理已完成并通过验收。

6）有航运功能的河道，碍航问题已得到解决。

（3）导（截）流验收应包括以下主要内容：

1）检查已完水下工程、隐蔽工程、导（截）流工程是否满足导（截）流要求。

2）检查建设征地、移民搬迁安置和库底清理完成情况。

3）审查截流方案，检查导（截）流措施和准备工作落实情况。

4）检查为解决碍航等问题而采取的工程措施落实情况。

5）鉴定与截流有关已完工程施工质量。

6）对验收中发现的问题提出处理意见。

7）讨论并通过阶段验收鉴定书。

（4）工程分期导（截）流时，应分期进行导（截）流验收。

3. 水库下闸蓄水验收

（1）水库下闸蓄水前，应进行下闸蓄水验收。

（2）下闸蓄水验收应具备以下条件：

1）挡水建筑物的形象面貌满足蓄水位的要求。

2）蓄水淹没范围内的移民搬迁安置和库底清理已完成并通过验收。

3）蓄水后需要投入使用的泄水建筑物已基本完成，具备过流条件。

4）有关观测仪器、设备已按设计要求安装和调试，并已测得初始值和施工期观测值。

5）蓄水后未完工程的建设计划和施工措施已落实。

6）蓄水安全鉴定报告已提交。

7）蓄水后可能影响工程安全运行的问题已处理，有关重大技术问题已有结论。

8）蓄水计划、导流洞封堵方案等已编制完成，并做好各项准备工作。

9）年度度汛方案（包括调度运用方案）已经有管辖权的防汛指挥部门批准，相关措施已落实。

（3）下闸蓄水验收应包括以下主要内容：

1）检查已完工程是否满足蓄水要求。

2）检查建设征地、移民搬迁安置和库区清理完成情况。

3）检查近坝库岸处理情况。

4）检查蓄水准备工作落实情况。

5）鉴定与蓄水有关的已完工程施工质量。

6）对验收中发现的问题提出处理意见。

7）讨论并通过阶段验收鉴定书。

(4) 工程分期蓄水时，宜分期进行下闸蓄水验收。

(5) 拦河水闸工程可根据工程规模、重要性，由竣工验收主持单位决定是否组织蓄水（挡水）验收。

4. 引（调）排水工程通水验收

(1) 引（调）排水工程通水前，应进行通水验收。

(2) 通水验收应具备以下条件：

1) 引（调）排水建筑物的形象面貌满足通水的要求。

2) 通水后未完工程的建设计划和施工措施已落实。

3) 引（调）排水位以下的移民搬迁安置和障碍物清理已完成并通过验收。

4) 引（调）排水的调度运用方案已编制完成；度汛方案已得到有管辖权的防汛指挥部门批准，相关措施已落实。

(3) 通水验收应包括以下主要内容：

1) 检查已完工程是否满足通水的要求。

2) 检查建设征地、移民搬迁安置和清障完成情况。

3) 检查通水准备工作落实情况。

4) 鉴定与通水有关的工程施工质量。

5) 对验收中发现的问题提出处理意见。

6) 讨论并通过阶段验收鉴定书。

(4) 工程分期（或分段）通水时，应分期（或分段）进行通水验收。

5. 水电站（泵站）机组启动验收

(1) 水电站（泵站）每台机组投入运行前，应进行机组启动验收。

(2) 首（末）台机组启动验收应由竣工验收主持单位或其委托单位组织的机组启动验收委员会负责；中间机组启动验收应由项目法人组织的机组启动验收工作组负责。验收委员会（工作组）应有所在地区电力部门的代表参加。

根据机组规模情况，竣工验收主持单位也可委托项目法人主持首（末）台机组启动验收。

(3) 机组启动验收前，项目法人应组织成立机组启动试运行工作组开展机组启动试运行工作。首（末）台机组启动试运行前，项目法人应将试运行工作安排报验收主持单位备案，必要时，验收主持单位可派专家到现场收集有关资料，指导项目法人进行机组启动试运行工作。

(4) 机组启动试运行工作组应进行以下主要工作：

1) 审查批准施工单位编制的机组启动试运行试验文件和机组启动试运行操作规程等。

2) 检查机组及相应附属设备安装、调试、试验以及分部试运行情况，决定是否进行充水试验和空载试运行。

3) 检查机组充水试验和空载试运行情况。

4) 检查机组带主变压器与高压配电装置试验和并列及负荷试验情况，决定是否进行机组带负荷连续运行。

5）检查机组带负荷连续运行情况。

6）检查带负荷连续运行结束后消缺处理情况。

7）审查施工单位编写的机组带负荷连续运行情况报告。

（5）机组带负荷连续运行应符合以下要求：

1）水电站机组带额定负荷连续运行时间为72h；泵站机组带额定负荷连续运行时间为24h或7d内累计运行时间为48h，包括机组无故障停机次数不少于3次。

2）受水位或水量限制无法满足上述要求时，经过项目法人组织论证并提出专门报告报验收主持单位批准后，可适当降低机组启动运行负荷以及减少连续运行的时间。

（6）首（末）台机组启动验收前，验收主持单位应组织进行技术预验收，技术预验收应在机组启动试运行完成后进行。

（7）技术预验收应具备以下条件：

1）与机组启动运行有关的建筑物基本完成，满足机组启动运行要求。

2）与机组启动运行有关的金属结构及启闭设备安装完成，并经过调试合格，可满足机组启动运行要求。

3）过水建筑物已具备过水条件，满足机组启动运行要求。

4）压力容器、压力管道及消防系统等已通过有关主管部门的检测或验收。

5）机组、附属设备以及油、水、气等辅助设备安装完成，经调试合格并经分部试运转，满足机组启动运行要求。

6）必要的输配电设备安装调试完成，并通过电力部门组织的安全性评价或验收，送（供）电准备工作已就绪，通信系统满足机组启动运行要求。

7）机组启动运行的测量、监测、控制和保护等电气设备已安装完成并调试合格。

8）有关机组启动运行的安全防护措施已落实，并准备就绪。

9）按设计要求配备的仪器、仪表、工具及其他机电设备已能满足机组启动运行的需要。

10）机组启动运行操作规程已编制，并得到批准。

11）水库水位控制与发电水位调度计划已编制完成，并得到相关部门的批准。

12）运行管理人员的配备可满足机组启动运行的要求。

13）水位和引水量满足机组启动运行最低要求。

14）机组按要求完成带负荷连续运行。

（8）技术预验收应包括以下主要内容：

1）听取有关建设、设计、监理、施工和试运行情况报告。

2）检查评价机组及其辅助设备质量、有关工程施工安装质量；检查试运行情况和消缺处理情况。

3）对验收中发现的问题提出处理意见。

4）讨论形成机组启动技术预验收工作报告。

（9）首（末）台机组启动验收应具备以下条件：

1）技术预验收工作报告已提交。

2）技术预验收工作报告中提出的遗留问题已处理。

（10）首（末）台机组启动验收应包括以下主要内容：

1）听取工程建设管理报告和技术预验收工作报告。

2）检查机组和有关工程施工和设备安装及运行情况。

3）鉴定工程施工质量。

4）讨论并通过机组启动验收鉴定书。

（11）中间机组启动验收可参照首（末）台机组启动验收的要求进行。

（12）机组启动验收鉴定书格式见《规程》的附录J；机组启动验收鉴定书是机组交接和投入使用运行的依据。

6. 部分工程投入使用验收

（1）项目施工工期因故拖延，并预期完成计划不确定的工程项目，部分已完成工程需要投入使用的，应进行部分工程投入使用验收。

（2）在部分工程投入使用验收申请报告中，应包含项目施工工期拖延的原因、预期完成计划的有关情况和部分已完成工程提前投入使用的理由等内容。

（3）部分工程投入使用验收应具备以下条件：

1）拟投入使用工程已按批准设计文件规定的内容完成并已通过相应的法人验收。

2）拟投入使用工程已具备运行管理条件。

3）工程投入使用后，不影响其他工程正常施工，且其他工程施工不影响拟投入使用工程安全运行（包括采取防护措施）。

4）项目法人与运行管理单位已签订工程提前使用协议。

5）工程调度运行方案已编制完成；度汛方案已经有管辖权的防汛指挥部门批准，相关措施已落实。

（4）部分工程投入使用验收应包括以下主要内容：

1）检查拟投入使用工程是否已按批准设计完成。

2）检查工程是否已具备正常运行条件。

3）鉴定工程施工质量。

4）检查工程的调度运用、度汛方案落实情况。

5）对验收中发现的问题提出处理意见。

6）讨论并通过部分工程投入使用验收鉴定书。

（5）部分工程投入使用验收鉴定书格式见《规程》的附录K；部分工程投入使用验收鉴定书是部分工程投入使用运行的依据，也是施工单位向项目法人交接和项目法人向运行管理单位移交的依据。

（6）提前投入使用的部分工程如有单独的初步设计，可组织进行单项工程竣工验收，验收工作参照《规程》的第8章有关规定进行。

4.8.7 专项验收

（1）工程竣工验收前，应按有关规定进行专项验收。专项验收主持单位应按国家和相关行业的有关规定确定。

（2）项目法人应按国家和相关行业建设单位主管部门的规定，向有关部门提出专项验收申请报告，并做好有关准备和配合工作。

(3) 专项验收应具备的条件、验收主要内容、验收程序以及验收成果性文件的具体要求等应执行国家及相关行业建设单位主管部门有关规定。

(4) 专项验收成果性文件应是工程竣工验收成果性文件的组成部分。项目法人提交竣工验收申请报告时，应附相关专项验收成果性文件复印件。

4.8.8 竣工验收

1. 一般规定

(1) 竣工验收应在工程建设项目全部完成并满足一定运行条件后1年内进行。不能按期进行竣工验收的，经竣工验收主持单位同意，可适当延长期限，但最长不应超过6个月。一定运行条件是指：

1) 泵站工程经过一个排水或抽水期。

2) 河道疏浚工程完成后。

3) 其他工程经过6个月（经过一个汛期）至12个月。

(2) 工程具备验收条件时，项目法人应提出竣工验收申请报告，其内容要求见《规范》的附录L。竣工验收申请报告应由法人验收监督管理机关审查后转报竣工验收主持单位。

(3) 工程未能按期进行竣工验收的，项目法人应向竣工验收主持单位提出延期竣工验收专题申请报告。申请报告应包括延期竣工验收的主要原因及计划延长的时间等内容。

(4) 项目法人编制完成竣工财务决算后，应报送竣工验收主持单位财务部门进行审查和审计部门进行竣工审计。审计部门应出具竣工审计意见。项目法人应对审计意见中提出的问题进行整改并提交整改报告。

(5) 竣工验收分为竣工技术预验收和竣工验收两个阶段。

(6) 大型水利工程在竣工技术预验收前，应按照有关规定进行竣工验收技术鉴定。中型水利工程，竣工验收主持单位可根据需要决定是否进行竣工验收技术鉴定。

(7) 竣工验收应具备以下条件：

1) 工程已按批准设计全部完成。

2) 工程重大设计变更已经有审批权的单位批准。

3) 各单位工程能正常运行。

4) 历次验收所发现的问题已基本处理完毕。

5) 各专项验收已通过。

6) 工程投资已全部到位。

7) 竣工财务决算已通过竣工审计，审计意见中提出的问题已整改并提交了整改报告。

8) 运行管理单位已明确，管理养护经费已基本落实。

9) 质量和安全监督工作报告已提交，工程质量达到合格标准。

10) 竣工验收资料已准备就绪。竣工验收主要工作报告格式及主要内容见《规范》的附录 N、附录 O。

（8）工程有少量建设内容未完成，但不影响工程正常运行，且能符合财务有关规定，项目法人已对尾工做出安排的，经竣工验收主持单位同意，可进行竣工验收。

（9）竣工验收应按以下程序进行：

1）项目法人组织进行竣工验收自查。

2）项目法人提交竣工验收申请报告。

3）竣工验收主持单位批复竣工验收申请报告。

4）进行竣工技术预验收。

5）召开竣工验收会议。

6）印发竣工验收鉴定书。

2. 竣工验收自查

（1）申请竣工验收前，项目法人应组织竣工验收自查。自查工作应由项目法人主持，勘测、设计、监理、施工、主要设备制造（供应）商以及运行管理等单位的代表参加。

（2）竣工验收自查应包括以下主要内容：

1）检查有关单位的工作报告。

2）检查工程建设情况，评定工程项目施工质量等级。

3）检查历次验收、专项验收的遗留问题和工程初期运行所发现问题的处理情况。

4）确定工程尾工内容及其完成期限和责任单位。

5）对竣工验收前应完成的工作做出安排。

6）讨论并通过竣工验收自查工作报告。

（3）项目法人组织工程竣工验收自查前，应提前 10 个工作日通知质量和安全监督机构，同时向法人验收监督管理机关报告。质量和安全监督机构应派员列席自查工作会议。

（4）项目法人应在完成竣工验收自查工作之日起 10 个工作日内，将自查的工程项目质量结论和相关资料报质量监督机构。

（5）竣工验收自查工作报告格式见《规范》的附录 M。参加竣工验收自查的人员应在自查工作报告上签字。项目法人应自竣工验收自查工作报告通过之日起 30 个工作日内，将自查报告报法人验收监督管理机关。

3. 工程质量抽样检测

（1）根据竣工验收的需要，竣工验收主持单位可以委托具有相应资质的工程质量检测单位对工程质量进行抽样检测。项目法人应与工程质量检测单位签订工程质量检测合同。检测所需费用由项目法人列支，质量不合格工程所发生的检测费用由责任单位承担。

（2）工程质量检测单位不应与参与工程建设的项目法人、设计、监理、施工、设备制造（供应）商等单位隶属同一经营实体。

（3）根据竣工验收主持单位的要求和项目的具体情况，项目法人应负责提出工程质量抽样检测的项目、内容和数量，经质量监督机构审核后报竣工验收主持单位核定。堤防工程质量抽检要求见《规范》的附录P。

(4) 工程质量检测单位应按照有关技术标准对工程进行质量检测，按合同要求及时提出质量检测报告并对检测结论负责。项目法人应自收到检测报告10个工作日内将检测报告报竣工验收主持单位。

(5) 对抽样检测中发现的质量问题，项目法人应及时组织有关单位研究处理。在影响工程安全运行以及使用功能的质量问题未处理完毕前，不应进行竣工验收。

4. 竣工技术预验收

(1) 竣工技术预验收应由竣工验收主持单位组织的专家组负责。技术预验收专家组成员应具有高级技术职称或相应执业资格，2/3以上成员应来自工程非参建单位。工程参建单位的代表应参加技术预验收，负责回答专家组提出的问题。

(2) 竣工技术预验收专家组可下设专业工作组，并在各专业工作组检查意见的基础上形成竣工技术预验收工作报告。

(3) 竣工技术预验收应包括以下主要内容：

1) 检查工程是否按批准的设计完成。

2) 检查工程是否存在质量隐患和影响工程安全运行的问题。

3) 检查历次验收、专项验收的遗留问题和工程初期运行中所发现问题的处理情况。

4) 对工程重大技术问题作出评价。

5) 检查工程尾工安排情况。

6) 鉴定工程施工质量。

7) 检查工程投资、财务情况。

8) 对验收中发现的问题提出处理意见。

(4) 竣工技术预验收应按以下程序进行：

1) 现场检查工程建设情况并查阅有关工程建设资料。

2) 听取项目法人、设计、监理、施工、质量和安全监督机构、运行管理等单位工作报告。

3) 听取竣工验收技术鉴定报告和工程质量抽样检测报告。

4) 专业工作组讨论并形成各专业工作组意见。

5) 讨论并通过竣工技术预验收工作报告。

6) 讨论并形成竣工验收鉴定书初稿。

(5) 竣工技术预验收工作报告应是竣工验收鉴定书的附件，其格式见《规范》的附录Q。

5. 竣工验收

(1) 竣工验收委员会可设主任委员1名，副主任委员及委员若干名，主任委员应由验收主持单位代表担任。竣工验收委员会应由竣工验收主持单位、有关地方人民政府和部门、有关水行政主管部门和流域管理机构、质量和安全监督机构、运行管理单位的代表及有关专家组成。工程投资方代表可参加竣工验收委员会。

(2) 项目法人、勘测、设计、监理、施工和主要设备制造（供应）商等单位应派代表参加竣工验收，负责解答验收委员会提出的问题，并应作为被验收单位代表在验收鉴定书上签字。

(3) 竣工验收会议应包括以下主要内容和程序：

1) 现场检查工程建设情况及查阅有关资料。

2) 召开大会：

a. 宣布验收委员会组成人员名单。

b. 观看工程建设声像资料。

c. 听取工程建设管理工作报告。

d. 听取竣工技术预验收工作报告。

e. 听取验收委员会确定的其他报告。

f. 讨论并通过竣工验收鉴定书。

g. 验收委员会委员和被验收单位代表在竣工验收鉴定书上签字。

(4) 工程项目质量达到合格以上等级的，竣工验收的质量结论意见应为合格。

(5) 竣工验收鉴定书格式见《规范》的附录 R。数量应按验收委员会组成单位、工程主要参建单位各 1 份以及归档所需要份数确定。自鉴定书通过之日起 30 个工作日内，应由竣工验收主持单位发送有关单位。

4.8.9 工程移交及遗留问题处理

1. 工程交接

(1) 通过合同工程完工验收或投入使用验收后，项目法人与施工单位应在 30 个工作日内组织专人负责工程的交接工作，交接过程应有完整的文字记录且有双方交接负责人签字。

(2) 项目法人与施工单位应在施工合同或验收鉴定书约定的时间内完成工程及其档案资料的交接工作。

(3) 工程办理具体交接手续的同时，施工单位应向项目法人递交工程质量保修书，其格式见《规程》的附录 S。保修书的内容应符合合同约定的条件。

(4) 工程质量保修期应从工程通过合同工程完工验收后开始计算，但合同另有约定的除外。

(5) 在施工单位递交了工程质量保修书、完成施工场地清理以及提交有关竣工资料后，项目法人应在 30 个工作日内向施工单位颁发合同工程完工证书，其格式见《规范》的附录 T。

2. 工程移交

(1) 工程通过投入使用验收后，项目法人宜及时将工程移交运行管理单位管理，并与其签订工程提前启用协议。

(2) 在竣工验收鉴定书印发后 60 个工作日内，项目法人与运行管理单位应完成工程移交手续。

(3) 工程移交应包括工程实体、其他固定资产和工程档案资料等，应按照初步设计等有关批准文件进行逐项清点，并办理移交手续。

(4) 办理工程移交，应有完整的文字记录和双方法定代表人签字。

3. 验收遗留问题及尾工处理

(1) 有关验收成果性文件应对验收遗留问题有明确的记载。影响工程正常运行的，不应作为验收遗留问题处理。

(2) 验收遗留问题和尾工的处理应由项目法人负责。项目法人应按照竣工验收鉴定书、合同约定等要求，督促有关责任单位完成处理工作。

(3) 验收遗留问题和尾工处理完成后，有关单位应组织验收，并形成验收成果性文件。

项目法人应参加验收并负责将验收成果性文件报竣工验收主持单位。

(4) 工程竣工验收后，应由项目法人负责处理的验收遗留问题，项目法人已撤销的，应由组建或批准组建项目法人的单位或其指定的单位处理完成。

4. 工程竣工证书颁发

(1) 工程质量保修期满后30个工作日内，项目法人应向施工单位颁发工程质量保修责任终止证书，其格式见《规程》的附录U。但保修责任范围内的质量缺陷未处理完成的应除外。

(2) 工程质量保修期满以及验收遗留问题和尾工处理完成后，项目法人应向工程竣工验收主持单位申请领取竣工证书。申请报告应包括以下内容：

1) 工程移交情况。

2) 工程运行管理情况。

3) 验收遗留问题和尾工处理情况。

4) 工程质量保修期有关情况。

(3) 竣工验收主持单位应自收到项目法人申请报告后30个工作日内决定是否颁发工程竣工证书，其格式见《规程》的附录V（正本）和附录W（副本）。颁发竣工证书应符合以下条件：

1) 竣工验收鉴定书已印发。

2) 工程遗留问题和尾工处理已完成并通过验收。

3) 工程已全面移交运行管理单位管理。

(4) 工程竣工证书是项目法人全面完成工程项目建设管理任务的证书，也是工程参建单位完成相应工程建设任务的最终证明文件。

(5) 工程竣工证书数量应按正本3份和副本若干份颁发，正本由项目法人、运行管理单位和档案部门保存，副本由工程主要参建单位保存。

练习题

一、简答题

1. 单元（工序）工程施工质量达不到合格标准时应如何处理？

2. 施工单位应按《单元工程评定标准》及有关技术标准对水泥、钢材等原材料与中间产品质量进行检验，并报监理单位复核，水泥的检验项目有哪些？各项目的标准是多少？

3. 分部工程验收要具备哪些条件？如何组织验收？

二、选择题

1. 建设工程质量是指工程满足业主需要的，符合国家法律、法规、技术规范标准、（ ）的特性综合。

A. 必须履行　　B. 设计文件及合同规定

C. 通常隐含　　D. 满足明示

2. 监理工程师要求（ ）对给定的原始基准点、基准线和标高等测量控制点复核。

A. 施工承包单位　　B. 建设单位

C. 设计单位　　D. 分包单位

3. 按照施工过程中实施见证取样的要求，监理机构中负责见证取样工作的人员一般为（ ）。

A. 监理员　　B. 专业监理工程师

C. 总监理工程师代表　　D. 总监理工程师

4. 审核相关技术文件是施工质量控制的重要手段，这项工作应在（ ）进行。

A. 施工准备阶段　　B. 施工作业过程中

C. 施工作业准备阶段　　D. 工程实体质量形成的全过程

5. 当发生工程质量问题时，监理工程师首先应做的工作是（ ）。

A. 签发《监理通知》　　B. 签发《工程暂停令》

C. 要求施工单位 24h 内上报　　D. 判断质量问题的严重程度

6. 监理工程师在工程质量控制中应遵循的原则包括（ ）。

A. 质量第一，坚持标准　　B. 以人为核心，预防为主

C. 旁站监督，平行检测　　D. 科学、公正、守法的职业道德

E. 审核文件、报告、报表

7. 选择质量控制点的一般原则有（ ）。

A. 关键工序　　B. 隐蔽工程

C. 施工中薄弱环节　　D. 技术难度大的工序

E. 施工方法

8. 质量事故处理验收结论通常有（ ）。

A. 事故已排除，可继续施工

B. 隐患已消除，结构安全有保证

C. 经修补处理后，完全能满足使用要求

D. 对耐久性的结论

E. 对维修性的结论

9. 在工程质量验收各层次中，总监理工程师可以组织或参与（ ）的验收。

A. 检验批　　B. 单元工程　　C. 分部工程

D. 单位工程　　E. 子单位工程

实训项目 5、6

操作流程

找出规范《水利水电工程施工质量检验与评定规程》(SL 176—2007)、《水利水电建设工程验收规程》(SL 223—2008)、《水利水电工程单元工程质量等级评定标准》(2012 年版)、图纸，实训项目 3 成果及课本

↓

对照图纸，分组讨论实训 3 项目的质量控制的内容、方法、见证点、停止点并记录。提交电子版、纸质成果

↓

对照图纸，分组讨论实训 3 项目的单元工程、分部工程、单位的质量验收与评定，合格、优良标准并记录。提交电子版、纸质成果

↓

对照图纸，分组讨论实训 3 项目的单元、分部、单位工程验收、阶段验收、专项验收、竣工验收的组织程序并记录，提交电子版、纸质成果

任务 4

若实训项目 3 水闸工程的合同质量标准为：按现行规范验收，达到优良等级。

问题：(1) 该水闸要用到哪些现行规范？(2) 列出该水闸要达到优良等级，各单元工程、分部工程应达到的质量等级。(3) 该水闸在机电安装过程中发生了质量事故，损失 380 万元，该如何处理？

任务 5

实训项目 3 水闸工程原材料有哪些？对这些原材料监理机构平行检验的比例是多少？经见证取样送检，有一批钢筋质量不符合合同要求，监理机构应如何处理？

项目5　水利工程施工阶段投资控制

教学目标

知识学习目标	5.1 资金使用计划的编制	5.2 工程计量与计价控制	5.3 工程款支付与控制	5.4 合同价格调整	5.5 工程变更费用管理	5.6 索赔费用管理	5.7 投资偏差分析	5.8 水利工程施工监理投资控制措施
了解	资金使用计划编制的目的	工程计量的重要性						
熟悉	资金使用计划编制的要点	工程计量原则、内容、方式和方法	工程款项的支付条件、内容	引起合同价格调整的原因	新增项目产生的原因		投资偏差的概念	
掌握	对承包人呈报的资金流估算表进行审核内容和方法	工程量的计量与计算	工程预付款、质量保证金，工程进度款、竣工结算款等支付方法	合同价格调整的条件及其计算方法	工程变更费用的确定原则。新增项目价格调整的原则	索赔的原因、费用组成及其计算方法	投资偏差的分析方法	投资控制措施
能力目标	能分析投资偏差原因及其对总概算的影响，能运用监理工作方法处理工程预付款、工程进度款、结算款、索赔费用等问题							

基本知识学习

施工阶段是建设工程投资（资金）控制的重要阶段之一。在施工过程中，监理工程师除了根据合同规定审核签署工程进度付款证书、预付款支付证书、完工付款证书和最终付款证书外，还要处理可能由于施工现场条件变化、市场条件变化、法规变更、恶劣气候影响、意外风险、合同变更、施工索赔等引起的额外费用支出。为此，监理工程师必须依照合同和国家的法律、法规和方针、政策，做好施工阶段投资控制（资金管理）工作。

5.1　资金使用计划的编制

5.1.1　编制资金使用计划的目的

资金使用计划就是在设计概算的基础上，根据施工合同中承包人的投标报价和投标书中的进度计划，综合考虑由发包人提供或者根据物资采购合同中有关物资供应、材料供应以及土地征用等方面的费用，考虑一定的不可预见影响，在项目分解的基础上，按时间顺序分项目编制的资金使用计划。

编制资金使用计划的目的：一是明确投资控制目标值，合理地确定投资控制目标值，包括投资的总目标值、分目标值、各详细目标值，以便于进行项目投资实际支出值与目标值的比较，找出实际投资值和计划投资值的偏差，使投资控制更具有针对性；二是明确各施工时段的资金需求，作为建设单位筹措资金的依据。

5.1.2　资金使用计划的编制要点

1. 项目分解和项目编码

要编制资金使用计划，首先要进行项目分解。为了在施工过程中便于进行项目的计划投资和实际投资比较，故要求资金使用计划中的项目划分与招标文件中的项目划分一致，然后再分项列出由发包人直接支出的项目，构成资金使用计划项目划分表。

就一个建设项目来说，工作项目的数量巨大。为了便于计划的使用和调整，应编制计算机软件进行管理。为此，必须事先统一确定投资项目的编码系统，编码即指工程项目的号码，必须具有科学性。对建设项目的划分一般情况下都具有层次性，如图5-1所示。由于我国土建工程的工程量计算规则不统一，建设项目的分项编码没有统一格式，编码时可针对具体工程，拟定合适的编码系统，按实际工程的大小采用3级编码系统或4级编码系统。

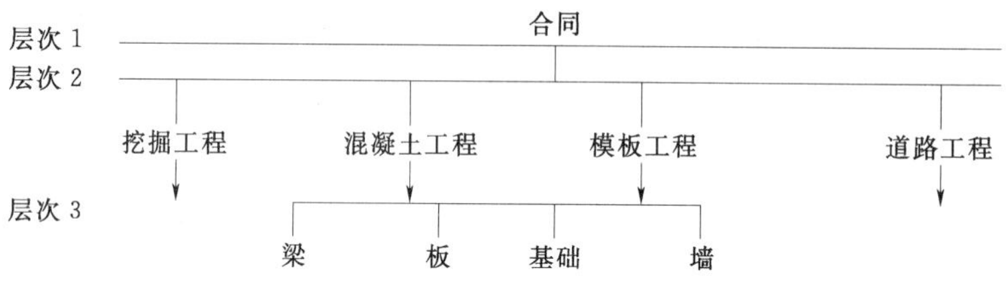

图5-1　建设项目的层次划分

水利项目编码参照建设部工程量计量规则，进行统一编码。采用12位阿拉伯数字表示（由左至右计位）。1～9位为统一编码，其中，1、2位为水利工程顺序码，目前定为12；3、4位为专业工程顺序码，分为建筑、安装工程，建筑为1201，设备安装为1202；5、6位为分类工程顺序码，建筑工程的土方开挖为120101，石方开挖为120102，土石方填筑为120103，…，安装工程的机电设备为120201，金属结构设备为120202。8、9位为分项工程顺序码，场地平整为120101001，一般土方开挖为120101002，…，水轮机设备安装为120201001，水泵—水轮机设备安装为120201002，…，10～12位为清单项目名称顺序码，应根据招标工程的工程量清单项目名称由编制人设置；建筑工程工程量清单项目自001起顺序编制；安装工程工程量清单项目自000起顺序编制。例如，某水利项目一般土方开挖项目A区开挖为120101002001，B区开挖为120101002002；水泵设备安装为120201003000。

2. 按时间进度编制资金使用计划

在项目划分表的基础上，结合承包人的投标报价、项目发包人支出项目的预算、施工进度计划等，逐时段统计需要投入的资金，即可得到项目资金使用计划，形式见表5-1至表5-3。

表5-1　×××工程项目第1标段资金使用计划表　（单位：元）

编码	项目名称	单位	数量	预算支出	时　间　（月）		
							…
⋮	⋮						⋮
	小计						
	预备费						

表5-2　×××工程项目业主直接支出资金使用计划表　（单位：元）

编码	项目名称	单位	数量	预算支出	时　间　（月）		
							…
⋮	⋮						⋮
	小计						
	预备费						

表5-3　×××工程项目资金使用计划总表　（单位：元）

编码	项目名称	单位	数量	预算支出	时　间　（月）		
							…
	Ⅰ标						
	Ⅱ标						
⋮	⋮						⋮
	合计						
	Ⅰ标预备费						
	Ⅰ标预备费						
	⋮						
	总计						

在通常情况下，施工进度计划中的项目划分和投标书中工程量清单中的项目划分在某些项目的细度方面可能不一致，为便于资金使用计划的编制和使用，监理人在要求承包人提交进度计划时应预先进行约定，使进度计划中的项目划分和资金使用计划中的项目划分相互协调。

编制资金使用计划时，要在项目总的方面考虑总的预备费，也要在主要的工程分项中安排适当的不可预见费。如果在编制资金使用计划时发现个别单位工程或工程量表中某项内容的工程量计算出入较大，使根据招标时的工程量估算所作的投资预算失实，除对这些个别项目的预算支出作相应调整外，还应特别注明是“预计超出子项”，在项目的实施过程中尽可能地采取对策措施。

5.1.3 审批承包人呈报的资金流估算表

承包人的资金流估算表是承包人向监理人提交的承包人根据合同有权得到的全部支付的详细资金流估算。按《水利水电工程标准施工招标文件》（2009年版）（以下简称《水利水电工程标准文件》）通用合同条款规定：承包人应在按合同约定向监理人提交施工总进度计划的同时，按合同约定的格式，向监理人提交按月的资金流估算表。估算表应包括承包人计划可从发包人处得到的全部款额，以供发包人参考。此后，当监理人提出要求时，承包人应在监理人指定的期限内提交修订的资金流估算表。

监理人审批承包人的资金流估算，可起到以下作用。

1. 了解承包人按其施工进度安排提出的要求发包人阶段付款的计划

承包人提交资金流估算，并按发包人或监理人的要求加以调整，并得到监理人的签认后，承包人才能有保证地得到发包人的进度款支付。发包人或监理人批准的承包人的资金流估算，既是承包人要求阶段付款的计划，也是发包人调整资金使用计划和筹措资金的依据。

2. 了解承包人的财务能力

施工活动一旦开始就应该是连续不断进行的过程。在施工过程中，承包人利用他所能得到和支配的各种形态的资金，以一定的技术和施工组织方式使其所需资金经常处于不断运动和转变形态的过程中。这种过程就是施工活动的资金运动。

由于发包人实际支付资金比承包人在施工中投入资金滞后一段时间（依合同规定只有完成且认证合格并履行合同规定的程序后，一般为28～56d），承包人为使施工连续进行，除可使用发包人以前已实际支付过的款项（诸如预付款、前期中期付款）外，在初期一般需由其他来源获取补充资金。监理人应该了解承包人在施工中的资金流动过程，避免承包人在某些阶段出现大量资金短缺的风险。

（1）承包人的施工启动资金。

承包人为从事所承担的施工任务，其启动资金的来源主要有以下几个方面：

1）发包人向承包人支付的工程预付款。

2）承包人为实施本工程所投入的自有的各种形态的资金，如机械设备、工具仪器、部分材料、人力、技术及一定量的货币。

3）承包人为弥补自身资金不足而借入的借贷资金。

承包人通过施工启动资金用来进行动员队伍、购买必要的生产资料、建造施工辅助设施等一切施工准备，把货币资金转变为固定资金和生产储备资金，并应保留一部分流通现金。

(2) 承包人资金的周转与平衡。

为保持施工生产的连续、衔接，使再生产过程连续进行，承包人为永久工程投入的资金，采取分阶段结算的方式从发包人处得到支付，以这种阶段付款的方式实现其流动资金的周转、循环，其投入与产出（从发包人得到的支付）应均衡。

承包人对其每一规定时段（如月）内所完成的工程量，都要申请中间计量和付款。从他提出付款申请，经过监理人审核、签认阶段付款证书并交发包人审查直到承包人实际得到发包人支付的资金，其间有一段较长的滞后时间（如水利部颁发的水利水电工程标准文件通用合同条款规定最大滞后时间为 28d。有的具体合同规定为 56d、45d 不等）。在这段滞后时间内，承包人为实施合同的投入得不到发包人的立即补偿，而施工又不能因此而停顿，为保持生产过程的连续、衔接，承包人的资金必须均衡。不仅在数量上承包人的投入和发包人的支付要与施工进度相均衡，而且时间上也要均衡。因此承包人在施工的每一时段的投入，不仅靠发包人的上一期支付，还必须有其他来源的一部分资金投入来维持，使资金运动在数量上和时间上保持均衡。连续、衔接、均衡是施工活动过程中资金运动的基本特点。

承包人的资金流动过程如图 5－2 所示。

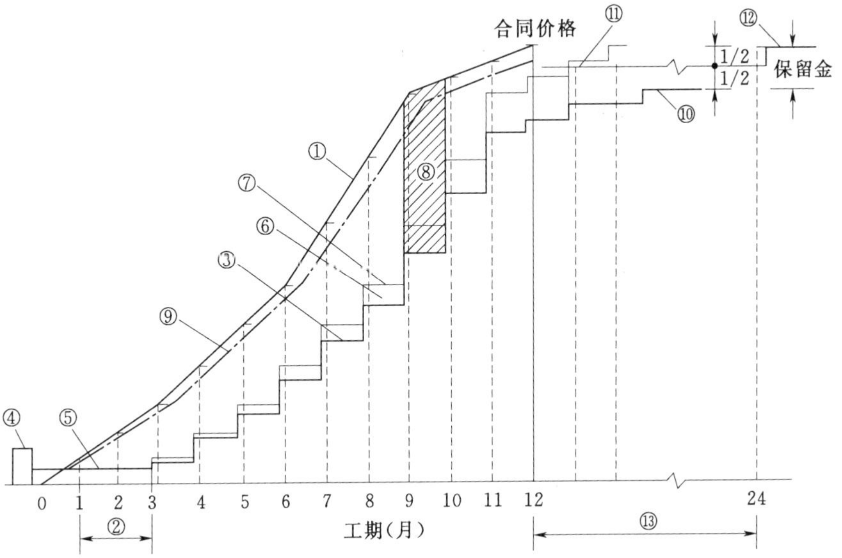

图 5－2 承包人的资金流动过程

在图 5－2 中，①表示经监理人审查批准的工程价值累计曲线；②表示每期阶段付款的最大滞后时间（按水利水电工程标准文件通用合同条款规定为 28d）；③表示发包人的实际支付曲线，也是承包人实际收入曲线，由监理人开具阶段付款证书进行的支付；④表示发包人支付的工程预付款；⑤表示发包人支付的材料预付款；⑥表示在每期阶段付款中扣留保留金及其他应扣款额；⑦表示承包人当期累计进度款收入；⑧表示承包人当期应补充的流动资金需要量；⑨表示承包人实际成本累计曲线；⑩表示最终支付；⑪表示退还保留金余额的一半；⑫表示退还剩余的保留金；⑬表示保修期（缺陷责任期）。

施工过程的资金运动不是资金简单的循环和周转。在施工过程中，资金不仅发生价值形态的变化，而且发生价值量的变化。从成品资金的形态最后转变为货币形态——最终结算和支付，使得承包人达到以下目的：

1）偿还了发包人借给的预付款。

2）补偿了其固定资金损耗。

3）补偿了其流通现金损耗。

4）流动资金形态转变的结果使其支付了职工工资，并偿还了借入资金的本息。

5）从流动资金形态转变中分离出了利润。

5.2 工程计量与计价控制

工程的计量与计价是项目施工阶段投资控制的重要工作，监理人受项目法人委托对施工合同进行管理，要实现施工合同管理目标，控制计量和计价是实现合同目标的重要手段，也是最有效的方式。

5.2.1 工程计量的重要性

在施工过程中，对承包人已完成的工程量的测量和计算，称为工程计量，简称计量。工程计量控制是监理人投资控制的重要内容。符合合同约定且已完成的工程量是应该给予计量的，但不一定就是支付工程量，给承包人进行付款的工程量应是支付工程量，不一定与实际完成的工程量一致。诸如合同规定按设计开挖线支付，承包人为了节省成本而采用的风险开挖，即欠挖；因承包人原因造成的不合理超挖等，其计量的工程量与应该给承包人的支付工程量就可能不一致。因此，支付工程量必须符合合同规定。

《水利水电工程标准文件》通用合同条款规定："已标价工程量清单中的单价子目工程量为估算工程量。结算工程量是承包人实际完成的，并按合同约定的计量方法进行计量的工程量。"所以，工程计量是控制项目投资支出的关键环节，经过监理工程师计量所确定的工程量是向承包人支付相应款项的凭证。

在施工过程中，由于地质、地形条件变化以及设计变更等多方面的影响，招标文件中的名义工程量和施工中的实际工程量很难一致，再加上工期长、影响因素多，因此，在计量工作中，监理人既要做到公正、诚信、科学，又必须使计量审核统计工作在工程一开始就达到系统化、程序化、标准化和制度化。

5.2.2 工程计量原则

计量工作关系到合同双方的利益，在工程计量中，监理人应遵守以下原则。

1. 计量的项目必须是合同中规定的项目

在工程计量中，只计量合同中规定的项目。对合同工程量清单规定以外的项目（如承包人自己规划设计的施工便道、临时栈桥、脚手架以及为施工需要而修建的施工排水泵、河岸护堤、隧洞内避车洞、临时支护等）将不予计量。这些项目的费用被认为在承包人报价中已经考虑，分摊到合同规定的相应项目中了。因此，应计量的项目只包括以下内容：

（1）工程量清单中的全部项目。

（2）已由监理人发出变更指令的工程变更项目。

（3）合同文件中规定应由监理人现场确认的，并已获得监理人批准同意的项目。

2. 计量项目应确属完工或正在施工项目的已完成部分

凡确属完工项目和正在施工项目的已完成部分，监理人方能进行计量和审核确认，计量和审核工作中应注意以下几个方面：

（1）计量方式、标准应严格按照合同文件的技术条款中有关计量与支付的有关规定进行。

（2）申报的已完工程量，其项目和工程部位应与设计图纸要求相符，其计量成果经校核确属准确无误。

（3）申报完成的总价合同项目，其完成数量应与经过现场检查的施工形象面貌相一致。

（4）附加项目的工程量，应该是经监理人现场认可同意，且手续齐备、数量核实无误的项目的工程量。

3. 计量项目的质量应达到合同规定的技术标准

所计量项目的质量合格是工程计量最重要的前提。对于质量不合格的项目，不管承包人以什么理由要求计量，监理人均不予进行计量。例如，对于不合格的项目，承包人以种种理由提出对此暂不要求支付，但希望监理人先予计量。对这种情况，监理人应予以拒绝。

质量检验和计量支付是监理过程中的两个阶段。两个阶段以中间交工证书或质量合格证书为界线：经过监理人检验，工程质量达到合同规定的技术标准后，由监理人签发中间交工证书或质量合格证书，监理工作即由质量检验阶段进入计量支付阶段。在签发中间交工证书或质量合格证书以前，不得对任何项目进行计量。

4. 计量项目的申报资料和验收手续应该齐全

承包人在通知监理人请求计量时，应说明有关资料已准备齐全。一般在申请中间计量的同时，承包人把有关资料提交监理人。资料一般应包括以下内容：

（1）监理人批准的开工申请单，并应附有关的施工准备、实施性施工组织设计等材料。

（2）承包人自检的各种符合合同要求的试验材料。

（3）监理人的各种检验材料和签发的中间交工证书或质量合格认证证书。

（4）测量控制基线、桩位布置图，计量申请的计算资料、质量评定自检表、监理抽检记录。

（5）计量申请表中的工程项目编号、项目名称和工程量的计量单位等（应与合同文件中工程量清单中的相一致）。

（6）承包人申请中间计量的申请表。

对承包人应提交的资料，监理人应按《监理实施细则》的方式加以规定。合同文件中的技术条款中规定了程序、工作内容、质量标准，但对于该项工作完成过程中承包人在每一步应提交哪些表格，应做哪些检测，有的工程项目的技术条款中规定得不一定很细，承包人无所遵循。通过监理实施细则，一方面可以对工程量清单、技术条款中的未尽事宜做必要的补充说明，防止出现争议，又可使计量工作规范化、标准化、程序化。

5. 计量结果必须得到监理人和承包人双方确认

承包人提出中间交验申请，并附有相应的试验结果（自检合格、监理抽检合格、全部试验资料、监理人签署的质量检验认可单），请求监理人予以计量，监理人应派人与承包人一起测量和计算工程量，双方确认。承包人欲对工程任何部位进行计量，他应该事先通知监理人，承包人则应准备好与该部位有关的一切资料，派有关人员与监理人在现场测量和计量，计量结果由双方确认。

6. 计量方法的一致性

在土木工程的设计和施工中，对工程量的计算原则和方法一般都有统一规定。计量方法的一致性，主要指如果在工程量清单中和技术条款中规定采用的是什么计算方法，在测量实际完成的工程量时必须采用同一方法。所采用测量和估算的原则应在工程量清单序言或总说明里或技术条款中加以明确。不管所采用的是哪一种方法，首先是作为计算工程量清单的统一依据；在施工中，该方法既用于在建工程的计量，也用于竣工工程的计量。

5.2.3 计量的内容

在施工阶段所做的计量工作，以合同中的工程量清单为基础。监理人要进行以下计量：

（1）永久工程和设备的计量（包括中间计量和竣工计量）。

（2）承包人为永久工程施工修建的临时工程、辅助设施计量（一般按总价包干）。

（3）对承包人进行额外工作的计量（包括工程量计量和工程量形成因素的计量）。

其中，永久工程的计量采用中间计量方式对承包人进行阶段付款，竣工计量则用于竣工支付。永久工程的计量中，大量的工作是中间计量，其中包括工程变更的计量。对于图纸中有固定几何尺寸的永久工程计量较为简单，往往是把构造物从基础到上部划分为若干部分，每一部分完成后按约定的费用比例进行支付，因此计量也包含了对该部分工程几何尺寸、形状是否符合设计要求的验收性质；竣工计量的总工程量必须按合同规定的方式进行，诸如合同规定按设计的几何尺寸计量时，总的工程量在没有合同变更的情况下，不应超出工程量清单中按设计几何尺寸已经预先正确计算的工程量。例如，混凝土构造物，所有中间计量结果的总和，应符合该构造物混凝土总体积。对于永久工程中虽有几何尺寸要求，但材料性质本身原因决定了其体积会有变化，如土方填筑的建筑物，则应考虑沉降因素和安全超填的余量，或由设计中规定，或根据实际沉降观测结果计量；这类计量往往会发生中间计量的总和与规定的总量不符的情况，如土堤，考虑到施工沉降后在图纸上设计总压实方量为48万m^3，中间计量按分层压实检验、计量，若总共12次阶段付款，由于每次计量都有误差，第11次计量时就已经达到总数48万m^3，而工程尚未结束。这种情况仍应在最后以总量控制。对于虽有几何尺寸要求，但实际条件会发生变化的，如基坑开挖及回填量的增加，则只有据实计量，按合同规定的计价方式计算支付工程量。因此，在合同文件中，应按不同情况，规定相应的计量方法。

对于承包人为永久工程使用而运进现场的材料，如果合同中规定在该项材料被用于永久工程之前业主以材料预付款的形式先预支付一定百分比的材料购入款时，则监理人除了需要对该项材料检验，确认是否符合用于永久工程标准要求外，还应对进入现场材料的数量随时计量。为了支付的需要，还需要对材料的使用量、进场数量的差值随时计算，以确定材料的实际消耗量，复核承包人的工作质量和所完成项目的工程质量，防止承包人偷工减料。

对于承包人所做的额外工作，如用暂定金额支付的项目以及应付意外事件所完成的工作，出于不同的支付计算需要，有的按完成的工程量计算，有的则要计量工程量形成因素，如计日工计量等。

5.2.4　计量工作方式

工程计量工作方式有以下几种。

1. 由承包人在监理人的监督下进行计量

计量具体工作完全由承包人进行，但监理人应对承包人的计量提出具体的要求，包括计量格式、计量记录及有关资料的规定，承包人用于计量设备的精确程度、计量人员的素质等。计量工作在监理人的完全监督下进行。承包人计量完成后，需将计量的结果及有关记录和资料，报送监理人审核，以监理人审核确认的结果作为支付的凭据。

采用这种计量方式，唯一的优点是占用的监理人员较少。但是，由于计量工作全部由承包人进行，监理人只是通过抽测、监督承包人的测量工作、甚至免测加以确认结果，容易使计量失控。因此，采用这种方式的计量，监理人应加强对中间计量的管理，克服由于中间计量不严格对工程最终支付工程量的不利影响，防止工程费用在中间支付工程中超支或给最终的工程结算带来不利影响。

2. 监理人与承包人联合计量

由监理人与承包人分别委派专人组成联合计量小组，共同负责计量工作。当需要对某项工程项目进行计量时，由这个小组商定计量的时间，并做好有关方面的准备，然后到现场共同进行测量和计量，计量后双方签字认可，最后由发包人或监理人的总监审批。有些特殊项目诸如建筑物的原始地形、水下地形、疏浚工程量的计算等在合同中也可以约定由发包人代表、设计代表、监理人、承包人联合进行测量和计算，以确保工程量的计算计量准确。

采用这种计量方式，由于双方在现场共同确认计量结果，与其他计量方式相比，减少了计量与计量结果确认的时间，同时也保证了计量的质量，是目前提倡的计量方式。

5.2.5　计量的方法

工程计量是发包人向承包人支付工程价款的主要依据。监理人应按合同技术条款中有关计量与支付的规定严格执行。

监理人的计量工作，既要做到公正、诚信、科学，又要执行科学的计量方法，使计量工作尽量做到系统化、程序化、标准化和制度化。各个项目的计量方法，一般在技术条款、工程量清单前言中规定，实际计量方法必须与合同文件所规定的计量方法相一致。一般情况下，有以下几种方法：

1. 现场测量

现场测量就是根据现场实际完成的工程情况，按规定的方法进行丈量、测算，最终确定支付工程量。

在每月的计量工作中，对承包人递交的收方资料，除了进行内业复核工作外，还应现场进行测量抽查，抽查数量一般控制在递交剖面的5%～10%。对工程量和投资影响较大的收方资料，抽查量应适当增加，反之可减少。如覆盖层开挖计量，除检查施工面貌外，可适当抽查几个部位，并且采取中间计量的方式进行月计量，最终以开挖面貌或设计开挖线形成后的总量控制。要特别注意土石方开挖和土石方填筑工程量的计量规则，是按实际开挖的面貌还是按设计开挖线计量，应依据合同规定确定。

尤其是土石方开挖工程量的计量，要特别注意土方和石方的计量界线。水利水电工程施工合同技术条款中以施工开挖方法和使用的开挖机械划分土方和石方的计量界线。将无需采用爆破技术进行开挖，而可直接使用手工工具或土方机械开挖的料物定义为“土方”，将需要采用系统钻孔和爆破作业开挖的料物定义为“石方”。并规定使用机械开挖的风化岩石，以及不大于0.7m^3 的孤石或岩块均列为“土方”；体积大于0.7m^3、需用钻爆方法破碎的孤石或岩块均列为“石方”。由于各个工程的规模及其开挖所用的机械不同，土方和石方的计量界线不同。例如，二滩工程以1m^3 坚硬孤石、三峡工程以1.5 m^3 坚硬孤石为界。对于一般大、中型工程施工设备而言，以0.7m^3 的坚硬孤石为界较好。具体计量时一定要依据合同规定确定计量工程量和支付工程量。

2. 按设计图纸计量

按设计图纸计量是指根据施工图对完成的工程量进行计算，以确定支付的工程计量方法。一般对混凝土、砖石砌体、钢木结构等建筑物或构筑物按设计图纸的轮廓线计算工程量。

3. 仪表测量

仪表测量是指通过使用仪表对所完成的工程量进行计量，如项目所使用的风、水、电、油等，特殊项目的混凝土灌浆、泥土灌浆等。

4. 按单据计算

按单据计算是指根据工程实际发生的进货或进场材料、设备的发票、收据等，对所完成工程进行的计量。这些材料和设备须符合合同规定或有关规范的要求，且已应用到项目中。

5. 按监理人批准计量

按监理人批准计量是指在工程实施中，监理人批准确认的工程量直接作为支付工程量，承包人据此进行支付申请工作。这类计量主要是在变更项目中以具体的数量作为计量单位，诸如隧洞支护的锚杆，基础处理的换填，基础的桩基水泥搅拌桩、灌注桩、预应力混凝土桩等。

6. 合同中个别采用包干计价项目的计量

在水电工程施工固定单价合同中，有一些项目由于种种原因，不宜采用单价计价，而采用包干计价，如临建工程、临时房建工程、某些导截流工程、临时支护工程、观测仪器埋设、机电安装工程等。

包干计价项目一般以总价控制、检查项目完成的形象面貌，按均摊法逐月或逐季支付价款。但有的项目也可进行计量控制。其计量方式可按中间计量统计支付。具体情况视合同规定执行。

5.2.6 工程量的计量计算

所有工程项目的工程量的计量计算方法均应符合合同技术条款的规定，本节主要介绍《水利水电工程标准文件》合同技术条款规定的水利工程工程量的计量方法。

1. 重量计量的计算

在水利水电工程中使用的钢材主要包括钢板、钢管、钢筋、钢丝等。按《水利水电工程标准文件》合同技术条款规定，一般按施工图纸所示计算的有效重量以 t 或 kg 为单位计量。凡以重量计量并需称量的材料，由承包人合格的测量人员使用国家计量监督部门检验合格的称量设备，根据合同约定，在监理人指定的地点进行称量。

例如，《水利水电工程标准文件》合同技术条款规定：

(1) 钢筋按施工图纸所示钢筋强度等级、直径和长度计算的有效重量以 t 为单位计量。不计架立筋、搭接、加工及安装过程中损耗附加钢筋量（已包含在单价中）。

(2) 压力钢管（含岔管和伸缩节）及其附件的制造、运输和安装，按施工图纸所示尺寸计算的有效重量以 t 为单位计量。

(3) 钢结构按施工图纸所示尺寸计算的有效重量以 t 为单位计量。

(4) 钢闸门安装工程按施工图纸所示尺寸计算的闸门本体有效重量以 t 为单位计量。

门槽（楣）安装工程按施工图纸所示尺寸计算的有效重量以 t 为单位计量。启闭机安装工程按施工图纸所示启闭机数量以台为单位计量。

(5) 预埋管道（除合同另有约定外）按施工图纸所示尺寸计算有效长度（或重量）以 m（或 t）为单位计量。

(6) 钢筋网（或钢丝网）按施工图纸所示尺寸计算的钢筋（或钢丝）有效重量以 t 为单位计量。

(7) 钢支撑及其附件按施工图纸所示尺寸计算的有效重量以 t 为单位计量。

(8) 帷幕灌浆、固结灌浆的灌浆按设计净干灰耗量计算有效干灰重量以 t 为单位计量。

2. 面积计量的计算

按施工图纸所示施工轮廓尺寸或结构物尺寸计算的有效面积以 m^2 为单位计量。

(1) 场地平整按施工图纸所示场地平整区域计算的有效面积以 m^2 为单位计量。

(2) 回填灌浆、接缝灌浆和接触灌浆按施工图纸所示灌浆区域计算的有效灌浆面积以 m^2 为单位计量。

(3) 劈裂灌浆按施工图纸所示灌浆区域计算的有效灌浆面积以 m^2 为单位计量。

(4) 钢筋混凝土防渗墙、塑性混凝土防渗墙按施工图纸所示尺寸计算的有效截水面积以 m^2 为单位计量。

(5) 高压喷射灌浆防渗墙按施工图纸所示尺寸计算的有效截水面积以 m^2 为单位计量。

3. 体积计量的计算

按施工图纸所示施工轮廓尺寸或结构物尺寸计算的有效体积以 m^3 为单位计量。

(1) 普通混凝土按施工图纸所示尺寸计算的有效体积以 m^3 为单位计量。混凝土有效工程量不扣除设计单位体积小于 $0.1m^3$ 的圆角或斜角，单体占用的空间体积小于 $0.1m^3$ 的钢筋和金属件，单体体积小于 $0.1m^3$ 的孔洞、排水管、预埋件和凹槽等所占的体积，按设计要求对上述孔洞回填的混凝土也不予计量。

(2) 预制混凝土构件的预制和安装，按施工图纸所示尺寸计算的有效体积以 m^3 为单位计量。

(3) 预应力混凝土按施工图纸所示尺寸计算的有效体积以 m^3 为单位计量。

(4) 水下混凝土按施工图纸所示浇筑范围内混凝土灌注前后的水下地形平、剖面图计算水下混凝土的有效体积以 m^3 为单位计量。

(5) 碾压混凝土按施工图纸所示尺寸计算的有效体积以 m^3 为单位计量。

(6) 沥青混凝土面板和沥青混凝土心墙按施工图纸所示尺寸计算的有效砌体体积以 m^3 为单位计量。

(7) 浆砌石、干砌石、混凝土预制块和砖砌体按施工图纸所示尺寸计算的有效体积以 m^3 为单位计量。

(8) 一般土方开挖、淤泥流沙开挖、沟槽开挖和桩坑开挖按施工图纸所示开挖轮廓尺寸计算的有效自然方体积以 m^3 为单位计量。

(9) 塌方清理按施工图纸所示开挖轮廓尺寸计算的有效塌方体积以 m^3 为单位计量。

(10) 石方明挖和石方槽挖按施工图纸所示轮廓尺寸计算的有效自然方体积以 m^3 为单位计量。

(11) 地下洞室开挖按施工图纸所示轮廓尺寸计算的有效自然方体积以 m^3 为单位计量。

4. 长度计量的计算

按施工图纸所示施工轮廓尺寸或结构物尺寸计算的有效长度以 m 为单位计量。

(1) 钻孔按施工图纸所示尺寸计算有效钻孔长度以 m 为单位计量。

(2) 振冲加密或振冲置换成桩按施工图纸所示尺寸计算的有效长度以 m 为单位计量。

所有以延长米计量的结构物，除施工图纸另有规定外，应按平行于结构物位置的纵向轴线或基础方向的长度计算。

5.2.7 特殊情况下的计量

1. 按工程价值形成过程或因素计量

工程量的测量和计算，一般指工程量表中列明的永久工程实物量的计量。但费用控制实施过程中，有时需要对工程价值的形成过程或因素进行计量以决定支付。如承包人为应付意外事件所进行的工作，以及按监理人指令进行的计日工作等。

工程价值形成因素主要有以下几个方面：

(1) 人工消耗（工日数）。

（2）机械台（时）班消耗。

（3）材料消耗。

（4）时间消耗。

（5）其他有关消耗。

根据现场实际且符合合同要求的消耗量，据实进行价款的结算。这类计量监理人一定要做好同期的记录，并且要及时进行认证形成书面文件资料，做到日清周结月汇总。切勿拖延签字认证。监理人对这类的计量资料要存档，以备核查。

2. 赔（补）偿计量

费用控制中遇到较多的赔（补）偿计量是对承包人提出的索赔的计量。

赔（补）偿计量中主要是价值因素的计量，包括有形资源（人工、机械、材料）损失计量和无形资源（时间、效率、空间）损失计量。

其中有形资源损失较易计量，监理人可根据对专项工作连续监测和记录（如监理人员日志、承包人的同期记录等）来计量；时间、空间损失情况较为复杂；承包人的效率损失则可以用双方同意的“效率降低系数”（意外情况下使正常效率降低的程度）来计量。

赔（补）偿计量中直接损失较易计算，而间接损失则需要协商，就损失项目内容及其数量协商达成一致的计量结果。

发包人认定承包人违约而要求向承包人索取的赔偿的计量方法类同。

3. 以区分责任为前提的计量

有些情况的计量是先区分责任，然后对非承包人原因造成的损失部分需要进行计量，而对承包人自身原因造成的费用增加不予计量。

总之，特殊情况下的计量，与对永久工程的实物量计量不同，常常需要将某些难以量化的因素加以分析、论证，适当反映为某种可量化的计量结果（货币金额、工期日数），通过支付方式给予损失方某种补偿或赔偿。监理人的协调以及合同双方的充分协商是解决此类计量必要的方式。

5.2.8 合同规定的计量

《水利水电工程标准文件》通用合同条款有关计量的规定。

1. 计量周期

除专用合同条款另有约定外，单价子目已完成工程量按月计量，总价子目的计量周期按批准的支付分解报告确定。

2. 单价子目的计量

（1）已标价工程量清单中的单价子目工程量为估算工程量。结算工程量是承包人实际完成的，并按合同约定的计量方法进行计量的工程量。

（2）承包人对已完成的工程进行计量，向监理人提交进度付款申请单、已完成工程量报表和有关计量资料。

（3）监理人对承包人提交的工程量报表进行复核，以确定实际完成的工程量。对数量有异议的，可要求承包人按《水利水电工程标准文件》第8.2款约定进行共同复核和抽样复测。承包人应协助监理人进行复核并按监理人要求提供补充计量资料。承包人未按监理人要求参加复核，监理人复核或修正的工程量视为承包人实际完成的工程量。

(4) 监理人认为有必要时，可通知承包人共同进行联合测量、计量，承包人应遵照执行。

(5) 承包人完成工程量清单中每个子目的工程量后，监理人应要求承包人派员共同对每个子目的历次计量报表进行汇总，以核实最终结算工程量。监理人可要求承包人提供补充计量资料，以确定最后一次进度付款的准确工程量。承包人未按监理人要求派员参加的，监理人最终核实的工程量视为承包人完成该子目的准确工程量。

(6) 监理人应在收到承包人提交的工程量报表后的7d内进行复核，监理人未在约定时间内复核的，承包人提交的工程量报表中的工程量视为承包人实际完成的工程量，据此计算工程价款。

3. 总价子目的计量

总价子目的分解和计量按照下述约定进行：

(1) 总价子目的计量和支付应以总价为基础，不因《水利水电工程标准文件》第16.1款中的因素而进行调整。承包人实际完成的工程量，是进行工程目标管理和控制进度支付的依据。

(2) 承包人应按工程量清单的要求对总价子目进行分解，并在签订协议书后的28d内将各子目的总价支付分解表提交监理人审批。分解表应标明其所属子目和分阶段需支付的金额。承包人应按批准的各总价子目支付周期，对已完成的总价子目进行计量，确定分项的应付金额列入进度付款申请单中。

(3) 监理人对承包人提交的上述资料进行复核，以确定分阶段实际完成的工程量和工程形象目标。对其有异议的，可要求承包人按《水利水电工程标准文件》第8.2款约定进行共同复核和抽样复测。

(4) 除按照《水利水电工程标准文件》第15条约定的变更外，总价子目的工程量是承包人用于结算的最终工程量。

5.2.9　计价方式

计价是对已完成的工作量的价款进行计算，是在计量的基础上对符合合同规定的工作，按合同规定的计价方式进行价款计算。合同中对工程的计量与计价都有规定，对项目的计量与计价必须符合合同的规定，监理人没有权力修改合同中不合理的计量和计价条款，但可以建议合同双方修改；对合同中不合法的计量和计价，监理人必须要求合同双方修改，如合同双方不修改合同中不合法条款，监理人有权拒绝签发付款证书。

在水电工程的固定单价合同中，项目的计价一般采用单价计价、包干（总价）计价、计日工计价3种计价支付方式。现主要对单价计价和计日工计价进行介绍。

1. 单价计价方式项目的计价

水利水电工程施工中，大多数项目采用单价计价方式进行工程价款的支付。即对合同工程量清单项目一般按支付工程量乘以合同确定的单价进行确定。

在计价支付中，监理人应注意以下问题：

(1) 工程价值的确定。对于承包人已完项目的价值，应根据工程量清单中的单价与监理人依据合同规定的计量原则、方法进行计量的工程数量来确定，即工程量必须是支付工程量。

按照施工合同条件的规定，工程量清单中的单价，除非工程变更，使其单价也随之改变，合同工程量清单中的单价是不能改变的。因此，工程款项的支付，除非变更项目的单价，不允许采用工程量清单中单价以外的任何价格。即单价必须是合同规定的单价包括工程量清单中的或变更项目的单价。

(2) 没有标价的项目不予支付任何款项。根据合同文件的规定，承包人在投标时，对工程量清单中的每项都应提出报价。因此对于工程量清单中没有填报单价或合价的项目，将被认为该项目的费用已包括在清单的其他单价或合价中。因此，对工程量清单中没有标价的项目一律不予支付任何款项。

2. 计日工费用的计价

关于计日工费用的计价，一般采用下述方法：

(1) 工程量清单中，对采用计日工形式可能涉及不同工种的劳力、材料、设备的价格进行了规定。因此在进行计日工工作时，这些劳力、材料及设备的费用可根据工程量清单中相同项目的单价计取有关费用。

(2) 尽管工程量清单中对一些劳力、材料及设备进行了定价，但进行计日工工作时，往往还有一些劳力、材料及设备在清单中没有定价。对于清单中没有定价的项目，应按实际发生的费用加上合同中规定的费率支付其有关的费用，或合同双方依据合同的有关规定进一步协商确定。

5.3 工程款支付与控制

工程价款的支付是合同双方实现各自目的的最后一个环节，发包人是否能得到一个合格的工程，承包人的工作质量和工程质量是否达到合同规定，工程价款支付关系到施工合同双方的利益，监理人必须而且只能按合同约定进行工程价款的支付。

5.3.1 工程款支付条件

支付控制是监理人投资控制的重要环节。监理人既要熟悉合同中关于计量支付的规定，又要具有严谨、廉洁、公正的工作作风。按照施工合同条件的规定，工程支付必须符合以下条件。

1. 质量合格的工程项目

工程质量达到合同规定的标准，工程项目才予以计量，这是工程支付的必备条件。监理人只对质量合格的工程项目予以支付，对于不合格的项目，要求承包人修复、返工，直至达到合同规定标准后，才予以计量支付，且对承包人原因造成的修复返工费用由承包人自己承担。

2. 变更项目各项手续完善

根据施工合同条件规定，承包人没有得到监理人的变更指示，不得对工程进行任何变更。因此，未经发包人或发包人授权的监理人批准实施的任何工程变更，不管其必要性和合理性如何，在必要的合同手续没有完善前一律不予支付。

3. 符合合同文件的规定

工程的任何一项支付，都必须符合合同文件的规定，这既是为了维护发包人的利益，又是监理人投资控制的权限所在。监理人只有在发包人的授权范围内，在合同约定的暂定金额范围内支付计日工和意外事件，超出发包人的授权和合同规定的暂定金额的数目时，应重新得到发包人的授权和批准。

凡不符合合同规定条件的任何款项均不得支付。

4. 月支付款应大于合同规定的最低支付限额

为减少支付环节的财务费用，鼓励承包人加快施工进度，在有些工程的施工合同条件中规定，承包人每月（或每次）应得到的支付款额（已扣除了保留金和其他应扣款后的款额）不小于合同规定的阶段证书的最低限额时才予以支付。当月不予支付的金额将按月结转，直到批准的付款金额达到或超过最低支付限额时，才予以支付。

5.3.2　工程款支付内容

1. 工程预付款的支付与扣还

在发包人与承包人签订施工合同后，为做好施工准备，承包人需要大量的资金投入。由于工程项目一般投资巨大，承包人往往难以承受。发包人为了使工程顺利推进，除了做好施工现场准备外，以预付款的形式借给承包人一部分资金，主要供承包人做好施工准备并用于工程施工初期各项费用的支出。《水利水电工程标准文件》通用合同条款规定："预付款用于承包人为合同工程施工购置材料、工程设备、施工设备、修建临时设施以及组织施工队伍进场等。分为工程预付款和工程材料预付款。预付款必须专用于合同工程。预付款的额度和预付办法在专用合同条款中约定。"所以，工程预付款是在项目施工合同签订后由发包人按照合同约定，在正式开工前预先支付给承包人的一笔款项。预付款的这种支付性质决定了它是无息的，但要有借有还。

（1）工程预付款数额的确定。

工程预付款的额度一般为合同价的15%左右。具体事宜由发包人与承包人在项目施工合同的专用合同条款中约定。工程预付款的总金额一般应不低于合同价格的10%。发包人提供的预付款数额越大，对承包人的前期资金压力越小。

（2）工程预付款的支付条件。

1）发包人与承包人之间的协议书已签订并生效。

2）承包人根据合同条款，在收到中标通知书后28d内已向发包人提供了履约担保。

3）承包人根据合同的格式与要求已提交了预付款保函（数额等同于工程预付款）。

《水利水电工程标准文件》通用合同条款规定："预付款保函（担保）：①承包人应在收到第一次工程预付款的同时向发包人提交工程预付款担保，担保金额应与第一次工程预付款金额相同。工程预付款担保在第一次工程预付款被发包人扣回前一直有效；②工程材料预付款的担保在专用合同条款中约定；③预付款担保的担保金额可根据预付款扣回的金额相应递减。"

（3）工程预付款的支付。

一般情况下在满足以上条件后，承包人向监理人提出预付款申请，监理人按合同规定进行审核，满足合同规定的预付款支付条件的，监理人应向发包人发出工程预付款支付证书；而发包人应在收到工程预付款支付证书后向承包人支付工程预付款。

工程预付款一般分两次支付，当然也可以分若干次支付，具体分几次支付应在专用合同条款中约定。第一次支付款金额应不低于预付款总金额的40%，一般取40%；付款时间应在合同协议书签订后，由承包人向发包人提交发包人认可的工程预付款担保，并经监理人出具付款证书报送发包人批准后14d内予以支付。第二次支付需待承包人主要设备进入工地后，其估算价值已达到本次预付款金额时，由承包人提出书面申请，经监理人核实后出具付款证书报送发包人批准后14d内予以支付。

（4）工程预付款的扣还。

开工以后，支付的工程预付款要从承包人取得的工程进度款中陆续扣还。《水利水电工程标准文件》通用合同条款规定："预付款在进度付款中扣回，扣回与还清办法在专用合同条款中约定。"一般方式为从已发生的支付总额超出合同价的某一百分比之后的下一个临时支付证书开始扣还。一般扣还的方式为：按阶段付款累计支付额或月支付额（不包括保留金）的一定比例随月支付陆续扣还，并保证到合同期满前的某一时间（一般为合同期满前3个月）之前全部扣完。

工程预付款在合同累计完成金额达到签约合同价的百分比时开始扣款，直至合同累计完成金额达到签约合同价的百分比时全部扣清。工程预付款扣回按式（5-1）计算，即

$$R=\frac{A}{(F_2-F_1)S}(C-F_1S) \tag{5-1}$$

式中，R为每次进度付款中累计扣回的金额；A为工程预付款总金额；S为签约合同价；C为合同累计完成金额；F_1为开始扣款时合同累计完成金额达到签约合同价格的比例；F_2为全部扣清时合同累计完成金额达到签约合同价格的比例。

上述合同累计完成金额均指价格调整前未扣质量保证金的金额。

预付款的支付与扣还方式应在合同中明确地规定下来。《水利水电工程标准文件》通用合同条款规定："在颁发合同工程完工证书前，由于不可抗力或其他原因解除合同时，预付款尚未扣清的，尚未扣清的预付款余额应作为承包人的到期应付款。"

【例5-1】 某工程项目合同价1000万元，工程预付款为合同价的10%，工程开工前由发包人一次付清。工程预付款扣回采用公式

$$R=\frac{A}{(F_2-F_1)S}(C-F_1S)$$

并规定当累计完成工程款金额达到合同价格的20%时开始扣取工程预付款，当累计完成工程款金额达到合同价格的90%时扣完。工程进度款按月支付。工程开工第一个月完成工程款金额150万元，第二个月完成工程款金额200万元，第三个月完成工程款金额200万元，则这3个月月支付中应扣工程预付款分别为多少？

解 （1）计算合同规定的开始扣工程预付款时合同累计完成金额（计算工程预付款起扣点）：

$$F_1S=20\%\times1000=200\text{（万元）}$$

即当累计完成工程款金额200万元时开始扣工程预付款。

（2）计算合同规定的工程预付款全部扣完时合同累计完成的金额：

$$F_2S=90\%\times1000=900\text{（万元）}$$

第一个月完成工程款金额150万元<200万元，本月不扣工程预付款；

第二个月累计完成工程款金额150+200=350万元>200万元，本月应累计扣工程预付款为：

$$R=\frac{1000\times10\%}{(90\%-20\%)\times1000}\times(350-20\%\times1000)=21.43\text{(万元)}$$

本月应扣工程预付款为21.43万元。

第三个月累计完成工程款金额150+200+200=550（万元），本月应累计扣工程预付款为：

$$R=\frac{1000\times10\%}{(90\%-20\%)\times1000}\times(550-20\%\times1000)=50.00\text{(万元)}$$

第三个月应扣工程预付款为：

$$50.00-21.43=28.57\text{（万元）}$$

2. 工程材料预付款的支付与扣还

工程材料预付款主要用于帮助承包人在施工初期购进成为永久工程组成部分的主要工程材料或设施的款项。工程材料预付款的额度应由发包人与承包人在专用合同条款中具体约定。工程材料预付款金额一般可以材料发票上费用的75%～90%为限，以计入进度付款凭证的方式支付，也可预先一次支付。一般来说，工程材料预付款不需承包人提供工程材料预付款保函，但须规定，承包人的进场工程材料必须报监理人检验且符合合同规定，已在施工现场的工程材料，其所有权属于发包人，不经监理人同意，不得擅自运出施工现场。同时支付了工程材料预付款，并不意味对此工程材料和设备的最后批准，如果验收后或在使用过程中发现工程材料或设备不符合规范和合同规定，监理人仍然有权否决这些不合格的工程材料和设备。

（1）材料预付款的支付条件。

1）材料的质量和储存条件均符合有关规范和合同要求。

2）材料已到达工地，并经承包人和监理人共同验点入库。

3）承包人按监理人的要求提交了材料的订货单、收据或价格证明文件、材料质量合格的证明文件或检验报告。

（2）材料预付款的支付和扣回。

材料预付款也是发包人以无息贷款形式，在月支付工程款的同时，专供给承包人的一笔用以购置材料与设备的价款。工程材料预付款的预付办法应由发包人与承包人在专用合同条款中具体约定。例如，双方可约定工程材料到达工地并满足上述条件后，承包人可向监理人提交材料预付款支付申请单，要求支付。监理人审核后，按合同规定的支付比例（一般按实际材料价格的75%～90%计算），在月支付款中支付。

工程材料预付款的扣回与还清也应在专用合同条款中约定。发包人在支付工程材料预付款后应按合同规定的时间（一般为3个月或6个月）内以平均的方式在月支付中陆续扣回。

3. 质量保证金的扣留与退还

质量保证金又称保留金、滞留金或滞付金，按国际惯例，为了确保在施工过程中工程的一些质量缺陷能得到及时的修补，承包人违约造成的发包人的损失能获得及时赔偿，发包人有权在工程进度付款中按工程款的某一百分数扣留一笔款项，这就是质量保证金。质量保证金是发包人持有的一种对施工合同的担保。它是为了促使承包人抓紧工程收尾工作，尽快完成合同任务，确保在工程竣工移交后，在缺陷责任期（工程质量保修期）内承包人仍能履行修补缺陷的义务，且不会因承包人的轻微违约而动用履约担保，对承包人的资信是一种保护。

《水利水电工程标准文件》通用合同条款规定："监理人应从第一个工程进度付款周期开始，在发包人的进度付款中，按专用合同条款的约定扣留质量保证金，直至扣留的质量保证金总额达到专用合同条款约定的金额或比例为止。质量保证金的计算额度不包括预付款的支付与扣回金额。"

随着工程项目的竣工和工程质量保修期满，发包人应退还依据合同约定扣留的质量保证金，一般分两次退还。按《水利水电工程标准文件》通用合同条款的规定，具体方式如下：

（1）合同工程完工证书颁发后 14d 内，发包人将质量保证金总额的一半支付给承包人。在合同约定的缺陷责任期（工程质量保修期）满时，发包人将在 30 个工作日内会同承包人按照合同约定的内容核实承包人是否完成保修责任。如无异议，发包人应当在核实后将剩余的质量保证金支付给承包人。

（2）在合同约定的缺陷责任期（工程质量保修期）满时，承包人没有完成缺陷责任的，发包人有权扣留与未履行责任剩余工作所需金额相应的质量保证金余额，并有权根据合同约定要求延长缺陷责任期（工程质量保修期），直至完成剩余工作为止。

这里注意一个合同项目只有一个工程质量保修责任的终止，无论有几次完工验收，以最后一个完工验收的单位工程满足合同规定的保修期限的时间，作为合同的工程质量保修期限。

需要注意的是监理人在颁发了缺陷责任证书后，若仍发现有工程缺陷，应由承包人维修，剩余的保留金仍可暂不退还。

4. 工程进度付款

工程进度付款是按照工程施工进度分阶段地对承包人支付的一种付款方式，如月结算、分阶段结算或发包人、承包人在合同中约定的其他方式。在施工合同中应明确约定付款周期，《水利水电工程标准文件》通用合同条款规定了付款周期同计量周期。在施工承包合同中，一般规定按月支付。按月结算是在上月结算的基础上，根据当月的合同履行情况进行的结算。这种支付方式公平合理、风险小、便于操作和控制。

（1）工程进度付款程序。

一般来说，工程进度付款可按以下程序进行：

1）承包人向监理人提交进度付款申请单。《水利水电工程标准文件》通用合同条款规定：承包人应在每个付款周期末，按监理人批准的格式和专用合同条款约定的份数，向监理人提交进度付款申请单，并附相应的支持性证明文件。除专用合同条款另有约定外，进度付款申请单应包括下列内容。

a. 截至本次付款周期末已实施工程的价款。

b. 根据第15条应增加和扣减的变更金额。

c. 根据第23条应增加和扣减的索赔金额。

d. 根据第17.2款约定应支付的预付款和扣减的返还预付款。

e. 根据第17.4.1项约定应扣减的质量保证金。

f. 根据合同应增加和扣减的其他金额。

2）监理人对承包人提交的进度付款申请单进行核查。

监理人在收到承包人进度付款申请单以及相应的支持性证明文件后的14d内完成核查，提出发包人到期应支付给承包人的金额以及相应的支持性材料，经发包人审查同意后，由监理人向承包人出具经发包人签认的进度付款证书。监理人有权扣发承包人未能按照合同要求履行任何工作或义务的相应金额。

3）发包人应按合同约定的时间，将进度付款支付给承包人。

发包人应在监理人收到进度付款申请单后的28d内，将进度应付款支付给承包人。发包人不按期支付的，按专用合同条款的约定支付逾期付款违约金。

需要强调的是：按照《水利水电工程标准文件》通用合同条款的规定：①监理人出具进度付款证书，不应视为监理人已同意、批准或接受了承包人完成的该部分工作；②进度付款涉及政府投资资金的，按照国库集中支付等国家相关规定和专用合同条款的约定办理。

（2）工程进度付款的修正。

《水利水电工程标准文件》通用合同条款规定：在对以往历次已签发的进度付款证书进行汇总和复核中发现错、漏或重复的，监理人有权予以修正，承包人也有权提出修正申请。经双方复核同意的修正，应在本次进度付款中支付或扣除。

月支付凭证的形式见表5-4。

表5-4　××工程月支付凭证　（单位：元）

工程或费用名称		本期前累计完成额	本期申请金额	本期末累计完成额	备注
应支付金额	合同单价项目				
	合同合价项目				
	合同新增项目				
	计日工项目				
	索赔项目				
	材料预付款				
	价格调整				
	发包人迟付款利息				
	其他				
应支付金额合计					

续表

工程或费用名称		本期前累计完成额	本期申请金额	本期末累计完成额	备注
应扣除金额	工程预付款				
	材料预付款				
	保留金				
	违约赔偿				
	其他				
应扣除金额合计					
月总支付金额=应支付金额合计－应扣除金额合计					

(3) 工程进度付款的控制。

工程进度付款的费用控制是合同管理中投资控制的基础。总费用是一次次的工程进度付款累计而成的，因此，对每次工程进度付款，监理人都应认真审查、核定、分析，严格把关，尤其应加强下列环节的工作，以便准确判断出具或不出具进度付款证书。

1) 对进度付款申请单中所开列的各工程的价值，必须以质量检验的结果和计量结果为依据，签认的应该是经监理人认可的合格工程及其计量数量。

2) 必须以预定的进度要求为依据。一般以扣除工程质量保证金的金额及其他本期应扣款额后的总额大于合同中规定的最小支付金额为依据，小于这个金额监理人不开具本期支付证书。

3) 承包人运进现场的用于永久工程的材料必须是合格的：有材料出厂（场）证明，有工地抽检试验证明，有经监理人员检验认可的证明。不合格材料不但得不到材料预付款支付，不准使用，而且必须尽快运出现场。如果承包人到时不能将不合格的材料运出，监理人将雇人将其运出，一切费用由该承包人承担。

4) 未经监理人事先批准的计日工，不给予承包人支付。

5) 把好价格调整和索赔关。

5. 竣工结算（完工结算）

关于完工和竣工的含义在现行的验收规范和合同范本中并没有统一，根据目前水利部有关的验收规范和合同范本对完工和竣工的表述，完工验收一般是对某一个合同内容进行的复核、检查，由发包人或发包人委托监理人组织进行，包括规范规定的单元工程完工验收、分部工程完工验收、单位工程完工验收和合同项目的完工验收。竣工验收一般是对一个项目的各个内容进行的复核、检查，由规范规定的验收主持机构组织进行，包括各类项目实施过程中的阶段验收（截流、水库蓄水、机组运行）、单位工程投入使用验收及竣工验收，这类验收在验收规范中规定，是项目投入运行的标志，特别是竣工验收，是任何一个项目必须经过的一个阶段，国家强制性条款规定，没有经过竣工验收的项目，或竣工验收不合格的项目不准投入运行、交付使用。此外合同项目的结算要经过审计，在竣工验收时要完成项目的竣工决算，并完成竣工决算审计。因此，合同项目的完工支付与项目的竣工结算也要有机地结合，特别是一个项目有多个合同标段时，更应该注意各个合同完成时间与竣工验收的时间相协调。以下的讨论仅从合同角度讨论完工支付的要点。

在永久工程完工、验收、移交后，监理人应开具完工支付证书，在发包人与承包人之间进行完工结算。完工支付证书是对发包人以前支付过的所有款额以及承包人按合同有权得到的款额的确认，指出发包人还应支付给承包人或承包人还应支付给发包人的余额，具有结算的性质。因此，完工支付也叫合同项目的竣工结算，简称竣工结算，这里对一个项目只有一个合同来说，完工结算和竣工结算是一样的。但对于一个项目有多个合同时，完工结算和实际的竣工结算是有区别的。

完工支付证书与中期付款证书不同。中期付款证书是以监理审核结果为准的，可以将承包人申请的不合理款项删掉，可以对前一个阶段付款进行修正，也可以将认为质量修复满意了的项目加在下一个阶段付款证书中。阶段付款证书的支付项目与支付金额，按合同规定以及视监理人满意或不满意审核认定。而完工支付证书的结算性质决定了监理人已无后续证书可以修正，因此他必须与承包人在其提出的合同项目竣工报告草稿的基础上协商并达成一致的意见。

完工支付证书必须以所有阶段付款证书为基础，但又必须处理好各种有争议的款项。在支付证书中不再出现未经解决的有争议的款项，如最常见的关于索赔费用的争议。完工支付证书是对监理人费用控制工作的全面总结，要全面清理和准确审核工程全过程发生的实际费用，工作量是较大的。

（1）完工支付的内容。

完工支付的内容包括以下几个方面：

1）确认按照合同规定应支付给承包人的款额。

2）确认发包人以前支付的所有款额。

3）确认发包人还应支付给承包人的余额，发包人以此余额结清。

（2）完工支付的程序。

1）承包人提交完工（竣工）付款申请单。在合同工程完工证书颁发后的规定时间内，承包人应提交完工付款申请单，申请办理完工结算。《水利水电工程标准文件》通用合同条款规定：

a. 承包人应在合同工程完工证书颁发后28d内，按专用合同条款约定的份数向监理人提交完工付款申请单，并提供相关证明材料。完工付款申请单应包括下列内容：完工结算合同总价；发包人已支付承包人的工程价款；应扣留的质量保证金；应支付的完工付款金额。

b. 监理人对完工付款申请单有异议的，有权要求承包人进行修正和提供补充资料。经监理人和承包人协商后，由承包人向监理人提交修正后的完工付款申请单。

竣工报表是完工支付申请的必要支持性材料，承包人必须按有关满足审计要求的格式提交，各项工程量的计算应附有计算简图和计算公式，支付工程量和支付的价款应附有合同依据。

《水利水电工程标准文件》通用合同条款规定：承包人按第17.5款的约定接受了完工付款证书后，应被认为已无权再提出在合同工程完工证书颁发前所发生的任何索赔。

2）监理人核查付款申请并出具完工付款证书。监理人在收到承包人提交的完工付款申请单后的规定时间内完成核查。应对全部支付项目进行核查，防止漏项和重复；对所有工程数量与费用计算进行核查，对所有有争议的项目与计算进一步检验与取证，并与合同双方进一步协商，确定最终处理办法。在此工作基础上，监理人在完工付款申请单上签字并出具完工付款证书报送发包人审核。

按照《水利水电工程标准文件》通用合同条款规定：监理人在收到承包人提交的完工付款申请单后的14d内完成核查，提出发包人到期应支付给承包人的价款送发包人审核并抄送承包人。发包人应在收到后14d内审核完毕，由监理人向承包人出具经发包人签认的完工付款证书。监理人未在约定时间内核查，又未提出具体意见的，视为承包人提交的完工付款申请单已经监理人核查同意；发包人未在约定时间内审核又未提出具体意见的，监理人提出发包人到期应支付给承包人的价款视为已经发包人同意。

3）发包人支付。发包人应在收到监理人出具的完工付款证书后的规定时间内，支付给承包人。若发包人不按期支付，则应按合同规定的办法将逾期付款违约金加付给承包人。《水利水电工程标准文件》通用合同条款规定：发包人应在监理人出具完工付款证书后的14d内，将应支付款支付给承包人。发包人若不按期支付，应按合同的约定，将逾期付款违约金支付给承包人。承包人对发包人签认的完工付款证书有异议的，发包人可出具完工付款申请单中承包人已同意部分的临时付款证书。存在争议的部分，按合同约定的争议解决条款办理。完工付款涉及政府投资资金的，应按合同具体的约定办理。

6. 最终结清（最终支付）

在工程质量保修期（缺陷责任期）终止后，并且发包人或监理人颁发了工程质量保修责任终止证书，施工合同双方可进行工程的最终结算，其程序如下：

（1）承包人提交最终结清申请单。工程质量保修责任期终止证书签发后，承包人应按监理人批准的格式提交最终结清申请单。提交最终结清申请单的份数具体应在合同专用条款中约定。

发包人（或监理人）对最终结清申请单内容有异议的，有权要求承包人进行修正和提供补充资料，由承包人向监理人提交修正后的最终结清申请单。需要注意的是，承包人按合同约定提交的最终结清申请单中，只限于提出合同工程完工证书颁发后发生的索赔。

（2）最终结清证书和支付时间。监理人收到承包人提交的最终结清申请单后的14d内，提出发包人应支付给承包人的价款送发包人审核并抄送承包人。发包人应在收到后14d内审核完毕，由监理人向承包人出具经发包人签认的最终结清证书。监理人未在约定时间内核查，又未提出具体意见的，视为承包人提交的最终结清申请已经监理人核查同意；发包人未在约定时间内审核又未提出具体意见的，监理人提出应支付给承包人的价款视为已经发包人同意。

发包人应在监理人出具最终结清证书后的14d内，将应支付款支付给承包人。发包人不按期支付的，按合同的约定，将逾期付款违约金支付给承包人。

承包人对发包人签认的最终结清证书有异议或最终结清付款涉及政府投资资金的，均应按合同约定办理。

7. 暂列金额（备用金）

（1）暂列金额（备用金）的使用。

在招投标期间，对于没有足够资料可以准确估价的项目和意外事件，可以采取暂列金额的形式在工程量表中列出，可以分列为计日工和意外事件两项，也可以合并在一起。一般情况下发包人在招标时将暂列金额的数额列入工程量清单中。当实际发生需要动用暂列金额的情况或事件时，其实际发生的费用仍需由发包人支付。因此，暂列金额一般由发包人在合同项目招标的工程量清单中列入，或在工程量清单中列出暂列金额为合同项目投标报价的一定比例，使投标人知道合同中有一笔费用，可以在发生合同工作之外的事件时，对所做的工作给予适当的补偿，以减少合同中风险报价的比例，节省工程投资。

一般情况下，暂列金额由监理人按照合同规定，并经发包人或发包人委托监理人审批，在指定的项目或工作中动用。按照《水利水电工程标准文件》通用合同条款规定：暂列金额只能按照监理人的指示使用，并对合同价格进行相应调整。在实际工程中，可能全部或部分地使用，或根本不予动用。暂列金额的动用，应遵守以下几点：

1）暂列金额的使用，必须依据合同规定得到发包人或监理人的事先许可，并应按照监理人的指示，进行暂列金额项目的工作。没有发包人或监理人的事先批准，承包人不能进行暂列金额项目的任何工作。对承包人未经批准而进行的任何暂列金额项目的工作，则不予支付工程款项。

2）经发包人或监理人批准后，按照监理人的意见，承包人所完成的暂列金额项目工作的费用，一般按照实际发生的费用，加上合同中规定的费率支付。因此，承包人应按监理人的要求，提交有关暂列金额项目各类开支的全部报价单、发票、凭单、账目及有关实际施工的原始数据资料，监理人将根据上述资料，按照合同的规定，确认支付金额。

3）如果监理人认为需要增加一笔暂列金额时，他必须事先得到发包人的同意。

（2）计日工支付。

计日工亦称“点工”或“散工”，是指在合同实施的过程中，某些零星的工作在工程量清单（包括单价项目和总价项目）中没有包括，监理人认为这些工作对工程的某些变动有必要，或认为按计日工作制更适宜于承包人开展工作，从而以数量或时间的消耗为基础进行计量与支付的工作。

选用计日工作制的工程项目，常常是在合同规定项目之外的、随时可能发生的、不可预见的工作，并大多属于工程中的辅助性工作，或者说是零星工作。例如，施工中发现了具有考古价值的文物、化石等需要开挖；发现了难以预见的地下障碍等。

在招标文件中，包含有一套零星的计日工表，表中标明了工程设备类型、材料、人工、施工机械设备等预估项目；有的招标文件还给出了这些设备、材料、人工和机械设备的暂估数量，或称名义工程量。投标人对这个表的单价进行填报；有名义工程量还要计算合价和总价。计日工实质上也属于暂列金额的性质，作为一笔预备费，其总价的支付也包含在暂列金额之内。这笔费用的支付与否，同暂列金额。

对于计日工的支付，一般应符合以下规定：

1）以计日工的形式进行的任何工作，必须有监理人的指令，没有监理人的批准，承包人不能以计日工的形式进行任何工作，当然也不能支付任何款项。

2）经监理人批准以计日工的形式进行的工作，承包人在施工过程中，每天应向监理人提交参加该项计日工工作的人员姓名、职业、级别、工作时间和有关的材料、设备清单和使用的消耗量及耗时，同时每月向监理人提交一份关于记载计日工工作所用的劳力、材料、设备价格和数量以及时间消耗的报表，否则承包人无权要求计日工的付款。

关于计日工支付，在《水利水电工程标准文件》通用合同条款规定：发包人认为有必要时，由监理人通知承包人以计日工方式实施变更的零星工作。其价款按列入已标价工程量清单中的计日工计价子目及其单价进行计算。采用计日工计价的任何一项变更工作，应从暂列金额中支付，承包人应在该项变更的实施过程中，每天提交以下报表和有关凭证报送监理人审批。

a. 工作名称、内容和数量。

b. 投入该工作所有人员的姓名、工种、级别和耗用工时。

c. 投入该工作的材料类别和数量。

d. 投入该工作的施工设备型号、台数和耗用台时。

e. 监理人要求提交的其他资料和凭证。

按合同约定，计日工由承包人汇总后，应按合同的约定列入进度付款申请单，由监理人复核并经发包人同意后列入进度付款。由发包人在工程进度付款中一并支付。

5.3.3 合同项目结算

合同项目结算是对合同文件所确定的工作内容依据合同文件的规定进行清算，从合同文件所规定的工作内容是否按约定完全履行，可分为完全履行的合同结算和不完全履行的合同结算。

1. 完全履行的合同结算

完全履行的合同结算主要是对工程量清单项目的结算、变更项目的结算和索赔项目的结算。

(1) 工程量清单项目的结算。

工程量清单项目的结算要依据合同工程量清单各个项目的合同规定，工作范围、单价还是总价，计量计价原则、方法、具体的计价工作内容等，分项分部进行计算。单价项目价款用支付工程量乘以单价；总价项目按合同规定结算。在单价项目的计算中要附有必要的支持性材料，包括每个部位的计算简图、计算公式、计算式，合同规定的支付工程量的规定。总价项目一般按合同清单量支付。

(2) 变更项目的结算。

合同变更项目的结算与工程量清单项目的结算类似，需要注意的变更项目的单价必须经合同双方签字认可后才可以进入结算，过程中的临时单价是不能作为结算单价的。所有变更项目的结算必须附支持性材料，包括变更批复文件、变更指令、变更单价、变更工程量的计量规则、设计签章的图纸和文件，必要时合同双方应签订关于变更项目的补充协议。对变更项目的结算文件可单独装订成册。

(3) 索赔项目的结算。

索赔项目（工作）的结算按最后合同双方对索赔事件的最终一致性意见进行汇总。注意与工程量清单项目和变更项目的计量范围的界定，诸如有些索赔是变更项目引起的，在变更项目中支付工程量已确定，单价按合同规定的单价结算；承包人对该变更项目的单价提出索赔，并经协商最后确定单价进行调整，在索赔计算时要注意，如变更项目已按支付工程量和合同规定的单价结算，索赔计算只计算增加或减少的那部分单价所引起的费用就可以。也可以将变更和索赔统一考虑在索赔项目中结算或在变更项目中结算。

2. 不完全履行的合同结算

合同因非正常结束进行的结算包括合同一方违约引起的合同解除后结算、不可抗力发生引起的合同解除后结算。

解除合同是指在履行合同过程中，由于某些原因而使继续履行合同成为不合适或不可能，从而终止合同的履行。对施工承包合同，有3种情况下的解除合同：承包人违约、发包人违约和不可抗力引起的解除合同。

(1) 承包人违约引起解除合同后的估价、付款和结清。

在施工合同履行过程中，承包人发生合同约定的违约情况时，发包人可通知承包人解除合同，并按合同有关约定处理。

如果承包人发生除合同约定以外的其他违约情况时，监理人可向承包人发出整改通知，要求其在指定的期限内改正。在此情况下，承包人应承担其违约所引起的费用增加和(或)工期延误。经检查证明承包人已采取了有效措施纠正违约行为，具备复工条件的，可由监理人签发复工通知复工。

因承包人违约造成施工合同解除的，监理人应就合同解除前承包人应得到但未支付的工程价款和费用签发付款证书，但应扣除根据施工合同约定应由承包人承担的违约费用。《水利水电工程标准文件》通用合同条款规定：

1) 合同解除后，监理人按合同的约定，商定或确定承包人实际完成工作的价值，以及承包人已提供的材料、施工设备、工程设备和临时工程等的价值。

2) 合同解除后，发包人应暂停对承包人的一切付款，查清各项付款和已扣款金额，包括承包人应支付的违约金。

3) 合同解除后，发包人应按合同的约定向承包人索赔由于解除合同给发包人造成的损失。

4) 合同双方确认上述往来款项后，出具最终结清付款证书，结清全部合同款项。

5) 发包人和承包人未能就解除合同后的结清达成一致而形成争议的，按合同的约定办理。

(2) 发包人违约解除合同后的付款。

发包人发生合同约定的违约情况时，承包人可书面通知发包人解除合同。发包人违约承包人按合同的约定暂停施工28d后，发包人仍不纠正违约行为的，承包人可向发包人发出解除合同通知。但承包人的这一行动不免除发包人承担的违约责任，也不影响承包人根据合同约定享有的索赔权利。

因发包人违约解除合同的，监理人应就合同解除前承包人所应得到但未支付的工程价款和费用签发付款证书。按《水利水电工程标准文件》通用合同条款规定：发包人应在解除合同后28d内向承包人支付下列金额，承包人应在此期限内及时向发包人提交要求支付下列金额的有关资料和凭证：

1) 合同解除日以前所完成工作的价款。

2) 承包人为该工程施工订购并已付款的材料、工程设备和其他物品的金额。发包人付款后，该材料、工程设备和其他物品归发包人所有。

3）承包人为完成工程所发生的，而发包人未支付的金额。

4）承包人撤离施工场地以及遣散承包人的金额。

5）由于解除合同应赔偿的承包人损失。

6）按合同约定在合同解除日前应支付给承包人的其他金额。

发包人应按本项约定支付上述金额并退还质量保证金和履约担保，但有权要求承包人支付应偿还给发包人的各项金额。

因发包人违约而解除合同后，承包人应妥善做好已竣工工程和已购材料、设备的保护和移交工作，按发包人要求将承包人设备和人员撤出施工场地。承包人撤出施工场地应遵守合同的约定，发包人应为承包人撤出提供必要条件。

（3）不可抗力引起解除合同后的结算。

在履行合同过程中，发生不可抗力事件使一方或双方无法继续履行合同时，可解除合同。因不可抗力致使施工合同解除的，监理人应根据施工合同约定，就承包人应得到但未支付的工程价款和费用签发付款证书。

1）不可抗力的确认。不可抗力是指承包人和发包人在订立合同时不可预见，在工程施工过程中不可避免发生并不能克服的自然灾害和社会性突发事件，如地震、海啸、瘟疫、骚乱、暴动、战争和专用合同条款约定的其他情形。

不可抗力发生后，发包人和承包人应及时、认真统计所造成的损失，收集不可抗力造成损失的证据。合同双方对是否属于不可抗力或其损失的意见不一致的，由监理人按合同约定进行商定或确定。发生争议时，按合同的约定办理。

2）不可抗力的通知。合同一方当事人遇到不可抗力事件，使其履行合同义务受到阻碍时，应立即通知合同另一方当事人和监理人，书面说明不可抗力和受阻碍的详细情况，并提供必要的证明。如不可抗力持续发生，合同一方当事人应及时向合同另一方当事人和监理人提交中间报告，说明不可抗力和履行合同受阻的情况，并于不可抗力事件结束后28d内提交最终报告及有关资料。

3）不可抗力后果及其处理。不可抗力造成损害的责任，按《水利水电工程标准文件》通用合同条款规定：除专用合同条款另有约定外，不可抗力导致的人员伤亡、财产损失、费用增加和（或）工期延误等后果，由合同双方按以下原则承担：

a. 永久工程，包括已运至施工场地的材料和工程设备的损害，以及因工程损害造成的第三者人员伤亡和财产损失由发包人承担。

b. 承包人设备的损坏由承包人承担。

c. 发包人和承包人各自承担其人员伤亡和其他财产损失及其相关费用。

d. 承包人的停工损失由承包人承担，但停工期间应监理人要求照管工程和清理、修复工程的金额由发包人承担。

e. 不能按期竣工的，应合理延长工期，承包人不需支付逾期竣工违约金。发包人要求赶工的，承包人应采取赶工措施，赶工费用由发包人承担。

合同一方当事人延迟履行，在延迟履行期间发生不可抗力的，不免除其责任。不可抗力发生后，发包人和承包人均应采取措施尽量避免和减少损失的扩大，任何一方没有采取有效措施导致损失扩大的，应对扩大的损失承担责任。

合同一方当事人因不可抗力不能履行合同的，应当及时通知对方解除合同。合同解除后，承包人应按照合同约定撤离施工场地。已经订货的材料、设备由订货方负责退货或解除订货合同，不能退还的货款和因退货、解除订货合同发生的费用，由发包人承担，因未及时退货造成的损失由责任方承担。合同解除后的付款，由监理人按照合同的约定，与发包人和承包人商定或确定。

5.4 合同价格调整

在施工承包合同中，合同价格的调整是合同管理的重要内容。它涉及合同当事人双方的经济利益，处理不好就会引起合同争端，如不正确处理，会给项目实施带来严重的困难。

5.4.1 引起合同价格调整的原因

合同价格的变化是工程变更、工期调整等一系列变化的反映，因此是一个比较复杂的问题。引起合同价格变化的主要原因有以下几个方面。

1. 工程变更

工程变更引起的合同价格调整可分为两个方面。

（1）工程量变化。

在水利水电土建工程施工承包合同中，工程量的变化引起合同价格的调整，是最为普遍的现象。每一项大中型土建工程，施工期少则几年，多则十几年，在长达数年的施工中，不可难免地会发生工程量的增加或减少，当这一数额超过规定限额时，必然引起合同价格的调整。

工程量的变化一般是由工程变更引起的。此外，由于招标文件中工程量清单所列的工程量是依据设计的深度按图纸计算的，相对于实际工程量来说是一个近似值，在施工过程中经过实测，实际工程量会发生相当大的变化，即使按照工程量清单所列的单价结算，实际合同价格与投标合同价格之间也会有相当大的变化。

（2）新增项目。

水利水电工程施工条件复杂、项目繁多，加之工期长，自然条件复杂，随着施工的进展，做切合实际的工程变更是经常发生的。这样就出现了招标文件规定的工作范围以外的工作项目，这类项目称为新增项目。这些新增项目的实施经常会引起合同价格的调整。这类调整首先是按工程变更项目的单价确定原则处理，在合同总价有大的改变时按上述方式调整。

2. 不利的自然条件（现场条件的变化）

施工过程中发现不利的自然条件或外界障碍时，使现场施工条件较招标文件中所描述的更为困难和恶劣，往往引起工期调整和工程量变化，在多数情况下引起施工单价调整，都会使原合同价格发生变化。

3. 工期调整

工期调整改变了原定的施工进度计划，无论是工期延长，还是工期缩短，或者是加速施工，都会带来施工费用的变化。

根据土建工程承包施工的经验来看，工期调整往往是施工期的延长，而工期延长不仅导致施工费用增加，而且经常需调整单价或总价。

在非承包人原因引起工期延长且发包人又要求按期完工时，承包人只有加速施工，加速施工势必造成费用增加，承包人就会提出加速施工的费用补偿报告。监理人要依据合同规定、原定的施工方案、加速施工的实际施工方案，按修正总费用法，分析增加的费用，确定价格调整的方案，在合同授权范围内，与合同双方协商解决。

4. 物价波动

工程所在国的物价波动是经济社会发展的一种普遍现象。物价上涨引起物资、建筑材料及人工劳务价格的增长，往往使工程成本大量增加。

5. 后续立法变更

在施工承包合同履行过程中，如果国家的法律、法规或国务院有关部门的规章和工程所在地的省（自治区、直辖市）的地方法规和规章发生变更，导致承包人在实施合同期间所需的工程费用增加时，承包人有权得到补偿。《水利水电工程标准文件》通用合同条款对法律变化引起的价格调整作了明确规定："在基准日后，因法律变化导致承包人在合同履行中所需要的工程费用发生除第 16.1 款约定以外的增减时，监理人应根据法律、国家或省、自治区、直辖市有关部门的规定，按第 3.5 款商定或确定需调整的合同价款。"

这条规定使承包人免除了由于法律、法规变化带来的经济损失。严格地讲，凡是后续立法变化带给承包人的计划外开支，都应得到补偿。

6. 发包人风险及特殊风险

在发生发包人风险或特殊风险时，由此给承包人造成的经济损失应予以补偿，监理人应按合同规定的风险分配原则，对非承包人的风险造成的施工成本的增加，应与合同双方协商，对合同外的额外成本通过追加合同价格来给承包人合理补偿。

5.4.2 物价变化引起的合同价的调整

建设项目的建设周期一般都比较长，在此期间，根据市场经济的特点，在项目招标时应该认真考虑物价上涨风险的承担问题，并且将物价上涨的风险，写入合同文件中。

要公正、合理地处理好物价上涨的风险问题，必须认真掌握影响价格变化的主要因素，以便在工程招标时，能够正确评价承包人的投标报价，以及在工程结算时，能够严格、合理地控制费用的结算。通常引起价格变化的主要因素有以下几个方面：

（1）由于人工劳务费用和材料设备费用的上涨，引起价格的变化。

（2）由于动力、燃料费用等的价格上涨，引起价格的变化。

（3）由于国家或省（自治区、直辖市）政策、法令的改变，引起工程费用的上涨。

（4）由于外币汇率的变化引起价格的变化。

（5）由于运输费的价格变化引起施工费用变化。

一般情况下，施工期限在一年左右的建设项目，以及实行总价合同的建设项目，通常都不考虑价格调整的问题，也就是说劳务、设备及材料等的价格以签订合同时的单价和总价为准，物价上涨的风险全部由承包人来承担。因此，承包人在投标报价时，应根据现实情况和自己的经验，把物价上涨因素考虑进去。施工期限超过一年的建设项目，在合同中要明确物价波动后合同价格调整的方式和方法，使投标人知道因物价波动不会使其承担大的风险，从而合理地规避物价波动的风险，降低投标报价。

物价波动对合同价格调整常采用两种方法，即调价公式法和文件凭据法。调价公式法适用于社会经济信息健全，物价波动时有专业的机构发布物价波动的信息记录，包括材料、劳务、设备等。对没有物价信息记录或一些突发事件造成的物价波动，诸如立法的变更，只有采用文件凭据法进行调整了。

1. 调价公式法

（1）调价公式的基本形式。

调价公式法的基础是采用物价指数来调整合同价格，其最简单的原理就是使合同价格的增加比例与施工成本指数增加的比例相同。通常在调价公式中选用一些主要变化因素，来代替合同价格的各个部分，用完成工作时的指数值除以编标时的指数值而得的比例，代表合同价格超过投标价格的比例。

世界银行推荐的调价基本公式为

$$P = P_0 \frac{I}{I_0} \tag{5-2}$$

式中，P 为调整的价格；P_0 为按接受投标时的价格标准要付给承包人的标价（即合同支付价格）；I 为成本或价格的现行物价指数；I_0 为编标（或投标）时的物价指数。

为了反映出建设项目的合同价格中，有些费用是相对比较稳定、变化不大的，也就是说不存在太大的风险，如合同价格中的利润和总部管理费等，这些费用不应参加调价。为此，世界银行项目在调价公式中，引入非调整因子，以保持这一部分合同价格不变，通常这部分比例为10%～20%。具体方法是在调价公式中增加一个只有加权系数而没有调价指数的子项来表示。

另外，为了反映出建设项目中，各项费用分别占合同价格的比例，需要确定各项相应工程内容的权重系数，以及这些工程内容各自的物价指数，世界银行项目给出非调整因子—多指数调价公式。公式中以 MLE 分别代表所使用的材料、劳动力和设备的物价指数，其公式为

$$P = P_0\left(a + \sum_{i=1}^{n} b_i \frac{MLE_i}{MLE_{i0}}\right) \tag{5-3}$$

式中，P 为调整后的价格；P_0 为按接受投标时的价格标准要付给承包人的标价（即合同支付价格）；MLE_i 为建设项目的材料或劳动力或设备现行物价指数；MLE_{i0} 为建设项目编标（或投标）时的材料或劳动力或设备物价指数；n 为合同中需要进行调整材料、劳动力、设备的个数，也称可变因子的个数；b_i 为合同中第 i 个调整因子（可变因子）的权重系数；a 为合同中不需要调整的（非调整因子）权重系数，为10%～20%。

式（5-3）中各项因素的加权系数常常在招标文件中固定下来，无论谁中标均不再变化，且 $a + \sum_{i=1}^{n} b_i = 1.00$。

《水利水电工程标准文件》通用合同条款规定：由于物价波动原因引起合同价格需要调整的，其价格调整方式在专用合同条款款中约定。

1）采用价格指数调整价格差额。

a. 价格调整公式。因人工、材料和设备等价格波动影响合同价格时，根据投标函附录中的价格指数和权重表约定的数据，按以下价格调整公式计算差额并调整合同价格，即

$$\Delta P = P_0\left[A + \left(B_1\frac{F_{t1}}{F_{01}} + B_2\frac{F_{t2}}{F_{02}} + B_3\frac{F_{t3}}{F_{03}} + \cdots + B_n\frac{F_{tn}}{F_{0n}}\right) - 1\right] \tag{5-4}$$

式中，ΔP 为需调整的价格差额；P_0 为第 17.3.3 项、第 17.5.2 项和第 17.6.2 项约定的付款证书中承包人应得到的已完成工程量的金额，此项金额应不包括价格调整、不计质量保证金的扣留和支付、预付款的支付和扣回。第 15 条约定的变更及其他金额已按现行价格计价的，也不计在内；A 为定值权重（即不调部分的权重）；B_1、B_2、B_3、…、B_n 为各可调因子的变值权重（即可调部分的权重）为各可调因子在投标函投标总报价中所占的比例；F_{t1}、F_{t2}、F_{t3}、…、F_{tn}为各可调因子的现行价格指数，指第 17.3.3 项、第 17.5.2 项和第 17.6.2 项约定的付款证书相关周期最后一天的前 42d 的各可调因子的价格指数；F_{01}、F_{02}、F_{03}、…、F_{0n} 为各可调因子的基本价格指数，指基准日期的各可调因子的价格指数。

以上价格调整公式中的各可调因子、定值和变值权重，以及基本价格指数及其来源在投标函附录价格指数和权重表中约定。价格指数应首先采用有关部门提供的价格指数，缺乏上述价格指数时，可采用有关部门提供的价格代替。

b. 暂时确定调整差额。在计算调整差额时得不到现行价格指数的，《水利水电工程标准文件》通用合同条款规定：可暂用上一次价格指数计算，并在以后的付款中再按实际价格指数进行调整。

c. 权重的调整。在权重的调整方面，《水利水电工程标准施工招标文件〈通用合同条款〉》（2009 年版）规定：按合同约定的变更导致原定合同中的权重不合理时，由监理人与承包人和发包人协商后进行调整。

d. 承包人工期延误后的价格调整。承包人工期延误后的价格调整，《水利水电工程标准文件》通用合同条款规定：由于承包人原因未在约定的工期内竣工的，则对原约定竣工日期后继续施工的工程，在使用式（5-4）价格调整公式时，应采用原约定竣工日期与实际竣工日期的两个价格指数中较低的一个作为现行价格指数。

2）采用造价信息调整价格差额。《水利水电工程标准文件》通用合同条款规定：

施工期内，因人工、材料、设备和机械台班价格波动影响合同价格时，人工、机械使用费按照国家或省（自治区、直辖市）建设行政管理部门、行业建设管理部门或其授权的工程造价管理机构发布的人工成本信息、机械台班单价或机械使用费系数进行调整；需要进行价格调整的材料，其单价和采购数应由监理人复核，监理人确认需调整的材料单价及数量，作为调整工程合同价格差额的依据。

工程造价信息的来源以及价格调整的项目和系数在专用合同条款中约定。

【例 5-2】 某工程项目合同规定，因人工、材料等价格波动影响合同价时，采用公式

$$\Delta P = P_0\left[A + \left(B_1\frac{F_{t1}}{F_{01}} + B_2\frac{F_{t2}}{F_{02}} + B_3\frac{F_{t3}}{F_{03}} + \cdots + B_n\frac{F_{tn}}{F_{0n}}\right) - 1\right]$$

计算差额，调整合同价格。规定定值权重 $A=0.2$，可调值因子有人工费、钢材和水泥，其变值权重分别为0.4、0.3和0.1。各可调值因子的基本价格指数是人工费100、钢材150、水泥120。工程进展到某月结算时，该月完成合同金额100万元，无其他应扣或应支付款额，各可调值因子的现行价格指数是人工费120、钢材165、水泥150，则按合同规定该月应调整的价格差额为

$$\Delta P = 100 \times \left[0.2 + \left(0.4 \times \frac{120}{100} + 0.3 \times \frac{165}{150} + 0.1 \times \frac{150}{120}\right) - 1\right] = 13.5(\text{万元})$$

（2）调价公式法调价的基本工作程序。

调价公式法价格调整的计算工作比较复杂，其程序如下：

1）确定计算物价指数的品种。一般来说，品种不宜太多，只确立那些对项目投资影响较大的因素，如设备、水泥、钢材、木材和工资等，这样便于计算。

2）要明确以下两个问题。一是合同价格条款中，应写明经双方商定的调整因素，在签订合同时要写明考核几种物价波动到何种程度才进行调整。一般都在±10%内。也有的合同规定，在应调金额不超过合同原始价的5%时，由承包人自己承担；在5%～20%时承包人负担10%，发包人（业主）负担90%；超过20%时，则必须另签附加条款。二是考核的地点和时点；地点一般指工程所在地，或指定的某地市场价格；时点指的是某月某日的市场价格。这里要确定两个时点价格，即签订合同时某个时点的市场价格（基础价格）和每次支付前的一定时间（通常是支付前10天或若干天）的时点价格。

3）确定每个可调品种的系数和固定系数，可调品种的系数要根据该品种价格对总造价的影响程度而定。各品种系数之和加上固定系数必须等于1。

在实行国际性招标的大型合同中，监理人应负责按下述步骤编制调价公式：

a. 分析施工中必需的投入，并决定选用一个公式，还是选用几个公式。

b. 估计各项投入占工程总成本的相对比例，以及国内投入和国外投入的分配，并决定对国内成本与国外成本是否分别采用单独的公式。

c. 选择能代表主要投入的物价指数。

d. 确定合同价中固定部分和不同投入因素的物价指数的变化范围。

e. 规定公式的应用范围和用法。

f. 如有必要，规定外汇汇率的调整。

2. 文件凭据法

在一些发展中国家，有时难以得到官方的确实可靠的物价指数，则无法利用调价公式；有时这些国家劳务工资和材料价格均由政府明令规定。在这种情况下，合同价格可以根据实际的证明文件来调价，如根据材料、设备等的发票收据来调价等。

在使用文件凭据法调价时要注意以下问题：

（1）价格调整的范围和基准。采用文件证据法调价首先要仔细研究和明确合同文件中规定的价格调整的范围、哪些项要调、哪些项不调和采用何种方法调。在水电工程实施中，价格调整涉及的范围很广，包括下列各方面：

1）材料。水电工程建设中使用的材料除钢材、木材、水泥、油料、水工材料、粉煤灰等大宗材料外，还有更多种类的建筑材料、电工器材。每种材料又有不同的品种和规格，其种类可多逾千种。

2）劳务。包括不同工种、不同等级的劳务费用。

3）税及费。需要交纳的税款包括关税、营业税、地方附加税、企业所得税、个人所得税、个人收入调节税、车辆牌照税、印花税等。

费用有海关检验费、进口手续费、口岸管理费、车辆购置附加费、注册登记费，养路费等。

4）运输费。包括海运、空运、公路、铁路、内河航运的运费及各种附加费用。

5）通信和邮政费。包括国内外邮政及电信费用，如电话、电报、传真、函件、包裹、网络通信等。

6）施工用电。

7）其他。还有医疗费、零配件、杂项开支等。

以上涉及的各方面费用在施工期间价格都可能发生变化，在市场经济的条件下，对合同价格采用固定价格，涨价风险都由承包人承担显然是不合理的，也是不可行的。但是如果采用文件证据法，对施工中所有发生的费用都允许调价，也是不合理的，并且也是不可行的。因为价格涉及范围太广，仅上千种不同品种和规格的材料要一笔一笔核实价差和数量，其管理的工作量已是非常繁重，往往使管理单位不堪重负，直接影响对现场施工的管理和监督。所以，一般在招标文件中都限定调价的范围，医疗费、零配件、杂项开支等都不予调价，对材料价格的调整也明确限定在主要的几个材料种类中，其他材料涨价的风险由投标人承担或打入投标报价中。

对于可调的项目，必须明确调价的基准点，即补差的基本价格或原始价格，以及用以计算税费的文件公布日期，材料价格一般均在招标文件或投标文件中开列基本价格，同时招标文件还规定以开标前 28d 的立法状况或价格水平作为投标报价的依据，以此作为进行价格调整的基准。

（2）价差和补差数量的审核和计算方法。文件证据法调价的基本公式为

$$\Delta M=(M-M_0)Q \tag{5-5}$$

式中，ΔM 为应补偿差价；M 为现行价格；M_0 为合同文件中规定的投标基本价格；Q 为合同文件中规定允许补差的数量。

M_0 可以在招标文件中规定，投标人以此为基本价格报价，投标人也可以在投标文件中列出，经业主认可作为调价的基本价格。M 为现行价格，由于市场条件复杂，采购的地点和厂家不一，所以同一种产品可能现行价格差别很大，因此对承包人提交的发票应认真审核。为了对承包人的采购进行有效的监督，防止承包人串通供货商抬高采购价格，从业主处多得到补偿，有的业主设立了物资和材料价格中心，承包人在进行采购时，其采购价格事先要得到价格中心的认可才予以补偿。

对于应补价差的最终计算结果来说，对补差材料、物资数量的审核同样极为重要。不能认为承包人采购的所有材料或物资都要补差。因为用于工程不同部位的材料和物资数量的精确计算是很困难的，同时承包人采购数量中还包含着损耗和浪费。另外，由于市场现行价格和合同基本价格之间的差价有时很大，这个差价是由发包人来承担的，这就必须防止有的承包人或者雇员见有利可图，增加采购数额，转手倒卖，从中牟利，从而损害发包人和国家的利益。因此，通常要在合同文件中规定只对用于主体工程，并以图纸或其他容

易核实的方法计量的材料或物资才予以价格补差。

5.5　工程变更费用管理

在土建工程承包施工中，工程变更可能是最普遍的问题。因为每一项土建工程，或多或少地不免出现一些工程变更问题，如设计变更、施工进度计划或施工顺序调整、施工技术规程标准变更、实际工程量与招标文件中工程量清单所列工程量的增减超过一定比例，由于施工现场条件变化而使施工的工作项目超出了合同指明的工程范围等。由于工程变更所引起的工程量的变化、承包人索赔等，都有可能使项目实际投资超出原来的计划投资，因此，监理工程师要妥善处理工程变更问题，有效地控制变更项目的费用。

5.5.1　工程变更费用的确定原则

无论何种原因引起的工程变更，都可能导致工程费用和施工进度的变化。监理人一旦签发了工程变更令，就意味着对工程设计和原项目合同内容进行变更。如果导致这种变更的原因是由承包人自身原因引起的，则合同变更引起的工程费用变化，应由承包人负责；如果合同变更是由业主或监理人提出的，或其他原因造成了工程费用变化或承包人的损失，则应由业主承担，延误的工期应相应顺延。

工程变更单价的确定是监理人审核工程变更的重要内容，水利部颁布的水利土建工程施工合同条件规定变更单价应遵循以下原则：

《水利水电工程标准文件》通用合同条款规定了变更的估价原则，即除专用合同条款另有约定外，因变更引起的价格调整按照本款约定处理。

（1）已标价工程量清单中有适用于变更工作的子目的，采用该子目的单价。

（2）已标价工程量清单中无适用于变更工作的子目，但有类似子目的，可在合理范围内参照类似子目的单价，由监理人按合同约定与合同当事人商定或确定变更工作的单价。

（3）已标价工程量清单中无适用或类似子目的单价，可按照成本加利润的原则，由监理人按合同约定与合同当事人商定或确定变更工作的单价。

一般情况下，监理人依据发包人授权并按照合同约定对任何事项进行商定或确定时，总监理工程师应与合同当事人协商，尽量达成一致。不能达成一致的，总监理工程师应认真研究后审慎确定。总监理工程师应将商定或确定的事项通知合同当事人，并附详细依据。对总监理工程师的确定有异议的，构成争议，按照合同争议条款处理。在争议解决前，双方应暂按总监理工程师的确定执行，按照合同争议条款对总监理工程师的确定作出修改的，按修改后的结果执行。

监理人在审核变更项目的单价时要注意以下原则：

（1）变更项目的单价要与合同中的单价水平相协调，在没有特殊的且具体的施工方案为依据的情况下，不要过分地高于或低于合同中的单价水平。

（2）变更是施工合同的变更，监理人只能以合同第三方的角色，以合同规定为依据，协调合同双方就变更项目的单价达成一致。

（3）有些合同条件尽管赋予监理人确定变更单价的权力，监理人在行使这个权力时必须依据合同规定，且从咨询者的角度，公正地行使这个权力。尽量避免给合同双方履行合同带来不利影响。

5.5.2 新增项目的费用控制

1. 新增项目产生的原因

新增项目从性质上讲，也属于工程变更。一个建设项目的建设，需要完成的工程内容是广泛的，要完成的工程量是巨大的，特别是水利水电工程项目，自然条件、地形、地质条件多种多样，施工工期较长，工程量大，涉及面广，施工条件复杂，随着施工进展，逐步被揭露的地质情况和其他情况的变化，将会与原招标设计的依据发生差异，这在工程实践中是很难避免的。常见的产生新增项目的原因有以下几种：

(1) 工程地质条件发生较大差异，从而产生合同外项目。由于工程地质条件复杂，随着施工进展，不断被揭露的地质情况，与原设计文件中的地质条件有较大差异，必须进行修改，否则将造成工程量过度增加，投资费用加大，施工工期延长。在这种情况下，发包人或监理人根据工程整体利益的需要，往往提出设计修改，从而产生新增项目。

(2) 由于施工条件复杂和施工中种种难以预料的因素出现，造成对原设计的局部修改而产生新增项目。水利水电工程的施工条件都是比较复杂的，工程施工往往受许多外界客观条件限制，如遇到公路、铁路交通线和历史文物、古迹等，施工过程中，还可能遇到一些事先难以预料的因素，如塌方、超标洪水等，都可能造成对原设计的局部修改，从而产生合同外项目。

(3) 由于招标时合同文件中工程量清单不够全面，造成工程项目漏项，而导致出现新增项目。水利水电工程项目的施工部位和分项都相当繁多，招标文件是根据招标设计，在施工详图设计之前编制的，很容易出现工程量不够准确或者出现遗漏现象。随着施工详图的不断提供和施工的不断深入进行，将会发现问题，导致新增项目的产生。

(4) 由于设计单位不断地对工程设计进行优化，而导致产生新增项目。在水利水电工程中，在我国具体情况下，随着施工的进展，设计单位不断地发现原设计方案或内容的不合理性，从而不断提出设计优化问题，造成设计变更，从而产生新增项目。

(5) 发包人或监理人为保证工程进度，使工程按期完工投产，而调整合同内容产生新增项目。

(6) 由于国家或地方的政策、法规等的变化，而导致出现新增项目。

2. 新增项目的价格调整原则

在工程变更的各种形式中，新增工程的现象最为普遍。监理人在下达的工程变更指令中，经常要求承包人实施某种新增工程。这些新增工程中，可能包括各种不同的规模和范围，其工程量也可能相差悬殊。因此，在承包工程施工合同管理工作中，应该对新增工程有严格的、在合同概念上的区分，并采取不同的处理办法。经验证明，对新增工程了解不够，往往导致合同管理上的模糊或混乱，形成合同纠纷。

从合同含义上分析，新增工程应按其工程范围划分为附加工程和额外工程两种；属于工程项目合同范围的新增工程，称为附加工程，超出工程项目合同范围以外但仍对项目功能有利的新增工程，称为额外工程。

（1）附加工程。附加工程是指建成合同项目必不可少的工程。如果缺少了这些工程，该合同项目便不能发挥合同预期的作用。因此，只要是该工程项目必需的工程，都属于附加工程，无论是该工程项目合同文件中的工程量清单中是否列出该项工作，只要监理人发出工程变更指令，承包人应遵照执行。因为它在合同意义上属于合同范围以内的工作。

对附加工程，其价格调整原则和本节上述介绍的调价原则是一致的。

（2）额外工程。额外工程是指工程项目合同文件中“工程范围”未包括的工作。缺少这些额外工程，原订合同的工程项目仍然可以运行，并发挥效益。所以，额外工程是一个“新增的工程项目”，而不是原合同项目的一个新的“工作项目”。因此，对于一项额外工程，应签订新的承包合同或补充协议，独立地议定合同价。

但是，在承包实践中，发包人往往想使已签合同的工程项目扩大规模，发挥更大的经济效益。他常常以下达新增工程的变更指令方式要求承包人完成某些额外工程。例如，要求将原合同规定的10层楼房建筑物改成11层的。有些额外工程，则是由于不利的现场条件导致的。在这种情况下，承包人如果愿意接受新增额外工程的实施时，他可以同业主协商，采用适当的合同程序，继续完成这些额外工程。在合同程序上，通常有两种方式。

1）签订新合同协议书，议定新的合同价。合同文件的主要内容，可沿用原来的合同条件。

2）将额外工程作为原合同工程范围内的一项新增工程，由监理人发出工程变更指令，双方协商确定施工单价或合同总价，由承包人按照原来的合同条件完成施工。

5.6 索赔费用管理

索赔是工程承包中经常发生的事。在工程承包合同履行中，由于施工现场条件的变化、国家政策及法律法规的变更、合同的缺陷、设计变更等诸多因素的影响，使得工程承包合同履行中不可避免地出现索赔，进而导致项目的投资发生变化。因此，索赔费用管理是工程建设施工阶段投资控制的一项重要工作。

5.6.1 承包人向发包人的索赔

1. 可以索赔的费用

从理论上讲，确定承包人可以索赔什么费用及索赔多少，有两条主要原则：

（1）所发生的费用应该是承包人履行合同所必需的，即如果没有该费用支出，就无法合理履行合同，无法使工程达到合同要求。

（2）给予补偿后，应该使承包人处于与假定未发生索赔事项情况下的同等有利或不利地位（承包人自己在投标中所确立的地位），即承包人不因索赔事项的发生而额外受益或额外受损。

从索赔发生的原因来看，承包人索赔可以简单分为损失索赔和额外工作索赔，前者主要是由发包人违约或监理人工作失误引起的；后者主要是由合同变更、第三方违约、非承包人承担的风险事件引起的。按照一般的法律原则，对损失索赔，发包人应当给予赔偿损失，包括实际损失和可得利益（又称所失利益）。实际损失是指承包人多支出的额外成本。

可得利益是指如果发包人不违反合同，承包人本应取得的，但因发包人违约而丧失了的利益。对额外工程索赔，发包人应以原合同中的适用价格为基础，或者以监理人依据合同变更价格确定的原则，与合同当事人双方协商确定的合理价格给予付款。

计算损失索赔和额外工程索赔的主要区别是：前者的计算基础是成本，而后者的计算基础是价格（包括直接成本、管理费和利润）。计算损失索赔要求比较一下假定无违约成本和实际有违约成本（不一定是承包人投标成本或实际发生成本，应是合理成本），对两者之差给予补偿，与各工程项目的价格毫不相干，原则上不得包括额外成本的相应利润（除非承包人原合理预期利润的实现已经因此受到影响——这种情况只有当违约引起整个工程的延迟或完工前的合同解除时才会发生）。计算额外工程索赔则允许包括额外工作的相应利润，甚至在该工程可以顺利列入承包人的工作计划、不会引起总工期延长，从而事实上承包人并未遭受到损失时也是如此。

索赔仅仅是承包人要求对实际损失或额外费用给予补偿。承包人究竟可以就哪些损失提出索赔，这取决于合同规定和有关适用法律。无论损失的金额有多大，也无论是什么原因引起的，合同规定都是决定这种损失是否可以得到补偿的最重要的依据。

无论对承包人还是监理人（发包人），根据合同和有关法律规定，事先列出一个将来可能索赔的损失项目的清单，这是索赔管理中的一种良好做法，可以帮助防止遗漏或多列某些损失项目。下面这个清单列举了常见的损失项目（并非全部），可供参考。

（1）人工费。

人工费在工程费用中所占的比例较大，人工费的索赔也是施工索赔中数额最多者之一，一般包括以下项目：

1）额外劳动力雇佣。

2）劳动效率降低。

3）人员闲置。

4）加班工作。

5）人员人身保险和各种社会保险支出。

（2）材料费。

材料费的索赔关键在于确定由于发包人方面修改工程内容，而使工程材料增加的数量，这个增加的数量，一般可通过原来材料的数量与实际使用的材料数量的比较来确定。材料费一般包括以下项目：

1）额外材料使用。

2）材料破损估价。

3）材料涨价。

4）材料保管、运输费用。

（3）设备费。

设备费是除人工费外的又一大项索赔内容，通常包括以下项目：

1）额外设备使用。

2）设备使用时间延长。

3）设备闲置。

4）设备折旧和修理费分摊。

5）设备租赁实际费用增加。

6）设备保险增加。

（4）低值易耗品。

低值易耗品一般包括以下项目：

1）额外低值易耗品使用。

2）小型工具。

3）仓库保管成本。

（5）现场管理费。

现场管理费一般包括以下几项：

1）工期延长期的现场管理费。

2）办公设施。

3）办公用品。

4）临时供热、供水及照明。

5）人员保险。

6）额外管理人员雇佣。

7）管理人员工作时间延长。

8）工资和有关福利待遇的提高。

（6）总部管理费。

总部管理费一般包括以下几项：

1）合同期间的总部管理费超支。

2）延长期中的总部管理费。

（7）融资成本。

融资成本一般包括以下几项：

1）贷款利息。

2）自有资金利息。

（8）额外担保费用。

（9）利润损失。

2. 不允许索赔的费用

一般情况下，下列费用是不允许索赔的。

（1）承包人的索赔准备费用。

毫无疑问，对每一项索赔，从预测索赔机会，保持原始记录、提交索赔意向通知、提交索赔账单、进行成本和时间分析，到提交正式索赔报告、进行索赔谈判，直至达成索赔处理协议，承包人都需要花费大量的精力进行认真、细致的准备工作。有时，这个索赔的准备和处理过程还会比较长，而且发包人也可能提出许多这样那样的问题，承包人可能需要聘请专门的索赔专家来进行索赔的咨询工作。所以，索赔准备费用可能是承包人的一项不小的开支。但是，除非合同另有规定，通常都不允许承包人对这种费用进行索赔。从理论上说，索赔准备费用是作为现场管理费的一个组成部分得到补偿的。

(2) 工程保险费用。

由于工程保险费用是按照工程(合同)的最终价值计算和收取的，如果合同变更和索赔的金额较大，就会造成承包人保险费用的增加。与索赔准备费用一样，这种保险费用也是作为现场管理费的一个组成部分得到补偿的，不允许单独索赔。当然，也有的合同会把工程保险费用作为一个单独的工作项目在工程量表中列出。在这种情况下，它就不包括在现场管理费中，可以单独索赔。

(3) 因合同变更或索赔事项引起的工程计划调整、分包合同修改等费用。

这类费用也是包括在现场管理费中得到补偿的，不允许单独索赔。

(4) 因承包人的不适当行为而扩大的损失。

如果发生了有关索赔事项，承包人应及时采取适当措施防止损失的扩大，如果没有及时采取措施而导致损失扩大的，承包人无权就扩大的损失要求赔偿。承包人负有采取措施减少损失的义务，这是一般的法律和合同的基本要求。这种措施可能包括保护未完工程、合理及时地重新采购器材、及时取消订货单、重新分配施工力量(人员、材料和设备)等。例如，某单位工程暂时停工时，承包人也许可以将该工程的施工力量调往其他工作项目。如果承包人能够做到而没有做，则他就不能对因此而闲置的人员和设备的费用进行索赔。当然，承包人可以要求发包人对其“采取这种减少损失措施”本身产生的费用给予补偿。

(5) 索赔金额在索赔处理期间的利息。

索赔的处理总是有一个过程的，有时甚至是一个比较长的过程。一般合同中对索赔的处理时间没有严格的限制，但监理人作为一公正的合同实施监督者，应该在合理的时间内作出处理，不得有意拖延。在一般情况下，不允许对索赔额计算处理期间的利息，除非有证据证明发包人或监理人恶意地拖延了对索赔的处理。除了上述索赔处理期间的利息外，还有从索赔事项的发生至承包人提出索赔期间的利息问题，以及如果对监理人的处理决定发生争议，并提交了仲裁后这一期间的利息问题。实际工作中，对这 4 个阶段的利息是否可以索赔，是发包人(监理人)和承包人之间非常容易发生分歧的领域，要根据适用法律和仲裁规则等来确定。

3. 承包人索赔的提出

《水利水电工程标准条件》通用合同条款规定：根据合同约定，承包人认为有权得到追加付款和(或)延长工期的，应按以下程序向发包人提出索赔。

(1) 承包人应在知道或应当知道索赔事件发生后 28d 内，向监理人递交索赔意向通知书，并说明发生索赔事件的事由。承包人未在前述 28d 内发出索赔意向通知书的，丧失要求追加付款和(或)延长工期的权利。

(2) 承包人应在发出索赔意向通知书后 28d 内，向监理人正式递交索赔通知书。索赔通知书应详细说明索赔理由以及要求追加的付款金额和(或)延长的工期，并附必要的记录和证明材料。

(3) 索赔事件具有连续影响的，承包人应按合理时间间隔继续递交延续索赔通知，说明连续影响的实际情况和记录，列出累计的追加付款金额和(或)工期延长天数。

(4) 在索赔事件影响结束后的 28d 内，承包人应向监理人递交最终索赔通知书，说明最终要求索赔的追加付款金额和延长的工期，并附必要的记录和证明材料。

4. 承包人提出索赔的期限

（1）承包人按合同约定接受了完工付款证书后，应被认为已无权再提出在合同工程完工证书颁发前所发生的任何索赔。

（2）承包人按合同约定提交的最终结清申请单中，只限于提出合同工程完工证书颁发后发生的索赔。提出索赔的期限自接受最终结清证书时终止。

5. 承包人索赔处理程序

（1）监理人收到承包人提交的索赔通知书后，应及时审查索赔通知书的内容，查验承包人的记录和证明材料，必要时监理人可要求承包人提交全部原始记录副本。

（2）监理人应按合同规定商定或确定追加的付款和（或）延长的工期，并在收到上述索赔通知书或有关索赔的进一步证明材料后的42d内，将索赔处理结果答复承包人。

（3）承包人接受索赔处理结果的，发包人应在作出索赔处理结果答复后28d内完成赔付。承包人不接受索赔处理结果的，按合同争议解决的约定办理。

5.6.2 发包人向承包人的索赔

由于承包人不履行或不完全履行合同约定的义务，或由于承包人的行为使发包人受到损失时，发包人可以向承包人提出索赔。一般常见的索赔有以下几种。

1. 工程拖期索赔

土建工程的施工原定计划进度及完工日期拖后，可能影响到发包人对该工程的投产计划，给发包人带来经济损失时，按照国际工程标准合同条款的规定，发包人有权对承包人进行索赔“拖期损失赔偿费”。

土建工程施工进度滞后是常见的现象。关于拖期的原因，应进行具体分析，以确定责任属于合同哪一方承担，这是进行工程拖期索赔或反索赔的前提。如果工程拖期的责任在承包人一方，则发包人有权向承包人提出工程拖期索赔。如果工程拖期的责任在发包人一方，如未按规定时间提供施工场地、指令完成大量的附加工程或额外工程、对施工进展人为干扰和发包人违约等，则承包人有权向发包人提出工程拖期索赔。如果工程拖期是由于客观原因引起，不是承包人的责任，如天灾、工人罢工、工程所在地政局动荡等，则发包人不仅不能向承包人提出工程拖期索赔，反而承包人有提出工期补偿的权力。

至于拖期损失赔偿的计价方法，在各个工程项目的合同文件中均有具体规定。一般规定，每拖期完工一天，应赔偿一定款额的损失赔偿费；拖期损失赔偿费的总额，一般不能超过该工程项目合同价格的一定比例（通常为10%）。

2. 施工缺陷索赔

施工合同条件一般都规定，如果承包人施工质量不符合施工技术条款的规定，或使用的设备和材料不符合合同规定，或者在保修期满以前未完成应进行修补的工程时，发包人有权向承包人追究责任，要求补偿发包人所受的经济损失。如果承包人在规定的期限内仍未完成修补缺陷工作，发包人有权雇佣他人来完成工作，发生的费用由承包人承担。

3. 承包人不履行的保险费用索赔

如果承包人未能按照合同条款指定的项目投保，并保证保险有效，发包人可以投保并保证保险有效，发包人所支付的必要的保险费可在应付给承包人的款项中扣回。

4. 对指定分包商的付款索赔

在工程承包人未能提供已向指定分包商付款的合理证明时，发包人可以直接按照监理人的证明书，将承包人未付给指定分包商的所有款项（扣除保留金）付给这个分包商，并从应付给承包人的任何款项中如数扣回。

5. 发包人合理终止合同或承包人不正当地放弃工程的索赔

如果发包人合理地终止承包人的承包，或者承包人不合理地放弃工程，则发包人有权从承包人手中收回由新的承包人完成工程所需的工程款与原合同未付部分的差额。

6. 其他损失索赔

(1) 承包人运送自己的施工设备和材料时，损坏了沿途公共的公路或桥梁。

(2) 承包人的建筑材料或设备不符合合同要求而要重复检验时，所带来的检测费用开支。

(3) 由于承包人的原因造成工程拖期时，在超出计划工期的拖期时段内的监理人服务费用，发包人要求由承包人承担。

《水利水电工程标准条件》通用合同条款对发包人的索赔作了以下规定：

(1) 发生索赔事件后，监理人应及时书面通知承包人，详细说明发包人有权得到的索赔金额和（或）延长缺陷责任期的细节和依据。发包人提出索赔的期限和要求与承包人提出索赔的期限相同，延长缺陷责任期的通知应在缺陷责任期届满前发出。

(2) 监理人按合同条款商定或确定发包人从承包人处得到赔付的金额和（或）缺陷责任期的延长期。承包人应付给发包人的金额可从拟支付给承包人的合同价款中扣除，或由承包人以其他方式支付给发包人。

(3) 承包人对监理人按（1）项发出的索赔书面通知内容持异议时，应在收到书面通知后的14d内，将持有异议的书面报告及其证明材料提交监理人。监理人应在收到承包人书面报告后的14d内，将异议的处理意见通知承包人，并按（2）项的约定执行赔付。若承包人不接受监理人的索赔处理意见，可按本合同争议的解决规定办理。

5.6.3 索赔费用的计算

索赔款额的计算方法很多，每个工程项目的索赔款计算方法也往往视具体情况而有所不同。但是，索赔款额的计算方法通常都沿用几种通用的原则。

1. 总费用法

总费用法即总成本法。它是在发生多次索赔事件以后，重新计算该工程的实际总费用，实际总费用减去投标报价时的估算总费用，即为索赔金额，即

索赔金额＝实际总费用－投标报价估算费用

对这种计算原则，不少人持批评态度。因为实际发生的总费用中，可能包括了由于承包人的原因（如组织不善、工效太低，或材料浪费等）而增加了费用；同时，投标报价时的估算费用却因竞争得标而过低。因此，按照总费用法计算索赔款，往往遇到较多困难。

虽然如此，总费用法仍然在一定的条件下被采用，在国际工程施工索赔中保留着它的地位。这是因为，对于某些特定的索赔事项，要精确地计算出索赔款额是很困难的，有时

甚至是不可能的。在这种情况下，逐项核实已开支的实际总费用，取消其不合理部分，然后减去投标时的估算费用，仍可以比较合理地进行索赔支付。

概括地说，采用总费用法时，一般要有以下条件：

(1) 由于该项索赔在施工时的特殊性质，难以或不可能精确地计算出损失款额。

(2) 承包人的该项报价估算费用是比较合理的。

(3) 已开支的实际总费用经过逐项审核，认为是比较合理的。

(4) 承包人对已发生的费用增加没有责任。

2. 修正总费用法

修正总费用法是对总费用法进行了相应的修改和调整，使其更合理。其修正事项主要包括以下内容：

(1) 计算索赔款的时段仅局限于受到外界影响的时期，而不是整个施工工期。

(2) 只计算受影响时段内某项工作所受影响的损失，而不是计算该时段内所有施工工作所受的损失。

(3) 在所影响时段内的受影响的某项施工中，使用的人工、设备、材料等资源均有可靠的记录资料，如监理人的监理日志、承包人的施工日志等现场施工记录。

(4) 与该项工作无关的费用，不列入总费用中。

(5) 对投标报价时估算费用重新进行核算；按受影响时段期间该项工作的实际单价进行计算，乘以实际完成的该项工作的工程量，得出调整后的报价费用。

根据上述调整、修正后的总费用基本上准确地反映出实际增加的费用，作为给承包人补偿的款额。

据此，按修正后的总费用法支付索赔金额的公式为

索赔金额＝某项工作调整后的实际总费用－该项工作调整前报价费用

3. 实际费用法

实际费用法亦称实际成本法。它是以承包人为某项索赔工作所支付的实际开支为根据，分别分析计算索赔值的方法，故亦称分项法。

实际费用法是承包人以索赔事项的施工引起的附加开支为基础，加上应付的间接费和利润，向业主提出索赔款的数额。其特点如下：

(1) 它比总费用法复杂，处理起来困难。

(2) 它反映实际情况，比较合理、科学。

(3) 它为索赔报告的进一步分析评价、审核，双方责任的划分，双方谈判和最终解决提供方便。

(4) 应用面广，人们在逻辑上容易接受。

因此，实际费用法能客观地反映承包人的费用损失，为取得经济补偿提供可靠的依据，被国际工程界广泛采用。实际费用法计算索赔的依据是实际的成本记录或单据，包括工资单、工时记录、设备运转记录、材料消耗记录、工程进展表、工程量表、开支发票等一系列实际支出证据，系统地反映某项工作在施工过程中受非承包人责任的外界原因（如工程变更、不利的自然条件、发包人拖延或违约等）所引起的附加开支。

但由于利益的驱动，这种依靠诚信且较为科学的方法，在实际索赔工作中遇到了难以

克服的障碍，即索赔所依据的基础数据的真实性。介于该方法的局限性，实际应用较多的方法是修正总费用法。

这里有一个实际索赔及处理的案例，以方便理解对索赔费用的分析。

现场条件改变致使承包人营地变更后的索赔及处理意见。

某国际承包工程的合同条件为FIDIC土木工程施工合同条件，承包人进场后营地出现位置变更，根据合同文件招标图纸的规定，原营地位于Y营地，因Y营地未能按期提交，经协商变更后的营地位于C营地。营地的变更是以发包人提出口头建议，承包人采纳建议并向工程师提出书面申请，工程师批准的方式解决的。承包人在提出营地变更使用申请时，未附加任何条件。在变更实施后的第10个月，提出索赔，就C营地建设中拆除原建筑物、土方开挖和回填提出了人民币377445.23元的索赔额，未提供任何支持材料。

工程师收到承包人的索赔报告后，回函澄清了发包人提供两块场地供承包人选择的原因，承包人是无条件的自愿选择C营地，此外，承包商未按合同规定提出索赔意向。因此，工程师不支持承包商对C营地的索赔。

又一个月后，承包人第二次发文坚持C营地索赔，承包人表示：投标时的报价是依据Y营地进行报价的，使用C营地增加了费用，这些费用没有包括在投标报价内；承包人之所以没有及时提出索赔通知，是由于承包人要将所有资料收集齐全后才能通知工程师并提交索赔金额的总量。

工程师再次收到这个事件的索赔报告后，进一步回函，认为获得补偿的前提是有损失的事实依据；要求承包人按合同规定提交索赔临时报告和最终报告，出具索赔证明材料，并抄送发包人。

又3个月后，承包商第三次提交了C营地索赔附加费用的详细报告，要求补偿人民币1043866.62元。承包商提交了费用计算说明，未提供相关的财务资料。承包商计算补偿费用为

补偿金额＝建设C营地的实际开支－投标时的初始报价－不应由发包人承担的费用

承包人对以上费用的计算是基于总费用法提出的索赔。

工程师进一步回函对该索赔提出处理意见，由于营地位置变更，才引起承包商建设C营地的费用超出了初始预见费。承包人有得到费用补偿的权利。鉴于承包人在寻求该项索赔时未能遵守合同有关条款的规定，工程师可根据合同条款的规定，按承包人提交的材料和工程师的同期记录处理该索赔。

营地的建设费用包括在合同文件工程量清单“进场与退场费”中。“进场与退场费”属总价包干项目，在合同文件中有该项目的单价分析。应工程师的要求，承包人提交了工程量清单中总价包干项目的分解，其中承包商建设营地的初始预见费为人民币3275192元。

承包人因营地变更损失的费用包括使用砖场后因平整场地、土方开挖等出现的附加费用，冬季建设C营地的赶工费用及出现质量问题后的修复费用等。这些费用除了由于场地变更引起的场地平整、土方开挖等直接费应由发包人予以补偿外，其他费用由承包人自己承担。承包人的该项索赔也仅就使用砖场后因平整场地、土方开挖等出现的附加费用提出补偿要求，但采用的是实际建设费用减去初始预见费的办法。工程师认为这种计算方法不

可取，因为即便不更换场地，实际建设费用也不可能等同于初始预见费用，因为其他问题均可能导致实际建设费用的增减。工程师是根据两块场地的地形，估算出增减的工程量，按工程师确定的单价进行补偿额的计算，不考虑承包人扩大临建工程的费用。经工程师计算可补偿的费用为41.7万元。

另外在给予承包人应补偿的费用时，对于承包商使用C营地后减少支出的部分费用应予扣回。扣回的费用包括承包人距各工作面的距离缩短，减少了施工期的交通费用、车辆维修费用，承包人使用C营地从原建筑物拆除的石料作为建筑物的基础，及减少了建筑物的基础投资等费用。经工程师计算应扣回的费用为7.2万元。

综上所述，对承包人关于C营地索赔发包人应给予承包人补偿金额为34.5万元。

以上索赔监理人在处理时应用修正总费用法，对实际的消耗按合同的责任界定，剔除承包人的自身原因增加的费用和变更项目的实施给承包人带来的利益。这种分析法既克服了实际费用法对基础资料要求的苛刻，又克服了总费用法的含糊不清。

5.7　投资偏差分析

在确定了投资控制目标后，为了有效地进行投资控制，监理人就必须定期地进行投资计划值与实际值的比较，当发现实际值偏离计划值时，应分析产生偏差的原因，采取适当的纠偏措施，以使投资超额量尽可能小。

5.7.1　投资偏差的概念

在投资控制中，把投资的实际值与计划值的差值称为投资偏差，即

$$\text{投资偏差}=\text{已完工程实际投资}-\text{已完工程计划投资} \tag{5-6}$$

结果为正表示投资超支；结果为负表示投资节约。但是，必须特别指出，进度偏差对投资偏差分析的结果有重要影响，如果不加考虑就不能正确反映投资偏差的实际情况。比如，某一阶段的投资超支，可能是由于进度超前导致的，所以，必须引入进度偏差的概念，即

$$\text{进度偏差}=\text{已完工程实际时间}-\text{已完工程计划时间} \tag{5-7}$$

为了与投资偏差联系起来，进度偏差也可表示为

$$\text{进度偏差}=\text{工程计划投资}-\text{已完工程计划投资} \tag{5-8}$$

工程计划投资，是指根据进度计划安排在某一确定时间内所应完成的工程内容的计划投资，即

$$\text{工程计划投资}=\text{计划工程量}\times\text{计划单价} \tag{5-9}$$

$$\text{已完工程计划投资}=\text{已完工程量}\times\text{计划单价} \tag{5-10}$$

进度偏差结果为正值，表示工期拖后；进度偏差结果为负值，表示工期提前。但是，用上述公式来表示进度偏差，其思路是可以接受的，但表达并不十分严格。在实际应用时，为了便于工期调整，还需将用投资差额表示的进度偏差转换为所需要的时间。

另外，在进行投资偏差分析时，还要考虑以下几组投资偏差参数：

1. *局部偏差和累计偏差*

局部偏差有两层含义：一个含义是对于整个项目而言，指各单项工程、单位工程及分部分项工程的投资偏差；另一含义是对于整个项目已经实施的时间而言，是指每一控制周期所发生的投资偏差。累计偏差是一个动态的概念，其数值总是与具体的时间联系在一起，第一个累计偏差在数值上等于局部偏差，最终的累计偏差就是整个项目的投资偏差。

局部偏差的引入，可使项目投资管理人员清楚地了解偏差发生的时间、所在的单项工程，这有利于分析其发生的原因。而累计偏差所涉及的工程内容较多、范围较大，且原因也较复杂，因而累计偏差分析必须以局部偏差分析为基础。从另一方面来看，因为累计偏差分析是建立在对局部偏差进行综合分析的基础上，所以其结果更能显示出代表性和规律性，对投资控制工作具有指导作用。

2. *绝对偏差和相对偏差*

绝对偏差是指投资实际值与计划值比较所得到的差额，绝对偏差的结果很直观，有助于投资管理人员了解项目投资出现偏差的绝对数额，并依此采取一定措施，制定或调整投资支付计划和资金筹措计划。但是，绝对偏差有其不容忽视的局限性。如同样是 1 万元的投资偏差，对于总投资 10 万元的项目和总投资 1000 万元的项目而言，其影响显然是不同的。

5.7.2 投资偏差的分析方法

投资偏差分析可以采用不同的方法，常用的方法有横道图法、表格法和投资曲线法。这里主要介绍投资曲线法（赢值法）。

投资曲线法是用投资累计曲线来进行投资偏差分析的一种方法，如图 5-3 所示。

其中，曲线 a 代表投资实际值，曲线 p 代表投资计划值，两条曲线之间的竖向距离表示投资偏差。

投资实际值曲线在投资计划值曲线上方，表明实际投资已超过计划投资，在某一时刻的差值就是增加的投资数额；反之就是节约的投资数额。

用投资曲线来进行投资偏差分析的步骤如下：

(1) 先绘制工程计划投资（计划工程量×计划单价）曲线图 p。

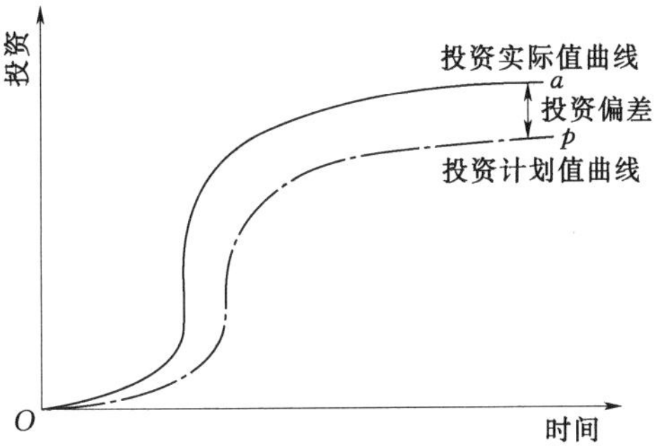

图 5-3 投资计划值与实际值曲线

(2) 在工程计划投资曲线图上，绘制已完工程实际投资（已完工程量×实际单价）曲

线 a 和已完工程计划投资（已完工程量×计划单价）曲线 c。

（3）利用投资曲线分析投资偏差和进度偏差，分析方法如图 5-4 所示。

随着项目计划的实施，在加强施工监督和必要的施工检测的同时，收集和掌握实施中各种现场实际信息，经整理统计，就可在绘有计划控制曲线的进度与费用控制图上，对应绘制实际进度与费用支出曲线，如图 5-4 所示。根据计划完成的各项作业的计划费用支出（计划工作量×计划单价），绘制计划费用曲线 p。其次根据实际完成或部分完成的各项作业的原计划费用支出（完成工作量×计划单价），绘制已完工和部分完工作业的计划费用曲线 c。再次根据实际完成或部分完成的各项作业的实际费用支出（完成工作量×实际单价），绘制已完工和部分完工作业的实际支出费用曲线 a。

从图 5-4 上进行对比分析可以看出，随着工程的开展，a、c 曲线不断延伸。如果 c、p、a3 条曲线彼此接近或重合，则说明工程按计划进行。实际上，这 3 条曲线通常是会发生偏离的。当工程进展到某一时刻时，a、p 两曲线发生了纵向偏离，其差值说明该项工程实已超支。c、p 两曲线的横向偏离说明实际完成计划工作量的时间比计划推迟了。应指出的是，这种推迟并不一定说明工程拖期。如果是横道图，要查出这种推迟是否会影响总工期，是比较麻烦的。若采用网络计划技术，只要检查出关键作业按计划进行，或者非关键作业未超越允许的浮动时间，则说明这种推迟不会影响总工期。如果检查结果说明工程进度与费用已偏离计划，就应分析并找出产生费用超支和工程拖期的原因。

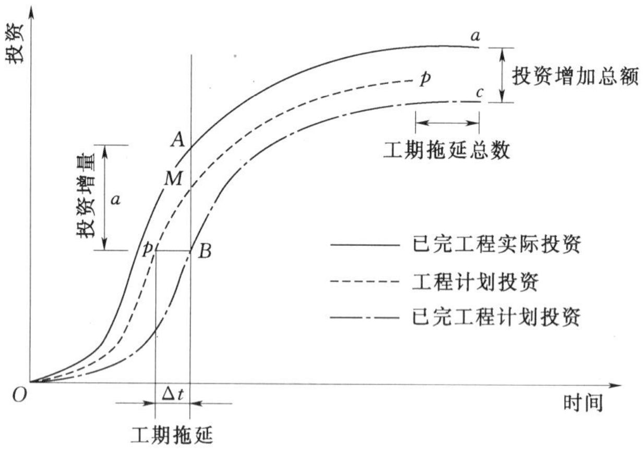

图 5-4　用 3 条投资曲线进行投资偏差和进度偏差分析

1. 偏差原因分析

偏差分析的一个重要目的就是要找出引起偏差的原因，从而采取有针对性的措施进行纠偏，以实现投资的动态控制。

一般情况下，产生投资偏差的原因有以下几种：

（1）物价上涨。包括人工、材料、设备涨价和利率、汇率变化等。

（2）设计原因。包括设计错误、设计漏项、设计标准变化等。

（3）发包人原因。包括增加项目内容、未及时提供施工场地、组织管理不当、投资规划不当等。

（4）施工原因。包括施工方案不当、赶进度、工期拖延等。

(5) 客观原因。包括社会因素、自然因素、地质条件、法规变化等。

2. 提出对未完工程进度与费用的改进措施

如果检查结果说明工程进度与费用已偏离计划，就应分析并找出产生费用超支和工程拖期的原因。查清造成工程拖期和费用超支的原因，就要对已开工的未完作业和未开工的作业重新研究降低费用和加速进度的措施。例如，采取提高工效或加大施工力量或改变施工方法等措施来压缩后续作业的工期，提高工效与机械效率，减少材料损耗，节约管理费及其间接费开支，确定新的计划参数，修改未完工程的进度计划。

【例5-3】 某工程计划投资与实际投资见表5-5，试计算第8个月末的投资偏差和进度偏差。

表5-5　某工程计划投资与实际投资　（单位：万元）

项目		投资额								
工作名称 \ 月份		1	2	3	4	5	6	7	8	9
A	计划投资	430	430							
	实际投资	495	452							
B	计划投资	450	450							
	实际投资	518	473							
C	计划投资			180	180	180				
	实际投资			198	207	198				
D	计划投资			250	250	250	250			
	实际投资			275	264	275	275			
E	计划投资			260	260					
	实际投资			286	299					
F	计划投资							310	310	
	实际投资							341	372	
G	计划投资							100		
	实际投资							100		
H	计划投资					120	120	120		
	实际投资						198	198	216	137

解　根据表5-5所给数据计算下列数据：

(1) 计算每月工程计划投资。

从表5-5可知：

1月，只安排了工作A和B，工作A计划投资430万元，工作B计划投资450元，所以1月工程计划投资为：430+450=880（万元）。

2月同1月。

3月，计划安排有工作C、D和E。工作C计划投资180万元，工作D计划投资250万元，工作E计划投资260万元，3月工程计划投资为：180+250+260=690（万元）。

其他各月的计划投资计算方法同上，计算结果见表5－6中的每月工程计划投资栏。

逐月累计工程计划投资。计算结果见表5－6中的累计工程计划投资栏。

(2) 计算每月已完工程实际投资。

从表5－5可知：

1月，工作A实际投资495万元，工作B实际投资518万元，所以1月已完工程实际投资：495＋518＝1013（万元）。

2月，工作A实际投资452万元，工作B实际投资473万元，所以2月已完工程实际投资：452＋473＝925（万元）。

3月，工作C实际投资198万元，工作D实际投资275万元，工作E实际投资286万元，所以3月已完工程实际投资：198＋275＋286＝759（万元）。

4月，工作C实际投资207万元，工作D实际投资264万元，工作E实际投资299万元，所以4月已完工程实际投资：207＋264＋299＝770（万元）。

5月，计划安排有工作C、D和H，但工作H在本月实际没有投资，工作C实际投资198万元，工作D实际投资275万元，所以5月已完工程实际投资：198＋275＝473（万元）。

6月，工作D实际投资275万元，工作H实际投资198万元，所以6月已完工程实际投资：275＋198－473（万元）。

7月，工作F实际投资341万元，工作G实际投资100万元，工作H实际投资198万元，所以7月已完工程实际投资：341＋100＋198＝639（万元）。

8月，计划安排只有工作F，但工作H在本月有实际投资。本月工作F实际投资372万元，工作H实际投资216万元，所以8月已完工程实际投资：372＋216＝588（万元）。

9月，只有工作H实际投资137万元。

以上计算结果见表5－6。

表5－6　　计 算 结 果　　（单位：万元）

项目	投资数据								
	1月	2月	3月	4月	5月	6月	7月	8月	9月
每月工程计划投资	880	880	690	690	550	370	530	310	—
累计工程计划投资	880	1760	2450	3140	3690	4060	4590	4900	—
每月已完工程实际投资	1013	925	759	770	473	473	639	588	137
累计已完工程实际投资	1013	1938	2697	3467	3940	4413	5052	5640	5777
每月已完工程计划投资	880	880	690	690	430	370	530	310	120
累计已完工程计划投资	880	1670	2450	3140	3570	3940	4470	4780	4900

(3) 计算第8个月末的投资偏差和进度偏差。

第8个月末：

投资偏差＝已完工程实际投资－已完工程计划投资＝5640－4780＝860（万元）

超支860万元。

进度偏差＝工程计划投资－已完工程计划投资＝4900－4780 ＝120（万元）

拖后 120 万元。

5.8 水利工程施工监理投资控制措施

1. 投资控制准备

(1) 建立投资控制机构，明确职责与分工。

投资控制由监理机构的合同管理部门负责，一般应配备造价工程师，相关专业监理工程师配合其工作，建立工程计量、工程款支付签证制度，对工程投资实施动态控制。

(2) 分解投资目标，拟定资金使用计划。

对总投资目标进行项目分解，协助发包人编制投资控制分解目标和资金使用计划，拟定现金流量计划表，为发包人筹措资金提供依据，使资金投入连续、衔接、均衡、合理。

(3) 收集造价信息，为投资控制提供依据。

收集造价控制方面的基础资料，主要包括当地政府授权定期公布的相关市场信息价、主要生产厂家、附近供货商的市场销售价等。

(4) 分析合同文件，向业主提供合同分析报告。

依据施工合同有关条款、设计文件及施工条件，对工程造价进行风险分析，并向业主项目部提出防范性对策和建议。特别是施工图与招标图之间差异，施工现场条件与合同约定的差异，以及由此可能引起的投资变化等。

(5) 对施工方案进行经济技术比较，寻求节约投资的可能性。

慎重审批承包人的施工技术方案，对主要施工方案进行技术经济分析，寻求节约投资的可能性，必要时组织设计、业主、施工单位召开施工方案审查会，集思广益优化施工方案。

2. 计量与支付审核

(1) 预付款支付审核。

1) 预付款一般包括工程预付款和材料预付款，审查工程预付款时，要检查承包人是否按合同提供了预付款保函和施工机械进场情况，预付款保函由经业主认可的银行开具，进场施工机械估值与相应的预付款相当。

2) 审查材料预付款时要检查材料的数量、质量及入库情况，并要求承包人提供有关进货单据。

3) 监理依据施工合同约定，对施工单位提交的工程预付款申请进行审核和签认，报业主审批。

(2) 计量审核。

专业监理工程师依据清单报价和设计图纸对已经验收合格的工程实施工程计量，审核施工单位填报的工程量清单和工程款支付申请表，报总监理工程师审核和签认，并报业主审批。计量的依据如下：

1) 符合合同条件。

2) 有质量合格证，不合格的工程不予计量。

3) 工程量清单前言和技术规范。

4）建筑物的几何尺寸以图纸为准。

(3) 进度款支付审核。

1）审查申报完成的工程量是否为已报监理机构质量验收合格。

2）审查工程量统计是否准确，工程款计算是否正确。

3）对施工单位超出设计图纸范围和因施工单位原因造成返工的工程量，监理机构不予计量。

4）未经监理机构质量验收合格的工程量或不符合承包合同约定的工程量，监理机构应拒绝计量和拒绝签认该部分的工程款支付申请。

5）依据有关合同规定审核其他费用付款申请。

3. 工程变更费用审查

(1) 依据施工合同及在业主授权范围内，在工程变更实施前对工程变更申请的变更费用预算进行审查。

(2) 施工单位提出的工程变更应按照施工合同的约定，编制工程变更预算书，报送监理机构审核，经业主认可后，方可进入计量和工程款支付程序。

(3) 依据工程变更文件，审查工程变更执行报验单，对工程量实施计量，该工程变更项目完成后，在施工合同约定的限期内，业主、施工单位和监理机构三方共同会签工程量签证单。未经总监理工程师审查同意而实施的工程变更，监理机构不得予以计量。

4. 结算审核

依据施工合同审核施工单位提交的工程竣工结算报审表，提出监理书面意见和建议，报业主审批。

练习题

一、简答题

1. 工程计量的依据和方法有哪些？
2. 简述工程变更价款的确定原则。
3. 投资偏差分析的方法有哪些？
4. 简述索赔费用的计算方法。
5. 简述月支付的程序。
6. 投资偏差分析的方法有哪些？

二、选择题

1. 施工阶段监理工程师控制投资的主要工作包括（　　）。

   A. 编制施工组织设计　　B. 签署付款凭证　　C. 执行工程承包合同

   D. 审查工程结算　　E. 进行工程计量

2. 下列关于我国现行工程变更价款的确定，说明正确的有（　　）。

   A. 合同中没有适用或类似于变更工程的价格，由承包商提出适当的变更价格，经总监理工程师确认后执行

   B. 工程变更价款需经造价工程师确定后执行

C. 合同中已有适用于变更工程的价格，按合同已有的价格变更合同价款

D. 合同中只有类似于变更工程的价格，可以参照类似价格变更合同价款

E. 业主和承包商未能就工程变更价款等方面达成协议时，项目监理机构应提出一个暂定价格，作为临时支付工程款的依据

3. 项目投资控制工作的重点是（　　）阶段。

A. 投资决策　　B. 设计　　C. 招标

D. 施工　　E. 竣工验收

4. 在初步设计及概算内难以预料的工程费用称为（　　）。

A. 生产准备费　　B. 联合试运转费

C. 基本预备费　　D. 涨价预备费

5. 预留金是指（　　）为可能发生的工程量变更而预留的金额。

A. 招标人　　B. 投标人

C. 施工单位　　D. 建设单位

6. 建设工程监理规范规定的工程计量程序是由（　　）进行现场计量，按施工合同的约定审核工程量清单和工程款支付申请表，并报（　　）审定。

A. 监理员、总监　　B. 专业监理工程师、总监

C. 监理员、专业监理工程师　　D. 总监、专业监理工程师

7. 工程结算时的工程量应以招标人或由其授权委托的监理工程师核准的（　　）为依据。

A. 清单中的工程量　　B. 预算工程量

C. 实际完成量　　D. 计划完成量

实训项目 7

背景资料：项目的基础施工过程中，发现现场的地质情况与建设单位提供的地质勘察报告不相符，施工单位提交了暂停施工申请及补勘申请，同时提交了索赔意向通知书，并在规定的程序下履行了索赔程序。

操作流程

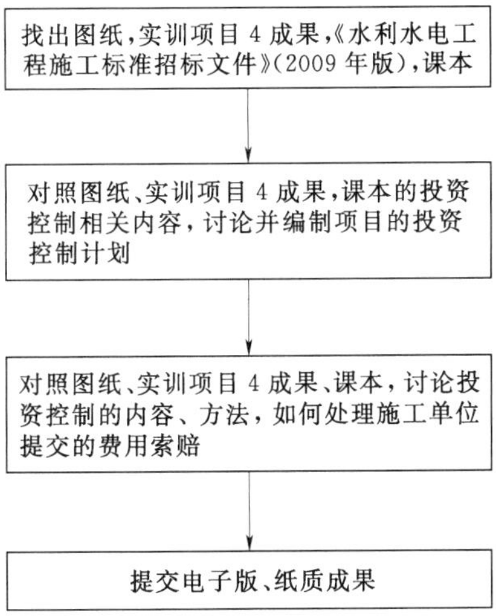

项目6　水利工程施工安全控制

教学目标

知识学习目标	6.1 施工不安全因素分析	6.2 施工安全概述	6.3 施工安全基本要求	6.4 监理安全控制体系	6.5 监理安全控制措施	6.6 施工单位施工安全责任	6.7 施工安全措施批准与开工申报	6.8 施工安全技术措施	6.9 安全教育与培训	6.10 安全检查	6.11 施工安全事故处理
了解		安全特点									
熟悉		施工安全管理的重要性			监理安全控制措施	施工单位施工安全责任		主要内容		安全检查的意义	
掌握	不安全因素分析		施工现场安全管理工作的基本要求	工作制度			施工安全措施批准与开工申报程序	督促落实	安全知识教育、安全技能教育	安全检查的内容和形式	施工安全事故监理工作程序
能力目标	了解工程施工安全的特点，熟悉施工安全的要求及开工前的预防、施工过程管理方法，具备一定的水利工程施工安全控制能力										

基本知识学习

在工程建设活动中，没有发生危害，不出事故，不造成人身伤亡、财产损失，这就是安全，因此，施工安全不但包括施工人员和施工管（监）理人员的人身安全，也包括财产（机械设备、物资、工程实体等）的安全。

保证安全是项目施工中的一项重要工作。施工现场一般场地狭小，施工人员众多，各工种交叉作业，机械施工与手工操作并进，高空作业多，而且大部分是露天、野外作业。特别是水利水电工程又多在河道上兴建，环境复杂，不安全因素多，所以安全事故也较多。因此，监理机构必须充分重视安全控制，督促和指导施工承包人从技术上、组织上采取一系列必要的措施，防患于未然，保证项目施工的顺利进行。水利工程建设安全生产管理，坚持“安全第一，预防为主”的方针。

监理机构在施工安全控制中的主要任务有：充分认识施工中的不安全因素；建立安全监控的组织体系，审查施工承包人的安全施工方案，督促落实安全措施。

6.1 施工不安全因素分析

施工中的不安全因素很多，而且随工种不同、工程不同而变化，但概括起来，这些不安全因素主要来自人、物和环境3个方面。因此，一般来说，施工安全控制就是对人、物和环境等因素进行控制。

6.1.1 人的不安全因素

人既是管理的对象，又是管理的动力，人的行为是安全生产的关键。人与人之间是有区别的，即使是同一个人，在不同的时期、地点，他的劳动状态、注意力、情绪、效率也会有所变化，这就决定了管理好人的行为是一项难度很大的工作。

人的不安全因素是人的心理和生理特点造成的，主要表现在身体缺陷、错误行为和违纪违章等3个方面。

(1) 身体缺陷。它指疾病、职业病、精神失常、智商过低、紧张、烦躁、疲劳、易冲动、易兴奋、对自然条件或环境过敏、应变能力差等。

(2) 错误行为。它指嗜酒、吸毒、吸烟、打赌、玩耍、嬉笑、追逐、错看、错听、错嗅、误触、误判、意外滑倒、误入危险区域等。

(3) 违纪违章。它指粗心大意、漫不经心、不履行安全措施、不按规定使用防护用品、有意违章，玩忽职守，图省事等。

人的行为对施工安全影响极大，有统计资料表明，88%的安全事故是由于人的不安全行为造成的，而人的生理和心理特点，直接影响着人的行为。所以人的生理和心理状况对安全事故的发生有着密切的联系。其主要表现在：

(1) 生理疲劳对安全的影响。人的生理疲劳，表现出动作紊乱而不稳定，不能支配正常状况下所能承受的体力等，易产生重物失手，手脚发软，致使人或物从高处坠落等安全事故发生。

(2) 心理疲劳对安全的影响。人的心理疲劳是指人由于动机和态度变化而引起工作能力的波动，或由于从事单调、重复劳动时的厌倦，或由于遭受挫折而身心乏力等注意力不集中，这些表现均会导致操作失误。

(3) 视觉、听觉对安全的影响。人的视觉受外界亮度、色彩、对比度、距离、移动速度等因素影响时，常会产生错看、漏看，从而导致安全事故。人的听觉也常受外界声音的干扰，使听力减弱，不能接收正常的信号，而导致工作失误发生安全事故。

(4) 人的气质对安全的影响。人的气质、性格不同，产生的行为也不同。意志坚定、善于控制自己、行动准确，则其安全度高；情绪喜怒无常者，易动摇，对外界信息反应变化多端，常易引起不安全行为；优柔寡断、行动迟钝、反应能力差者，也易产生安全事故。

(5) 人际关系对安全的影响。群体的人际关系直接影响着个体的行为，当劳动者彼此尊重，相互信任和友爱，遵守劳动纪律和安全法规，安全就有保障；若劳动集体中互不信任，各自为政、无视纪律，不遵守法规，安全就没有保障。上下级关系紧张，心情压抑、疑虑、畏惧、注意力不集中，也极易发生事故。

6.1.2 物的不安全因素

物的不安全状态，主要表现在以下3个方面：

(1) 设备、装置的缺陷。其主要是指设备、装置的技术性能降低、强度不够、结构不良、磨损、老化、失灵、腐蚀、物理和化学性能达不到要求等。

(2) 作业场所的缺陷。其主要是指施工作业场地狭小，交通道路不宽畅，机械设备拥挤，多工种交叉作业组织不善，多单位同时施工等。

(3) 物资和环境的危险源。主要包括化学方面：氧化、易燃、毒性、腐蚀等；机械方面：振动、冲击、位移、倾覆、陷落、抛飞、断裂、剪切等；电气方面：漏电、短路，电弧、高压带电作业等；自然环境方面：辐射、强光、雷电、风暴、浓雾、高低温、洪水、高压气体、火源等。

上述不安全因素中，人的不安全因素是关键因素，物的不安全因素是通过人的生理和心理状态而起作用的。因此，监理机构在安全控制中，必须将两类不安全因素结合起来综合考虑，才能达到确保安全的目的。

6.1.3 施工中常见的不安全因素

1. 高处施工的不安全因素

高空作业四面临空，条件差，危险因素多，因此无论是水利水电工程还是其他建筑工程，高空坠落事故特别多，其主要不安全因素有：

(1) 安全网或护栏等设置不符合要求。高处作业点的下方必须设置安全网、护栏、立网、盖好洞口等，从根本上避免人员坠落或万一有人坠落时，也能免除或减轻伤害。

(2) 脚手架和梯子结构不牢固。

(3) 施工人员安全意识差，如高空作业人员不系安全带、高空作业的操作要领没有掌握等。

(4) 施工人员身体素质差，如患有心脏病、高血压等。

2. 使用起重设备的不安全因素

起重设备，如塔式、门式起重机等，其工作特点是：塔身较高，行走、起吊、回转等作业可同时进行。这类起重机较突出的大事故发生在“倒塔”、“折臂”和拆装时。容易发生这类事故的主要原因有：

(1) 司机操作不熟练，引起误操作。

(2) 超负荷运行，造成吊塔倾倒。

(3) 斜吊时，吊物一离开地面就绕其垂直方向摆动，极易伤人。同时也会引起倒塔。

(4) 轨道铺设不合规定，尤其是地锚埋设不合要求。

（5）安全装置失灵，如起重量限制器、吊钩高度限制器、幅度指示器、夹轨等的失灵。

3. 施工用电的不安全因素

电气事故的预兆性不直观、不明显，而事故的危害性很大。使用电气设备引起触电事故的主要原因有：

（1）违章在高压线下施工，而未采取其他安全措施，以至钢管脚手架、钢筋等碰上高压线而触电。

（2）供电线路铺设不符合安装规程。如架设得太低，导线绝缘损坏、采用不合格的导线或绝缘子等。

（3）维护检修违章。移动或修理电气设备时不预先切断电源，用湿手接触开关、插头、使用不合格的电气安全用具等。

（4）用电设备损坏或不合格，使带电部分外露。

4. 爆破施工中的不安全因素

无论是露天爆破、地下爆破，还是水下爆破，都发生过许多安全事故，其主要原因可归结为以下几个方面：

（1）炮位选择不当，最小抵抗线掌握不准，装药量过多，放炮时飞石超过警戒线，造成人身伤亡或损坏建筑物和设备。

（2）违章处理瞎炮，拉动起爆体触响雷管，引起爆炸伤人。

（3）起爆材料质量不符合标准，发生早爆或迟爆。

（4）人员、设备在起爆前未按规定撤离或爆破后人员过早进入危险区造成事故。

（5）爆破时，点炮个数过多或导火索太短，点炮人员来不及撤到安全地点而发生爆炸。

（6）电力起爆时，附近有杂散电流或雷电干扰发生早爆。

（7）用非爆破专业测试仪表测量电爆网络或起爆体，因其输出电流强度大于规定的安全值而发生爆炸事故。

（8）大量爆破对地震波、空气冲击和飞石的安全距离估计不足，附近建筑物和设备未采取相应的保护措施而造成损失。

（9）爆炸材料不按规定存放或警戒，管理不严，造成爆炸事故。

（10）炸药仓库位置选择不当，由意外因素引起爆炸事故。

（11）变质的爆破材料未及时处理，或违章处理造成爆炸事故。

5. 土方工程施工中的不安全因素

土方工程施工中最易发生的安全事故是塌方造成的伤亡事故。施工中引起塌方的原因主要有：

（1）边坡修得太陡或在坡顶堆放泥土，大型机械离沟坑边太近。这些均会增大土体的滑动力。

（2）排水系统设计不合理或失效，这使得土体抗滑力减小，滑动力增大，易引起塌方。

6.2　施工安全概述

6.2.1　水利工程施工安全的特点

施工现场以露天作业为主，涉及大量的土石方施工，受到不同气候影响大；水利工程一般修建在江河湖泊上，需经受暴雨、洪水考验；同时，水利工程一般是多专业、多工种立体交叉作业，临时设施多，作业面变化大，且人员集中，作业环境复杂，人、机流动性大，不安全因素多，属于事故多发的作业现场。

6.2.2　施工安全管理的重要性

（1）施工现场是企业安全管理体系的基础，公司级安全管理主要是属于规划、决策、指导、检查。施工现场安全管理是组织实施，并保证生产处于最佳安全状态的最重要的一环。

（2）在施工中由于多单位、多工种集中在一个场地，而且人员、作业位置变动较大，因此，对施工现场的人、机环境系统的可靠性必须进行经常性的检查、分析、判断和及时处理问题，防患于未然，为此必须强化施工现场安全动态管理。

（3）随着水利工程快速发展及市场的开放，民工队伍发展很快，有些队伍由于没有很好地经过安全培训，职工队伍安全素质低，自我保护能力差，施工现场安全管理混乱，易导致重大伤亡事故频频发生。

6.2.3　施工现场安全管理分类

施工现场安全管理主要分为四大类：

（1）安全组织管理（包括机构、制度、安全文件）。

（2）场地设施管理（文明施工）。

（3）行为安全管理。

（4）安全技术管理。

6.2.4　建设各方安全责任

1. 项目法人的安全责任

（1）项目法人在对施工投标单位进行资格审查时，应当对投标单位的主要负责人、项目负责人以及专职安全生产管理人员是否经水行政主管部门安全生产考核合格进行审查。有关人员未经考核合格的，不得认定投标单位的投标资格。

（2）项目法人应当向施工单位提供施工现场及施工可能影响的毗邻区域内供水、排水、供电、供气、供热、通信、广播电视等地下管线资料，气象和水文观测资料，拟建工程可能影响的相邻建筑物和构筑物、地下工程的有关资料，并保证有关资料的真实、准确、完整，满足有关技术规范的要求。对可能影响施工报价的资料，应当在招标时提供。

（3）项目法人不得调减或挪用批准概算中所确定的水利工程建设有关安全作业环境及安全施工措施等所需费用。工程承包合同中应当明确安全作业环境及安全施工措施所需费用。

（4）项目法人应当组织编制保证安全生产的措施方案，并自开工报告批准之日起15d内报有管辖权的水行政主管部门、流域管理机构或者其委托的水利工程建设安全生产监督机构（以下简称安全生产监督机构）备案。建设过程中安全生产的情况发生变化时，应当及时对保证安全生产的措施方案进行调整，并报原备案机关。

保证安全生产的措施方案应当根据有关法律法规、强制性标准和技术规范的要求并结合工程的具体情况编制，应包括以下内容：

1）项目概况。

2）编制依据。

3）安全生产管理机构及相关负责人。

4）安全生产的有关规章制度制定情况。

5）安全生产管理人员及特种作业人员持证上岗情况等。

6）生产安全事故的应急救援预案。

7）工程度汛方案、措施。

8）其他有关事项。

（5）项目法人在水利工程开工前，应当就落实保证安全生产的措施进行全面系统的布置，明确施工单位的安全生产责任。

（6）项目法人应当将水利工程中的拆除工程和爆破工程发包给具有相应水利水电工程施工资质等级的施工单位。

项目法人应当在拆除工程或者爆破工程施工15d前，将下列资料报送水行政主管部门、流域管理机构或者其委托的安全生产监督机构备案：

1）施工单位资质等级证明。

2）拟拆除或拟爆破的工程及可能危及毗邻建筑物的说明。

3）施工组织方案。

4）堆放、清除废弃物的措施。

5）生产安全事故的应急救援预案。

2. 勘察（测）、设计、建设监理及其他有关单位的安全责任

（1）勘察（测）单位应当按照法律、法规和工程建设强制性标准进行勘察（测），提供的勘察（测）文件必须真实、准确，满足水利工程建设安全生产的需要。

勘察（测）单位在勘察（测）作业时，应当严格执行操作规程，采取措施保证各类管线、设施和周边建筑物、构筑物的安全。

勘察（测）单位和有关勘察（测）人员应当对其勘察（测）成果负责。

（2）设计单位应当按照法律、法规和工程建设强制性标准进行设计，并考虑项目周边环境对施工安全的影响，防止因设计不合理导致生产安全事故的发生。

设计单位应当考虑施工安全操作和防护的需要，对涉及施工安全的重点部位和环节在设计文件中注明，并对防范生产安全事故提出指导性意见。

采用新结构、新材料、新工艺以及特殊结构的水利工程，设计单位应当在设计中提出保障施工作业人员安全和预防生产安全事故的措施建议。

设计单位和有关设计人员应当对其设计成果负责。

设计单位应当参与与设计有关的生产安全事故分析，并承担相应的责任。

（3）建设监理单位和监理人员应当按照法律、法规和工程建设强制性标准实施监理，并对水利工程建设安全生产承担监理责任。

建设监理单位应当审查施工组织设计中的安全技术措施或者专项施工方案是否符合工程建设强制性标准。

建设监理单位在实施监理过程中，发现存在生产安全事故隐患的，应当要求施工单位整改；对情况严重的，应当要求施工单位暂时停止施工，并及时向水行政主管部门、流域管理机构或者其委托的安全生产监督机构及项目法人报告。

（4）为水利工程提供机械设备和配件的单位，应当按照安全施工的要求提供机械设备和配件，配备齐全有效的保险、限位等安全设施和装置，提供有关安全操作的说明，保证其提供的机械设备和配件等产品的质量和安全性能达到国家有关技术标准。

3. 施工单位的安全责任

（1）施工单位从事水利工程的新建、扩建、改建、加固和拆除等活动，应当具备国家规定的注册资本、专业技术人员、技术装备和安全生产等条件，依法取得相应等级的资质证书，并在其资质等级许可的范围内承揽工程。

（2）施工单位应当依法取得安全生产许可证后，方可从事水利工程施工活动。

（3）施工单位主要负责人依法对本单位的安全生产工作全面负责。施工单位应当建立健全安全生产责任制度和安全生产教育培训制度，制定安全生产规章制度和操作规程，保证本单位建立和完善安全生产条件所需资金的投入，对所承担的水利工程进行定期和专项安全检查，并做好安全检查记录。

施工单位的项目负责人应当由取得相应执业资格的人员担任，对水利工程建设项目的安全施工负责，落实安全生产责任制度、安全生产规章制度和操作规程，确保安全生产费用的有效使用，并根据工程的特点组织制定安全施工措施，消除安全事故隐患，及时、如实报告生产安全事故。

（4）施工单位在工程报价中应当包含工程施工的安全作业环境及安全施工措施所需费用。对列入建设工程概算的上述费用，应当用于施工安全防护用具及设施的采购和更新、安全施工措施的落实、安全生产条件的改善，不得挪作他用。

（5）施工单位应当设立安全生产管理机构，按照国家有关规定配备专职安全生产管理人员。施工现场必须有专职安全生产管理人员。

专职安全生产管理人员负责对安全生产进行现场监督检查。发现生产安全事故隐患，应当及时向项目负责人和安全生产管理机构报告；对违章指挥、违章操作的，应当立即制止。

（6）施工单位在建设有度汛要求的水利工程时，应当根据项目法人编制的工程度汛方案、措施制定相应的度汛方案，报项目法人批准；涉及防汛调度或者影响其他工程、设施度汛安全的，由项目法人报有管辖权的防汛指挥机构批准。

（7）垂直运输机械作业人员、安装拆卸工、爆破作业人员、起重信号工、登高架设作业人员等特种作业人员，必须按照国家有关规定经过专门的安全作业培训，并取得特种作业操作资格证书后，方可上岗作业。

(8) 施工单位应当在施工组织设计中编制安全技术措施和施工现场临时用电方案，对下列达到一定规模的危险性较大的分部分项工程应当编制专项施工方案，并附具安全验算结果，经施工单位技术负责人签字以及总监理工程师核签后实施，由专职安全生产管理人员进行现场监督：

1) 基坑支护与降水工程。

2) 土方和石方开挖工程。

3) 模板工程。

4) 起重吊装工程。

5) 脚手架工程。

6) 拆除、爆破工程。

7) 围堰工程。

8) 其他危险性较大的工程。

对前款所列工程中涉及高边坡、深基坑、地下暗挖工程、高大模板工程的专项施工方案，施工单位还应当组织专家进行论证、审查。

(9) 施工单位在使用施工起重机械和整体提升脚手架、模板等自升式架设设施前，应当组织有关单位进行验收，也可以委托具有相应资质的检验检测机构进行验收；使用承租的机械设备和施工机具及配件的，由施工总承包单位、分包单位、出租单位和安装单位共同进行验收。验收合格的方可使用。

(10) 施工单位的主要负责人、项目负责人、专职安全生产管理人员应当经水行政主管部门安全生产考核合格后方可任职。

施工单位应当对管理人员和作业人员每年至少进行一次安全生产教育培训，其教育培训情况记入个人工作档案。安全生产教育培训考核不合格的人员，不得上岗。

施工单位在采用新技术、新工艺、新设备、新材料时，应当对作业人员进行相应的安全生产教育培训。

6.2.5 水利水电工程施工安全技术规程

现行水利水电工程施工安全技术规程有《水利水电工程施工通用安全技术规程》(SL 398)、《水利水电工程土建施工安全技术规程》(SL 399)、《水利水电工程金属结构与机电设备安装安全技术规程》(SL 400)、《水利水电工程施工作业人员安全操作规程》(SL 401) 这 4 个标准，在内容上各有侧重、互为补充，形成一个相对完整的水利水电工程建筑安装安全技术标准体系。承包商应针对所承包项目的特点，按现行水利水电工程施工安全技术规程制定安全防护措施。

6.3 施工安全基本要求

6.3.1 施工安全管理基本要求

(1) 水利水电建设工程施工安全管理，应实行建设单位统一领导，监理单位现场监督、施工承包单位为责任主体的各负其责的管理体制。

(2) 各单位应贯彻“安全第一、预防为主”的方针，加强安全生产管理和制度建设，不断完善安全生产条件。单位行政第一负责人为安全生产的第一责任人，对本单位的安全生产全面负责。

(3) 各单位应按国家规定建立安全生产管理机构，配备符合规定要求的安全监督管理人员，建立安全生产保障体系和安全监督管理体系。

(4) 项目负责人和安全生产管理人员应经过相关主管部门考核合格方可任职；新进场从业人员应进行三级安全教育；特种作业人员应进行安全培训，并经国家主管部门考核合格取得资格证书后方可上岗。

(5) 建设单位应根据建设工程安全作业环境，提出安全施工要求，明确安全施工措施所需的费用并列入工程概预算，应组织进行工程施工危险源辨识和环境因素辨识、评估，提出控制措施和事故应急预案。

(6) 设计单位在设计文件中应明确涉及施工安全的重点部位和环节，并提出保障施工安全和预防事故的措施。

(7) 监理单位应监督施工单位履行安全文明生产职责。

(8) 施工单位应持有安全生产许可证，按承包合同规定和设计要求，结合施工实际，编制相应的安全生产措施，对重大危险施工项目，应编制专项安全技术方案，报建设单位（监理）审批后实施。

(9) 有关单位应为从事高危作业的施工人员办理意外伤害保险。

(10) 发生施工安全事故后，应按规定程序进行报告，并按照事故调查处理权限，遵循“四不放过”原则组织开展事故调查及处理。

6.3.2 施工现场基本要求

1. 平面布置

(1) 开工前，在施工组织设计（或施工方案）中，必须有详细的施工平面布置图。运输道路、临时用电线路、各种管道、仓库、生产辅助设施等布置，主要机械设备停放场地及工地办公、生活设施等临时工程的安排，均要符合安全要求。

(2) 工地四周一般应有与外界隔离的围护设施，入口处一般应有（特殊工种工地除外）工程名称、施工单位名称牌，并设置施工现场平面布置图、工程概况表（或称“施工公告”）、安全纪律（或“施工现场安全管理规定”）。使进入该工地的人，能对该工程的概况有一个基本了解并注意安全的忠告。

(3) 工地排水设施应全面规划，排水沟的截面及坡度应进行计算，其设置不得妨碍交通和影响工地周围环境，排水沟还应经常清理疏浚，保持畅通。

2. 道路运输

(1) 工地人行道、车行道应坚实平坦，保持畅通，主要道路应与主要临时建筑物道路连通，场内运输道路应尽量减少弯道和交叉点，车辆频繁来往的交叉处，必须设有明显的警告标志，必要时设临时交通指挥。

(2) 工地通道不得任意挖掘或截断。如因工程需要，必须开挖时，有关部门应事先协调，统一规划，同时将通过道路的沟渠，搭设安全牢固的桥板。

3. 材料堆放

(1) 一切工程施工器材（包括材料、预制构件、施工设施构件等）都应该按施工平面布置图规定的地点分类堆放整齐、稳固。各类材料的堆放，不得超过规定高度。严禁靠近场地围护栅栏及其他建筑物墙壁堆置，且其间距应符合相关规定，两头空间应予封闭，防止有人入内，发生意外伤亡事故。

(2) 作业中使用的剩余器材及现场拆下来的模板、脚手架杆件和涂料、废料等都应随时清理，堆放整齐。

(3) 油漆及其稀释剂和其他对职工健康有害物质，应该存放在通风良好、严禁烟火的专用仓库。沥青应放置在干燥、通气的场所。

4. 施工现场的安全设施

安全设施如安全网、盖板、护栏、防护罩、各种限制保险装置都必须齐全有效，并且不得擅自拆除或移动，因施工确实需要移动时，必须经监理单位的同意，并需采取相应的临时安全措施，在完工后立即复原。

5. 安全标牌

施工现场除应设置安全宣传标语牌外，危险部位还必须悬挂按照《安全色》和《安全标志》规定的标牌。夜间有人经过的廊道等处还应设红灯示警。

6.3.3 特殊工程基本要求

(1) 特殊工程系指工程本身的特殊性或工程所在区域的特殊性或采用的施工工艺、方法有特殊要求的工程。有的是整体工程属于特殊工程施工现场，也有的仅是分部单元工程属于特殊工程施工现场。

(2) 特殊工程施工现场安全管理，除一般工程的基本要求外，还应根据特殊工程的性质、施工特点、要求等制定有针对性的安全管理和安全技术措施，基本要求如下：

1) 编制特殊工程施工现场安全管理制度并向参加施工的全体职工进行安全教育和交底。

2) 特殊工程施工现场周围要设置围护，要有出入制度并设门卫（值班人员）。

3) 强化安全监督检查制度，并认真做好安全日记。

4) 对于从事危险作业的人员要进行安全检查，作业时应设监护。

5) 施工现场应设医务室或医务人员。

6) 要备有灭火、防爆等器材物资。

(3) 防火。“预防为主、防消结合”是我国消防工作的方针，对于工程施工现场，应采取有针对性的消防措施。具体要求如下：

1) 在编制施工组织设计（或施工方案）时，应有消防安全要求。如施工现场平面布置、临时建筑物搭建位置、用火用电和易燃易爆物品的安全管理、工地消防设施和消防责任制等都应按消防要求周密考虑和落实。

2) 施工现场要明确划分用火作业区、易燃、易爆材料堆放场、仓库、易燃废品集中点和生活区等。各区域之间间距要符合防火规定。

3) 工棚或临时宿舍的搭建及间距要符合防火规定。

（4）防爆。

1）爆炸的发生必须具备一定的条件，如可燃气体、可燃液体的蒸气或可燃性粉尘，达到一定的浓度或压力时与空气混合，遇到火源等就会造成爆炸。

2）工程施工现场做好防爆工作的主要内容是：对于爆破及引爆物品的储存、保管、领用都必须严格按规定执行；各种气瓶的运输、存放、使用，必须按有关规定执行；各种可燃性液体、油漆涂料等在运输、保存、使用中，除按规定执行外，还应根据其性能特点采用相应的防爆措施；要向操作者及其有关人员作好安全交底。

3）防洪。应根据水文气象资料分析，针对工程洪水持续时间、流量等特点，对本工程的防汛工作提前计划、提前准备，确保工程能够安全度汛。为了有效防御灾害性洪水，规范防汛抗洪程序，切实保障人民生命财产安全，最大程度地减轻灾害损失，根据《中华人民共和国防洪法》和《中华人民共和国防汛条例》规定，结合工程项目防汛工作的实际情况，应制定汛期施工方案和防洪预案。

6.4 监理安全控制体系

1. 安全监理组织体系

安全监理工作应按照“统一领导、分级管理、专人负责”的原则进行管理；监理机构现场安全监理工作实行总监理工程师负责制，由项目总监负责在监理机构按照有关的规定落实各项安全监理工作；安全监理工程师负责对监理机构实施安全监理工作进行业务上的指导及监督检查；各级监理人员按照各自的职责进行安全监督工作，安全管理人人有责。

2. 主要安全监理工作制度

（1）监理内部安全学习与安全交底制度。

结合工程施工进展情况，监理机构应有针对性地选择安全学习内容，内部安全学习定期进行，形成学习记录。

以下情况需进行安全交底，形成安全交底记录。

1）监理规划中安全监督措施及文明施工监理实施细则。

2）主要施工项目及危险性较大项目开工前的安全注意事项。

3）现场发现安全隐患危及施工安全。

4）新员工进场。

（2）安全文件审核制度。

根据法律法规、规程规范和合同约定，要求施工单位报送并由监理审核安全文件，批准后实施。主要包括：

1）施工单位安全风险管理体系。

2）施工组织设计、施工方案中安全措施。

3）安全员、特种作业人员等岗位证书。

4）安全风险及文明施工实施方案。

5）特殊（专项）施工技术（措施）方案。

6）危险源辨识评价和预控措施。

7）施工项目部应急预案。

（3）特种设备使用监督制度。

1）检查特种设备生产许可证、检验报告和产品合格证。

2）安装、维修单位必须持有相关的许可证，投入使用前检查特种设备验收手续。

3）特种设备作业人员应通过考试，取得相应的特种设备作业人员资格证书。

（4）重要施工设施使用前，核查验收手续。

根据法律法规、规程规范，重要施工设施（主要包括大中型起重机械、整体提升脚手架、重要脚手架、模板等自升式架设和安全设施等）由施工单位报送专项施工方案，使用前组织验收，监理参加或核查验收手续，经验收合格后方可投入使用。

（5）安全旁站制度。

根据安全风险评估结果，安全风险等级评为“高风险”以上等级施工作业，监理实施安全旁站监督，及时制止违章作业行为，做好旁站记录。

（6）安全检查制度。

1）开工前检查。检查承包人的安全机构设置，人员、设备和制度的落实情况，特殊工种和特殊作业条件的安全应对措施等。

2）施工过程定期检查。一般每月不少于一次，组织有关单位人员深入工地现场检查和召开安全会议，检查安全生产状况，找出潜在的安全隐患，杜绝安全事故的发生。

3）特殊气象条件出现前检查。台风、暴雨是水利工程的重要风险因素，事前的预防准备工作是避免经济损失和发生安全事件的重要手段，监理机构应通过检查来保证承包人做好预防准备工作。

4）日常检查：其主要包括作业安全、劳动保护、设备运行、用电和消防安全检查，一旦发生违章现象，应及时予以纠正。

6.5 监理安全控制措施

1. 建立安全生产监理控制体系

（1）总监是安全监督的第一责任人，负责制定安全监督监理措施，明确工程项目安全风险监理目标，审查批准承包人的安全保证体系，定期巡视工地检查安全状况，督促各级监理人员履行安全监督职责。

（2）设立安全生产监理组织机构，根据施工进展情况合理调配安全监理人员，明确各级监理人员安全生产监督职责，制定安全生产管理制度。

（3）编制安全风险及文明施工监理实施细则，由总监批准实施。

（4）总监根据工程特点对监理机构人员进行安全风险监理工作交底，并形成安全风险监理工作交底记录。

2. 审查施工单位安全风险管理体系

总监组织审核施工单位安全风险管理体系，满足要求时予以确认，对安全风险管理体系应审核以下内容：

（1）组织机构。

（2）安全风险管理制度和程序。

（3）项目负责人、专职安全生产管理人员。

（4）危险源辨识、风险评价和应急预案及演练方案。

（5）环境因素识别、环境因素评价、应急和相应措施。

3. 风险评估与控制

（1）按法律法规、工程建设强制性条文的要求，对项目现场安全风险管理体系实施进行监督，督促施工单位开展安全风险管理工作。

（2）总监组织进行监理安全风险评估，辨识与监理工作有关的危险源，制定风险控制计划，提出针对性的监理预控措施。预控措施包括以下内容：

1）审查施工单位报送的人员资格报审表，主要包括施工安全风险管理人员，特殊工种、特种作业人员等资格证明文件，符合要求才准予上岗。

2）督促施工单位对进场作业工人做好安全技术交底工作，并检查是否有交底记录。

3）督促施工单位按照有关规定进行项目的施工安全风险评估，审查施工单位报审的安全风险及文明施工实施方案、施工组织设计中的安全文明施工内容，提出审批意见。

4）对施工组织设计和施工方案中安全技术措施、特殊（专项）施工技术（措施）方案、施工项目部应急预案和重大项目、重要工序，危险、特殊作业安全施工措施以及危险源辨识评价和预控措施，提出审批意见。

5）核查主要施工机械/工器具/安全用具报审表中，主要施工机械/工器具/安全用安全性能证明文件。重要施工设施（大中型起重机械、重要脚手架、重要跨越架，施工用电、水等力能设施、交通运输道路和危险品库房等）投入使用前，核查其安全设施验收手续，审查施工单位大中型施工机械进场/出场申报表。

6）存在分包情况的，还应审核施工单位提交的分包单位资质报审表中分包单位的资质文件和拟签订的分包安全协议，提出审批意见。

（3）督促施工单位按照风险评估表进行风险分解评价，制定相应的针对措施，并在每道施工工序中严格执行。

（4）督促施工单位结合工程实际情况，编制有针对性的应急预案并审查，并对现场施工人员进行应急培训，定期开展应急预案的演练。

4. 施工阶段安全风险管理

（1）总监按照安全工地例会制度定期召开并主持安全工地例会，针对所存在的安全文明施工薄弱环节和问题，提出整改要求和措施，督促施工单位整改闭环。

（2）及时收集参建各方的安全活动信息，并记录在监理日志等监理文件上，每月编制《监理月报》分析安全活动信息并总结，抄报建设单位。

（3）当发生安全事故时，监理机构应按规定程序上报安全事故，并参加事故调查。

（4）作业环境应满足安全工作要求，监理人员发现作业环境有以下情况之一时，应督促施工单位进行整改：

1）施工区域未进行划分管理。

2）现场作业环境里的安全警示等标识不全或不清晰。

3）通风不足，空气条件不能满足安全与健康要求。

4）照明与能见度较差，不能满足安全与健康要求。

5）消防设施、设备不足，或者未进行标识；未张贴消防平面布置图。

（5）当监理人员发现施工单位使用状况不良、存在安全隐患的安全工器具、施工机具、特种设备等生产工具时，应督促施工单位暂停使用并更换。

5. 安全风险检查与闭环

（1）检查施工组织设计中的安全技术措施或专项安全技术措施是否满足安全风险控制要求，对施工单位的安全风险体系的运行情况、专项施工方案、施工作业指导书的实施情况进行检查，发现存在事故隐患的应当发出监理工程通知单要求施工单位整改，情况严重的发出工程暂停令要求暂停施工，并及时报告建设单位。

（2）监督施工单位按安全文明施工方案组织安全文明施工，督查施工单位开展“安全风险管理制度化，安全设施标准化，现场布置条理化，机料摆放定置化，作业行为规范化，环境影响最小化”工作，对存在的问题发出监理工程师通知单，并督促施工单位整改闭环。

（3）根据有关要求开展现场安全文明施工检查评价工作，督促施工单位整改检查发现的问题，并保留检查评价记录备查。

1）检查施工单位安全生产管理体系的运行及安全生产管理人员到位、履行职责情况。

2）现场检查施工单位特殊工种、特种作业人员持证上岗到位情况。

3）监理机构应核查施工现场施工起重机械、整体提升脚手架、模板等自升式架设设施和安全设施的验收手续。

4）监理机构应检查施工现场各种安全标志和安全防护措施是否符合强制性标准。

5）监督、检查和协调解决工程项目建设中遇到的安全文明施工问题，督促施工单位做好成品保护。

（4）进行监理安全巡视检查，对风险等级为“高风险”及以上风险等级的施工作业任务进行安全旁站监理，并拍摄数码照片和填写监理旁站记录。对发现的施工违规作业行为及安全事故隐患，及时发出监理工程师通知单，督促施工单位整改闭环；情况严重及危及人身安全的，总监及时签发工程暂停令，并报建设单位，督促施工单位整改闭环。对施工单位拒不整改或不停止施工的，监理机构应及时通过建设单位向有关主管部门报告。以电话形式报告的应当留有记录，并及时补充书面报告。检查、整改、复查、报告等情况应记载在《监理日志》、《监理月报》中。

（5）工程有施工分包的，应加强对分包单位的安全风险管理。

1）通过文件审查、安全旁站和安全巡视检查等监理手段，实施分包安全监理，发现问题及时对总包单位的施工项目部发出监理工程师通知单，提出整改要求，并闭环。

2）禁止劳务分包人员在没有施工项目部人员组织、指挥及带领的情况下独立承担重要的施工作业。

3）专业分包单位项目负责人、技术负责人等主要管理人员离开现场时，应经监理机构同意。

4）当监理机构认为专业分包商项目负责人、技术负责人等管理人员不能满足现场施工管理需要时，可以向施工单位提出更换要求，并报建设单位审批后实施。

6.6　施工单位施工安全责任

（1）在工程施工、完工及修补缺陷的整个过程中，施工单位应按合同规定履行其施工安全职责。施工单位必须设置与工程规模相适应的施工安全管理机构和配备专职的施工安全人员，加强对施工作业安全的管理，特别应加强爆破材料和爆破作业的管理，制定施工安全操作规程，配备施工安全生产设施和劳动保护用具，并经常对其职工进行施工安全教育。

（2）施工单位应在合同规定或监理单位要求的时间和地点，设置和维护所有灯光、护板、栅栏、告警信号等安全、防护设施，配置施工安全监督和值班人员，以及对工程进行保护或为过往人员提供安全保障和方便。

（3）施工单位为履行其合同义务，需要使用、运输并储存炸药或其他类似物品时，应事先采取必要的安排或预防措施，并应遵守与上述物品有关的法律、法规和规定。对于其他易燃易爆品或其他在使用、运输或储存中存在危险的物品，也应遵守有关的法律、法规和规定。

（4）施工单位应对其工程以及其管辖范围内的人员、材料和设备的安全负责，并负责做好其辖区内的工作场所和居住区的日常治安保护工作。

（5）施工单位应负责其管辖范围内的消防、防汛和防灾、救灾等工作，按合同规定设置消防水源和消防设施以及防汛物资和救助设施，建立管理机构，配备相应人员，并按监理单位的指示定期进行防火安全检查，雨季防雨、防雷、防泥石流、防边坡垮塌，和每年的防汛度汛检查。

（6）施工单位应注意保护工地邻近的建筑物和附近其他施工单位人员与居民的安全，防止因施工措施不当使附近其他施工单位人员与居民的人身和财产遭受损失。

（7）施工单位在工程最终验收之前的整个施工期内，应对施工安全、劳动保护和施工环境保护承担责任。

1）施工单位必须按施工安全、劳动保护等规定，采取一切必要的措施，保证工程现场施工安全（包括受施工作业影响的施工单位和非施工单位的人员安全），维护其施工区域内正常的生产、生活秩序。

2）施工单位应设立专门的劳动保护、安全生产组织机构，制订包括（但不限于）防洪、防火、救护、警报、治安、爆破器材管理等安全管理措施，指派专职（小工程可兼职）人员，按安全生产、劳动保护规定做好施工安全工作。

3）施工单位应按工程施工合同文件规定建立工地急救医疗机构，配备必需的医务人员和急救医疗器械。

4）施工单位应遵守环境保护和安全生产法律法规，采取切实可行的控制和保护措施，避免和防止对环境的污染和危害。

5）施工单位应按工程施工合同文件规定，为从事危险作业的施工人员办理意外伤害保险，并为此支付保险费用。

6）施工单位应按工程施工合同文件规定和发包人单位要求协助施工区的消防、治安等工作。

(8) 施工单位必须遵守施工安全法律、法规、安全规程及合同规定。若发生施工安全事故，施工单位必须及时向发包人和监理单位报告，在事故发生在规定时间内向发包人和监理单位递交书面事故报告，并承担相应的责任。

(9) 施工单位必须根据作业种类和特点并按照国家的劳动保护法规规定，为其现场人员配备相应的安全帽、水鞋、雨衣、工作服、手套、手灯、防尘面具、安全带等劳动保护用具，并确保工作人员必需的休息时间。施工单位还有责任监督进入现场的所有人员佩戴安全劳动保护用具。

(10) 施工单位应按合同文件规定，在其施工区、营区等责任范围设置必要的保护、栅栏、安全网、安全标志信号（含灯光信号）等。安全标志信号应包括（但不限于）标准的道路信号、报警信号、危险信号、控制信号、安全信号、指示信号等。施工单位应负责维护所设（含发包人所设）信号和标志。若监理单位认为施工单位提供的信号系统不能有效地保证施工、运行和人员安全，施工单位必须按监理单位的指示补充、修改或更换该系统。

(11) 施工单位应遵照合同文件规定在其施工区、道路及生活区设置足够的照明系统。在廊道、隧洞等地下建筑施工中，应有足够的通风、照明设备及排水设施；进入地下建筑物内的施工人员必须佩戴安全防护用具；地下照明系统电压高于36V时，必须加强电线绝缘，采取防直接接触带电体的保护措施和设置电流动作型（高速型）漏电保护装置。

(12) 在工程施工中应配备对有害气体的监测、报警装置和安全防护用具，如防爆灯、防毒面具、报警器等。一旦发现有害气体，应立即停止作业、疏散人员，同时向监理单位报告，并在确认不存在危险、得到监理单位的同意后方能复工。

(13) 凡可能漏电伤人的电气设备等均应设置接地装置，凡易受雷击的电器、高度超过20m的施工设备及施工设施等均应设置避雷装置。施工单位应负责这些装置的供应、安装、管理和维修，并定期派专业人员检查这些装置效果。

(14) 炸药必须存放在距工地或生活区有一定安全距离（不小于400m）的仓库内，未经监理单位批准，不得在施工现场存放炸药。炸药库的布置和设计以及炸药的储存与运输方法必须符合国家的有关规定，并应事先得到监理单位的批准。

(15) 施工单位在施工过程中进行爆破作业时，应严格遵守经过监理单位批准的爆破操作规程和告警规定。施工单位在进行爆破作业时，应对所有的人身、工程本体和公私财产采取保护性措施，并对由于爆破而造成的人身伤亡（包括第三者的伤亡）以及对工程本体或公私财产的损失，承担全部责任。

(16) 施工单位应按合同文件规定和监理单位指示配备必需的消防人员和消防灭火设备、器材。消防人员应熟悉消防业务。消防设备和器材应随时检查保养，使其始终处于良好的状态。施工单位在向监理单位递交的施工组织设计中，应包含上述内容的消防措施和规划报告，报送监理单位审批。

(17) 施工单位必须重视水情和气象预报，并有专人负责。水情和气象预报由发包人统一发布，一旦发现有可能危及工程安全和人身、财产安全的洪水或气象灾害预兆时，应立即采取有效的防洪和防止气象、地质灾害的措施，以确保工程、人身财产的安全和工程施工的有序进行。同时，施工单位有责任协助发包人和其他单位、部门采取有力的防护、救灾措施，以减少灾害对工程和工区所有人员、财产造成的损失。在汛期，施工单位应服从发包人单位有关防洪、抢险和其他防汛工作的统一调度和指挥。

（18）施工单位应根据国家颁布的各种安全规程、工程施工合同文件，结合现场施工条件，编印通俗易懂和适合于本工程使用的安全防护规程手册，并将手册送交监理单位备案。这类手册应分发给施工单位的全体职工。

安全防护规程手册的内容包括（但不限于）：

1）防护衣、安全帽、防护鞋袜及其他防护用品的使用。

2）钻机、凿岩台车、锚喷机械、升降机、起重机等现场各种施工机械的使用。

3）爆破器材的储存、运输和使用。

4）汽车驾驶和运输机械的使用。

5）地下开挖作业安全。

6）高边坡开挖作业安全。

7）用电安全。

8）灌浆作业安全。

9）模板、脚手架作业安全。

10）混凝土浇筑作业安全。

11）钢结构制作和安装作业安全。

12）机修作业安全。

13）压缩空气作业安全。

14）高空和临边作业安全。

15）焊接、防腐作业的安全和防护。

16）水上作业安全。

17）意外事故和火灾的救护程序。

18）化学制品作业的安全和有害气体的防护。

19）防洪和防气象灾害措施。

20）信号和告警知识。

21）其他有关规定。

（19）安全会议、作业资格和安全防护教育：

1）工程开工前，施工单位应对作业人员进行安全作业教育和培训，保证施工作业人员具有必要的安全生产和安全防范知识，熟悉相关安全生产规章制度、施工安全手册和安全作业规程，掌握本岗位的安全操作技能。

2）工程开工前，施工单位应组织施工安全管理人员、施工安全监督员和重要岗位作业人员进行安全作业的考核与考试，考试合格的职工才准进入工作面工作。

3）施工单位从事爆破、运输、供电、焊接、起吊作业等特种作业人员，必须按照国家有关规定经过专门的安全作业培训，取得特种作业资格证书，方可上岗作业。

4）施工单位应定期举行施工安全会议，并指定有关管理人员、工长和施工安全监督人员参加，结合施工进展对危险源进行评估分析，制定应急预案，告知作业人员在紧急情况下应当采取的应急措施。

5）各作业班组均应设置施工安全监督员对该班作业情况进行检查和监督，及时处理安全作业中存在的问题。

6）对于危险作业，施工单位应加强安全检查，并建立专门施工安全监督岗，在危险作业区附近设置标志，以引起施工人员和过往人员的注意。

（20）在合同期间，施工单位应采取合理的措施，阻止其职工发生任何妨碍治安等违法行为，以维护社会秩序和保护工程附近的人员和财产免遭上述行为的侵害。

（21）在承建项目区域内，施工单位有义务协助发包人或地方安全、治安管理部门对其安全防护设施和施工安全规章制度的建立与执行等进行必要的检查和监督。

6.7 施工安全措施批准与开工申报

（1）工程项目开工前，施工单位应完成施工安全保证体系的建立并报监理单位批准。工程施工过程中，施工单位还应结合工程进展、施工作业条件、现场施工安全条件的变化，以及施工安全措施执行中的实际情况，定期对施工安全保证体系进行补充、调整和完善，并报监理单位批准。

施工安全保证体系申报的主要内容包括：

1）施工安全管理机构的设置（包括各级施工安全管理机构的设置，各级施工安全管理机构责任人及其资历、资质情况）。

2）各级施工安全管理机构的职责、工作制度与岗位责任制。

3）施工安全防护设施的总体规划与布置。

4）安全教育制度以及施工安全的人员配置、培训与管理。

5）分部（单元）工程施工过程中的施工安全保证措施。

6）分部（单元）工程施工过程中的劳动保护与防护措施。

7）其他应报告事项，或发包人、监理单位要求报送的其他资料。

（2）工程施工单位应按合同文件规定，在单位工程、分部（单元）工程开工前应向监理单位提交的施工组织设计或施工措施计划中，编制详细的施工安全和劳动保护措施，一并报监理单位批准。

（3）对于汛期施工工程项目，施工单位应在开工前或进入汛期施工前，根据合同文件和发包人相关机构提供的水文、气象资料，结合施工单位监测的水文、气象数据，编制专门的安全度汛和防汛施工组织设计或施工措施计划报送监理单位批准。

（4）对属于高空、高危险区或特种爆破作业的施工项目或工作，施工单位应在施工作业前，编制专门的高空、高危险区或特种爆破施工安全作业措施计划报送监理单位批准。

（5）对于单元工程项目开工，工程施工单位应在申报开工前进行施工安全与劳动保护措施检查，并在施工安全设施、措施和劳动保护工作中落实，自检合格基础上向监理单位申报开工（仓）许可签证。

（6）因施工单位施工安全措施申报或施工安全设施、措施和劳动保护工作不力，导致施工延误，由施工单位承担合同责任。

6.8　施工安全技术措施

6.8.1　编制要求

（1）要在工程开工前编制，并经过审批，在工程图纸会审时，就必须考虑到施工安全，用于工程的各种安全设施能有较充分的时间做准备，从而保证了各种安全设施的落实。在施工过程中，由于工程变更等情况的发生，安全技术措施也必须及时相应补充、完善。

（2）要有针对性。编制安全技术措施的技术人员必须掌握工程概况、施工方法、场地环境和条件等第一手资料，并熟悉安全法规、标准等才能有针对性地编写安全技术措施。

1）针对不同工程的特点，对可能发生的危害，从技术上采取措施，消除危险，保证施工安全。

2）针对不同的施工方法，如立体交叉作业、框架整体提升装置及大模板施工等，可能给施工带来的不安全因素，从技术上采取措施，保证安全施工。

3）针对使用的各种机械设备、变配电设施可能给施工人员带来的危险因素，从安全保险装置等方面采取技术措施。

4）针对施工中有毒有害、易爆、易燃等作业可能给施工人员造成的危害，从技术上采取防护措施，防止发生伤害事故。

5）针对施工场地及周围环境可能给施工人员或周围居民带来的危害，以及材料、设备运输带来的困难和不安全因素，从技术上采取措施，加以保护。

（3）要考虑全面、具体。

安全技术措施均应贯彻于全部施工工序中，力求细致、全面、具体。例如，施工平面布置不当，临时工程多次迁移，工程材料多次转运，不仅影响施工进度，而且造成浪费，有的还留下隐患。再如，易爆易燃临时仓库及明火作业区、工地宿舍、厨房等位置选择及间距不当，可能酿成事故。只有把多种因素和各种不利条件考虑周全，有对策、有措施，才能真正做到预防事故发生。

但是，全面、具体不等于罗列一般通常的操作工艺、施工方法以及日常安全工作制度、安全纪律等。这些制度性规定、安全技术措施中不需再作抄录，但必须严格执行。

（4）对特殊工程要有相应要求。

对大型水利工程或一些面积大、结构复杂的重点工程，除必须在施工组织总设计中编制施工安全技术总体措施外，还应编制单位工程或分部（单元）工程安全技术措施。对爆破、吊装、水下及水上、深坑、高大模板、拆除等大型特殊工程，都要编制单项安全技术方案。此外，还应编制季节性施工安全技术措施。

总之，应该根据工程施工的具体情况进行系统的分析，选择最佳施工安全方案，编制有针对性的安全技术措施。

6.8.2　主要内容

1. 一般工程安全技术措施

（1）土方工程。根据基坑、基槽、地下工程等开挖深度和围岩的种类，选择合理的开挖与支护方法，确定边坡的坡度或采取相应基坑支护措施，以防止塌方。

（2）脚手架、吊篮、工具式脚手架等的选用及设计搭设方案和安全防护措施。

（3）高空作业的上下安全通道及防护措施。

（4）安全网的架设要求，范围（保护区域）、架设层次、段落。

（5）对施工用的电梯、井架（龙门架）等垂直运输设备，位置搭设的要求，稳定性、安全装置等的要求和措施。

（6）隧洞洞口及边坡的临时防护方法和立体交叉施工作业区的隔离措施。

（7）场内运输道路及人行通道的布置。

（8）编制施工临时用电的组织设计和绘制临时用电图纸。在建工程（包括脚手架具）的外侧边缘与外电架空线路的间距没有达到最小安全距离应采取的防护措施。

（9）施工机具的使用安全。

（10）模板的安装和拆除安全。

（11）在建工程与周围人行通道及民房的防护隔离设置。

2. 特殊工程安全技术措施

对于结构复杂，危险性大的特殊工程，应编制专项的安全措施，如围堰施工、硐室开挖、爆破作业、大型吊装、大跨度结构、各种特殊架设作业、高层脚手架、井架和拆除工程等，必须编制单项的安全技术措施，并要有设计依据、计算书、详图、文字描述等。

3. 季节性施工安全措施

季节性施工安全措施，就是考虑不同季节的气候对施工生产带来的不安全因素，可能造成的各种突发性事故，而从防护上、技术上、管理上采取的措施。一般建筑工程可在施工组织设计或施工方案的安全技术措施中，编制季节性施工安全措施；危险性大、高温露天作业多的工程，应单独编制季节性的施工安全措施。季节性主要指夏季、雨季和冬季。

各季节性施工安全的主要内容如下：

（1）夏季施工安全措施。夏季气候炎热，高温时间持续较长，主要是做好防暑降温工作。

（2）雨季施工安全措施。雨季进行作业，主要做好防触电、防雷击、防坍塌、防洪潮和防台风等项工作。

（3）冬季施工安全措施。冬季进行作业，主要应做好防风、防火、防滑、防毒气中毒等项工作。

6.8.3 督促落实

经批准的安全技术措施具有技术法规的作用，必须认真贯彻执行。遇到因条件变化或考虑不周必须变更安全技术措施内容时，应经由原编制、审批人员办理变更手续，否则不能擅自变更。

（1）要认真进行安全技术措施的交底。工程开工前，总工程师或技术负责人，要将工程概况、施工方法和安全技术措施，向参加施工的班组负责人、职工进行安全技术交底。每个分部工程开始前，应重复进行单项工程的安全技术交底。对安全技术措施中的具体内容和施工要求，应向现场负责人、工长进行详细交底并充分讨论，使执行者了解其道理，为安全技术措施的落实打下基础，安全交底应有书面材料，有双方的签字和交底日期。

(2) 安全技术措施中的各种安全设施、防护设置的实施应列入施工任务单，责任落实到班组或个人，并实行验收制度。

(3) 加强安全技术措施实施情况的检查，技术负责人、编制者和安全技术人员要经常深入工地检查安全技术措施的实施情况，及时纠正违反安全技术措施的行为，并根据实施情况及时补充和修改，使之更加完善、有效。各级安全部门要以施工安全技术措施为依据，以安全法规和各项安全规章制度为准则，经常性地对各工地实施情况进行检查，并监督各项安全措施的落实。

(4) 对安全技术措施的执行情况，除认真监督检查外，还应建立必要的与经济挂钩的奖罚制度。

6.9　安全教育与培训

6.9.1　安全教育与培训的内容

1. 安全生产思想教育

安全思想教育的目的是为安全生产奠定思想基础，通常从方针政策和劳动纪律两个方面进行。

(1) 方针政策教育。一是提高各级领导干部和广大职工群众对安全生产重要意义的认识。从思想上、理论上认识社会主义制度下搞好安全生产的重要意义，以增强关心人、保护人的责任感，树立牢固的群众观点。二是通过安全生产方针、政策教育，提高各级领导、管理干部和广大职工的政策水平，使他们正确、全面地理解党和国家的安全生产方针、政策，严肃、认真地执行安全生产方针、政策和法律法规，自觉遵法守法，实现安全生产。

(2) 劳动纪律教育。主要是使广大职工懂得严格执行劳动纪律对实现安全生产的重要性，企业的劳动纪律是劳动者进行共同劳动时必须遵守的规则和秩序。反对违章指挥，反对违章作业，严格执行安全操作规程，遵守劳动纪律是贯彻安全生产方针，减少伤亡事故，实现安全生产的重要保证。

2. 安全知识教育

企业所有职工必须具备安全基本知识。因此，全体职工都必须接受安全教育，每年应有规定时间进行安全培训。安全基本知识教育的主要内容是企业的基本生产概况；施工流程、方法；企业施工危险区域及其安全防护的基本知识和注意事项；机械设备、厂（场）内运输的有关安全知识；高处作业安全知识；生产（施工）中使用的有毒有害原材料或可能散发的有毒有害物质的安全防护基本知识；消防制度及灭火器材应用的基本知识；个人防护用品的正确使用知识等。

3. 安全技能教育

安全技能教育，就是结合本工程专业特点，实现安全操作、安全防护所必须具备的基本技术知识要求。每个职工都要熟悉本工种、本岗位专业安全技术知识，安全技能知识是比较专门、细致和深入的知识，它包括安全技术、劳动卫生和安全操作规程。国家规定建筑登高、架设、起重、焊接、电气、爆破、压力容器、锅炉等特种作业人员必须进行专门的安全技术培训，并经考试合格，持证上岗。

在开展安全生产教育中，可以结合典型经验和事故教训进行教育，因此，要注意收集本单位和外单位的先进经验及事故教训。宣传先进经验，既是教育职工找差距的过程，又是学、赶先进的过程；事故教育可以从事故教训中吸取有益的东西，防止今后类似事故的发生。

6.9.2 安全教育与培训的基本要求

安全教育与培训应定期或不定期进行，应根据教育对象的各自特点有针对性地进行，以取得良好的教育效果。

1. 领导干部的安全教育

安全生产工作是企业管理的一个组成部分，企业领导是安全生产工作的第一责任者。领导应自觉学习安全法规、安全技术知识，提高安全意识和安全管理工作领导水平，严格执行安全生产规章制度，言传身教，在群众中起示范带头作用。企业主管部门应经常对企业领导干部进行安全生产工作宣传教育、考核。建立健全经理（厂长）安全培训考核制度。

2. 新工人的3级安全教育

3级教育是企业必须坚持的安全生产基本教育制度。对新工人（包括新招收的合同工、临时工、学徒工、农民工及实习和代培人员）都必须进行公司、施工项目部、班组的3级安全教育。3级安全教育一般由安全、教育和劳资部门配合组织进行。经教育考试合格者才准许进入生产岗位；不合格者必须补课、补考。

对新工人的3级安全教育情况，要建立档案，如职工安全生产教育卡等，新工人工作一个阶段后还应进行重复性的安全教育，进一步强化安全意识。

3. 特种作业人员的培训

(1) 特种作业的定义是“对操作者本人，尤其对他人和周围设施的安全有重大危害因素的作业，称为特种作业”。直接从事特种作业者，称特种作业人员。

(2) 特种作业范围是电工作业、起重机械操作、爆破作业、金属焊接（气焊）工作、机动车辆驾驶、轮机操作、机动船舶驾驶、高架设作业以及符合特种作业基本定义的其他作业。

(3) 从事特种作业的人员必须经国家规定的有关部门进行安全教育和安全技术培训，并经考核合格取得操作证者，方准独立作业。同时，除机动车辆驾驶和机动船舶驾驶、轮机操作人员按国家有关规定执行外，其他特种作业人员两年进行一次复审。

6.9.3 经常性教育与培训

安全教育培训工作，必须做到经常化、制度化。

(1) 要把经常性的普及教育贯穿于管理工作的全过程，并根据接受教育对象的不同特点，采取多层次、多渠道和多种方法进行。经常性教育主要内容包括：

1) 劳动保护、安全生产法规及有关文件、指示。

2）各部门和每个职工的安全责任。

3）遵章守纪。

4）安全技术先进经验、技术革新成果。

5）事故案例及教训。

(2）采用新技术、新工艺、新设备、新材料和调换工作岗位时，要对操作人员进行新技术操作和新岗位的安全教育，未经教育不得换岗操作。

(3）班组应每周安排一次安全活动日，可利用班前或班后进行。其内容是：

1）学习国家和企业的安全生产规定。

2）回顾上周安全生产情况，提出下周安全生产要求。

3）分析班组工人安全思想动态及现场安全生产形势，表扬好人好事和提出需要吸取的教训。

(4）进行适时安全教育，应根据建筑施工的生产特点针对下述情况强化安全教育：

1）工程突击赶任务，往往不注意安全，应抓紧安全教育。

2）工程接近收尾时，容易忽视安全，应抓紧安全教育。

3）施工条件好时，容易麻痹，应抓紧安全教育。

4）季节气候变化，外界不安全因素多，应抓紧安全教育。

5）节假日前后，思想不稳定，应抓紧安全教育。

(5）纠正违章教育。企业对由于违反安全规章制度而导致重大险情或未遂事故的职工，及时进行教育。教育内容为违反的规章条文及其危害性。使受教育者充分认识自身的过失并吸取教训。对于情节严重的违章事件，除教育责任者本人外，还应通过适当的形式加以现身说法，扩大教育面。

6.9.4 安全教育培训的形式

安全教育培训可以根据各自的特点，因地制宜，采取多种形式进行。例如，建立安全教育室，举办多层次安全培训班、安全课、安全知识讲座、报告会，进行图片和典型事故照片展览，放映电视教育片，举办以安全生产为内容的书画摄影展览，举办安全知识竞赛，出版黑板报、墙报，编印简报等，还可考虑给职工家属发送安全宣传品，动员职工家属进行安全生产监督，总之安全教育切忌枯燥、无味。但同时，进行安全教育培训应注意思想性、严肃性、及时性。进行事故教育时，要避免片面性、恐怖性，应正确指出造成事故的原因及防范的措施。

6.10 安全检查

6.10.1 安全检查的目的与意义

1. 安全检查的目的

(1）预防伤亡事故，把伤亡事故频率和经济损失降到低于社会容许的范围以及国际同行业的先进水平。

(2）不断改善生产条件和作业环境，达到最佳安全状态。由于安全是与生产同时存在的，因此危及劳动者的不安全因素也同时存在，事故的原因也是复杂和多方面的。为此，必须通过安全检查对施工中存在的不安全因素进行预测、预报和预防。

2. 安全检查的意义

(1) 通过检查，可以发现施工中的不安全（人的不安全行为和物的不安全状态）、不卫生问题，从而采取对策，消除不安全因素，保障安全生产。

(2) 利用安全生产检查，进一步宣传、贯彻、落实国家安全生产方针、政策和各项安全生产规章制度。

(3) 安全检查实质上也是一次群众性的安全教育。通过检查，增强领导和群众安全意识，纠正违章指挥、违章作业，提高搞好安全生产的自觉性和责任感。

(4) 通过检查可以互相学习、总结经验、吸取教训、取长补短，有利于进一步促进安全生产工作。

(5) 通过安全生产检查，了解安全生产状态，为分析安全生产形势，研究加强安全管理提供信息和依据。

6.10.2 安全检查的内容与形式

1. 安全检查的内容

安全检查内容主要应根据施工特点，制定检查项目、标准。但概括起来，主要是检查思想认识、制度落实、机械设备、安全设施、安全教育培训、操作行为、劳保用品使用、伤亡事故的处理等。

2. 安全检查的形式

(1) 主管部门对下属单位进行的安全检查。主要针对本行业的特点，对带有共性的问题和主要问题进行检查、总结，对基层推动作用较大。

(2) 定期安全检查。企业内部必须建立定期分级安全检查制度。检查应由单位领导牵头，安全、动力设备等部门派员参加，属全面性和考核性的检查。

(3) 专业性安全检查。检查由企业有关业务部门组织，对某项专业（如脚手架）的安全问题或在施工中存在的普遍问题进行单项检查，这类检查专业性强，可结合单项评比进行。

(4) 经常性的安全检查。施工过程中进行的经常性的预防检查，能及时发现并消除隐患，保证施工正常进行。通常有：班组进行班前、班后岗位安全检查；各级安全员及值班人员日常巡回安全检查；各级管理人员在检查生产时，同时检查安全。

(5) 季节性及节假日前后安全检查。

(6) 施工现场的自检、互检和交接检查。

3. 安全检查的要求

(1) 各种安全检查都应该根据检查要求配备力量。特别是大范围、全面性安全检查，要明确检查负责人，抽调专业人员参加检查，并进行分工，明确检查内容、标准及要求。

(2) 各种安全检查都应有明确的检查目的和检查项目、内容及标准。“保证项目”要重点检查。对大面积或数量多的相同内容的项目可采取系统的观感和一定数量的测点相结合的检查方法。检查时尽量采用检测工具，用数据说话。对现场管理人员和操作工人不仅要检查是否有违章指挥和违章作业行为，还应进行应知应会知识的抽查，以便了解管理人员及操作工人的安全素质。

（3）检查记录是安全评价的依据，应认真、详细。特别是对隐患的记录必须具体，如隐患的部位、危险性程度及处理意见等。采用安全检查评分表的，应记录每项扣分的原因。

（4）安全检查需要认真、全面地进行系统分析，安全评价应恰如其分。哪些检查项目已达标，哪些检查项目虽然基本上达标，但是具体还有哪些方面需要进行完善，哪些项目没有达标，存在哪些问题需要整改。受检查单位（即使本单位自检也需要安全评价）根据安全评价可以研究对策，进行整改和加强管理。

（5）整改是安全检查工作重要的组成部分，是检查结果的归宿。整改工作包括隐患登记、整改、复查、销案。

4. 对检查出来的隐患处理

（1）检查中发现的隐患应该进行登记，不仅是作为整改的备查依据，而且是提供安全动态分析的重要信息渠道。例如，各单位或多数单位（工地、车间）安全检查都发现同类型隐患，说明是“通病”。若某单位安全检查中经常出现相同隐患，说明没有整改或整改不彻底，形成“顽症”。根据隐患记录的信息流，可以制定出指导安全管理的决策。

（2）安全检查中查出的隐患除进行登记外，还应发出隐患整改通知单，引起整改单位重视。对凡是有即发性事故危险的隐患，检查人员应责令停工，被查单位必须立即整改。

（3）对于违章指挥、违章作业行为，检查人员可以当场指出，进行纠正。

（4）被检查单位领导对查出的隐患，应立即研究整改方案，定人、定期限、定措施，立即进行整改。

（5）整改完成后要及时上报有关部门。有关部门要立即派员进行复查，经复查整改合格后，进行销案。

6.11　施工安全事故处理

发生安全事故应按《生产安全事故报告和调查处理条例（国务院令第493号）》进行报告和调查处理。

处理工程安全事故的原则即“四不放过”的原则：安全事故原因未查清不放过；职工和事故责任人受不到教育不放过；事故隐患不整改不放过；事故责任人不处理不放过。

建设工程安全事故发生后，监理工程师一般按以下程序进行处理：

（1）建设工程安全事故发生后，总监理工程师应签发《工程暂停令》，并要求施工单位必须立即停止施工，施工单位应立即实行抢救伤员，排除险情，采取必需的措施，防止事故扩大，并做好标识，保护好现场。同时，要求发生安全事故的施工总承包单位迅速按安全事故类别和等级向相应的政府主管部门上报，并于24h内写出书面报告。

工程安全事故报告应包括以下主要内容：

1）事故发生的时间、详细地点、工程项目名称及所属企业名称。

2）事故类别、事故严重程度。

3）事故的简要经过、伤亡人数和直接经济损失的初步估计。

4）事故发生原因的初步判断。

5）抢救措施及事故控制情况。

6）报告人情况和联系电话。

（2）监理工程师在事故调查组展开工作后，应积极协助，客观地提供相应证据，若监理单位无责任，监理工程师可应邀参加调查组，参与事故调查；若监理单位有责任，则应予以回避，但应配合调查组做好以下工作：

1）查明事故发生的原因、人员伤亡及财产损失情况。

2）查明事故的性质和责任。

3）提出事故的处理及防止类似事故再次发生所应采取措施的建议。

4）提出对事故责任者的处理建议。

5）检查控制事故的应急措施是否得当和落实。

6）写出事故调查报告。

（3）监理工程师接到安全事故调查组提出的处理意见涉及技术处理时，可组织相关单位研究，并要求相关单位完成技术处理方案，必要时，应征求设计单位的意见。技术处理方案必须依据充分，应在安全事故的部位、原因全部查清的基础上进行，必要时，组织专家进行论证，以保证技术处理方案可靠、可行，保证施工安全。

（4）技术处理方案核签后，监理工程师应要求施工单位制定详细的施工方案，必要时，监理工程师应编制监理实施细则，对工程安全事故技术处理的施工过程进行重点监控，对于关键部位和关键工序应派专人进行监控。

（5）施工单位完工自检后，监理工程师应组织相关各方进行检查验收，必要时进行处理结果鉴定。要求事故单位整理编写安全事故处理报告，并审核签认，进行资料归档。建设工程安全事故处理报告主要包括以下内容：

1）职工重伤、死亡事故调查报告书。

2）现场调查资料（记录、图纸、照片）。

3）技术鉴定和试验报告。

4）物证、人证调查材料。

5）间接和直接经济损失。

6）医疗部门对伤亡者的诊断结论及影印件。

7）企业或其主管部门对该事故所做的结案报告。

8）处分决定和受处理人员的检查材料。

9）有关部门对事故的结案批复等。

10）事故调查人员的姓名、职务，并签字。

（6）根据政府主管部门的复工通知，确认具备复工条件后，签发《工程复工令》，恢复正常施工。

练习题

单项选择题：

1. 安全生产法规是国家（ ）体系中的一个重要组成部分。

A. 经济建设　B. 法律　C. 生产

2.（ ）是我们国家的安全生产方针。

A. 安全保证生产、生产必须安全　B. 安全第一、质量第一

C. 安全第一、预防为主

3. 从事特种作业的劳动者，必须经过（ ），并取得特种作业资格。

A. 身体检查　B. 重新登记　C. 专门培训

4. 施工现场的“三违”是指：违章作业、违章指挥、（ ），70%以上的事故是由于“三违”造成的。

A. 违反操作的规程　B. 违反有关规定

C. 违反劳动纪律

5. 对未成年工不得安排从事特别繁重体力劳动，禁止加班加点工作。未成年工是指年满（ ），未满18周岁的劳动者。

A. 15周岁　B. 16周岁　C. 17周岁

6. 正确戴安全帽必须注意两点：一是帽衬与帽壳应有一定间隙不能紧贴；二是（ ）。

A. 应把安全帽戴正　B. 必须系紧下颌带

C. 不能坐在安全帽上

7. 正确使用安全带，是要求不准将安全绳打结使用、要把安全带挂在牢靠处和应（ ）。

A. 高挂低用　B. 低挂高用　C. 挂在与腰部同高处

8. 直接从事带电作业时，必须（ ），防止发生触电。

A. 有人监护　B. 穿绝缘鞋和戴绝缘手套

C. 戴绝缘手套

9. 从事电焊、气焊作业的工人，必须（ ）。

A. 戴护目镜或面罩

B. 穿绝缘鞋，戴护目镜或面罩

C. 戴焊接专用手套，穿绝缘鞋和戴护目镜和面罩

10. 施工现场电气发生火灾时，应先切断电源，再（ ）进行灭火，防止发生触电事故。

A. 使用干粉灭火器　B. 使用泡沫灭火器

C. 使用任何灭火器都可以

11. 电焊机的电箱应使用自动开关，不准使用（ ）。

A. 手动开关　B. 空气开关　C. 铁壳开关

12. 施工现场的开关电箱安装和使用，（ ）要求使用，防止发生误操作事故。

A. 可以一个电箱内多个闸刀，但一把闸刀控制一台设备

B. 不可以一把闸控制两台设备，但可以一个漏电保护器控制两把闸，每把闸控制一台设备

C. 按一台设备、一把闸、一个漏电保护器及自己专用的开关箱使用，不准混用

13. 施工现场必须严格执行安全技术交底制度，每道工序作业前，都要进行安全技术交底（　　）。

A. 由班长向全体施工人员讲解施工作业中的危险点和应该采取的安全措施以及作业中的注意事项

B. 由工地安全员向全体施工人员讲解施工作业中的危险点和应该采取的安全措施以及作业中的注意事项

C. 由施工负责人向全体施工人员讲解施工作业中的危险点和应该采取的安全措施以及作业中的注意事项

实训项目 8

安全监督管理实训：熟悉施工安全的预防、施工过程管理及安全事故处理的方法。

背景资料：2007 年 4 月 27 日，青海省某边坡支护工程施工现场发生一起坍塌事故，造成 3 人死亡、1 人轻伤，直接经济损失达 60 万元。

该工程拟建场地北侧为东西走向的自然山体，坡体高 12～15m，长 145m，自然边坡坡度 1∶0.5～1∶0.7。边坡工程 9m 以上部分设计为土钉喷锚支护，9m 以下部分为毛石挡土墙，总面积为 2000m^2。其中，毛石挡土墙部分于 2007 年 3 月 21 日由施工单位分包给私人劳务队（无法人资格和施工资质）进行施工。

4 月 27 日上午，劳务队 5 名施工人员人工开挖北侧山体边坡东侧 5m×1m×1.2m 毛石挡土墙基槽。下午 16 时左右，自然地面上方 5m 处坡面突然坍塌，除在基槽东端作业的 1 人逃离之外，其余 4 人被坍塌土体掩埋。

根据事故调查和责任认定，对有关责任方作出以下处理：项目经理、现场监理工程师等责任人分别受到撤职、吊销执业资格等行政处罚；施工、监理等单位分别受到资质降级、暂扣安全生产许可证等行政处罚。

讨论本工程开工前安全控制、施工过程安全培训及检查，对事故原因进行分析。

操作流程

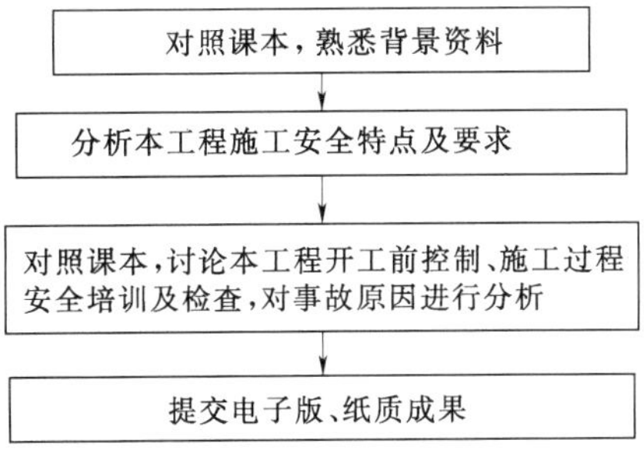

任务6

2009年2月11日14时30分，在某水电站河槽公路0+430.8m～0+441.06m桩号之间，高程在864m，施工单位立模班职工陈某正在安装模板。陈某站在混凝土仓外部，一手拿钉锤，一手用扒钉撬两块钢模板的U形扣孔，在用力过程中扒钉从U形孔中脱出，人体重心后仰，从864m高程坠落至852m高程，坠落高度12m，头部严重受伤，头骨破裂，脑浆外溢，失血过多死亡。

问题：

（1）对事故进行原因分析。

（2）拟出预防措施，监理工程师应怎样开展工作？

项目7 水利工程施工环境保护监理

教学目标

知识学习目标	7.1 水利工程环境保护监理的含义	7.2 环境保护监理的目的和任务	7.3 环境保护监理的特点	7.4 环境保护监理的主要依据和原则	7.5 环境保护监理的主要内容和方法	7.6 施工对环境的影响
了解			环境保护监理的特点			
熟悉		环境保护监理的目的和任务		环境保护监理的原则		施工对环境的具体影响
掌握	环境保护监理的含义				环境保护监理的具体内容和任务：质量控制、进度控制、投资控制、组织协调，以及合同和信息管理	工程施工期间的环境管理与保护措施
能力目标	根据环境保护监理的内容和任务开展环境保护监理的工作					

基本知识学习

随着我国社会主义现代化建设的逐步推进和国家经济实力的不断增强，特别是我国加入WTO后，国民的环保意识得到普遍提高，与环境资源相关的法规体系得到健全和发展，以《建设项目环境保护竣工验收管理规定（试行）》为标志，建设项目的环境管理已步入了"环境影响评价"与"环保措施验收"齐抓共管、双管齐下的良性轨道，进一步强化了"三同时"制度，为实施建设项目，尤其是大、中型建设项目环境保护监理提供了政策基础。建设工程监理制度在我国建设领域推行20年来，在工程建设中发挥了重要作用，取得了显著成绩，工程监理事业已引起全社会的广泛关注和重视，赢得了各级政府领导的普遍认可和支持，为开展建设项目环境保护监理奠定了良好的技术基础和社会氛围。

水利水电工程作为国家重要的基础设施建设项目，其本身的建设和运行是"非污染"

的，但其对生态环境和水土流失的影响以及施工的短期污染性环境影响较突出，故越来越受到人们的关注。2002年10月，国家环保总局等六部委联合下发了《关于在重点建设项目中开展环境保护监理试点的通知》，要求开展环境保护监理试点的13个重点建设项目中，水利水电工程就占到了6个，近50%，由此可见一斑。

水利水电工程施工环境保护具有点多面广、专业性和技术性较强等特点，完全由建设单位自行进行相关管理很难实现。而利用社会监理机构的知识、技能和经验、信息及必要的测试手段，为建设单位提供管理服务，无疑是经济和最有效的，也为开展环境保护监理提供了广阔的市场。建设项目环境保护监理在国内起步不久，尚处于试点研究探索阶段，现成的相关技术规范也不完善、不健全，因此水利水电工程施工环境保护监理具有重要的现实意义。

7.1　水利工程环境保护监理的含义

水利工程建设中的环境保护监理，是指项目法人委托社会化、专业化的环境保护监理单位，依据国家和地方环境保护的法律法规、主管部门批准的工程项目建设文件中环境影响评价文件、施工合同中有关环境保护的条款以及工程建设项目环境保护监理合同，按照建设项目环境保护“三同时”要求和“守法、诚信、公正、科学”的原则，对水利工程建设的环境保护实施监督监理的行为。

7.2　环境保护监理的目的和任务

水利水电工程施工环境保护监理的目的和任务主要是：依据与项目环境保护相关的法律、法规，以及相关技术标准、设计文件和建设工程承包合同，利用自己的知识、技能和经验、信息，以及必要的试验、测试手段，为建设单位提供监督管理服务；协调好工程建设与环境保护，以及业主、承包商及社会和公众利益。

7.3　环境保护监理的特点

7.3.1　专业面宽、政策性强、工作范围大

由于水利水电工程环境影响具有范围广、因素多等特点，决定了其环境保护监理较一般工程监理具有专业面宽、政策性强和工作范围大的特点。通常包括以下监理内容：

（1）生产废水和生活污水的处理措施。

（2）固体废弃物处理措施。

（3）大气污染防治措施。

（4）噪声污染防治措施。

（5）土地利用和水土保持。

（6）生态保护措施。

（7）施工区人群健康措施。

（8）环境影响报告书提出的其他环保措施。

（9）与监测单位及工程监理的配合工作。

（10）其他与环保监理相关的工作（如文物保护等）。

监理范围通常包括整个施工区及施工可能影响的区域。

7.3.2 设计滞后与设计变更频繁

一方面，在“报告书”阶段的环境保护措施设计深度远达不到实施的深度，环保设计相对滞后；另一方面，由于施工环境保护措施项目多、受施工组织变化影响大等原因，相应环保措施需随施工布置调整或实际需要不断优化和细化，变更频繁。

7.3.3 不确定因素多

水利水电工程环境保护是一项复杂的系统工程，政策性强，涉及面广，实施过程中常会出现环境影响报告书中没有涉及的项目和工作内容等不确定性因素。

7.3.4 监理对象多，外部接口多

水利水电工程具有工程量和投资大、专业划分细、施工分标较多，甚至工程监理也分若干标的特点，决定了施工环保监理具有监理对象多、外部接口多的特点，给环保监理工作增加了很大难度和工作量。水利水电工程的上述特点，要求监理工程师具有多方面的专业知识，并具有将其有机结合和综合运用的能力和良好的组织协调能力。

7.4 环境保护监理的主要依据和原则

7.4.1 监理依据

监理服务范围和工作内容主要依据是经批准的环境影响报告书和水土保持方案报告书；其措施效果的判定依据是经环保部门确认的环境标准、污染物排放标准及环境质量标准，以及批准的“水土保持方案报告书”提出的防治目标。相关法律法规及合同是协调各方关系的重要依据。

7.4.2 监理原则

（1）“客观、公正”原则。以事实为依据，以法律和有关合同为准绳，在维护建设单位的合法权益时，不损害承建单位和公众的权益。

（2）“三同时”和“及时性”原则。坚持环保措施与主体工程同时设计、同时施工、同时投入运行的原则。结合主体工程施工进度及其带来的环境影响按设计要求及时采取减免措施，对不确定性因素通过监督检查，及时发现问题，提出处理方案，避免影响和后果扩大。

（3）协调性原则。环保措施进度计划的制定和检查落实，必须与主体施工进度协调，不因环保措施实施进度滞后而影响工程形象及效益的发挥，也不能片面追求工程经济效益和进度而牺牲公众利益和环境。

7.5　环境保护监理的主要内容和方法

水利水电工程施工环境保护监理的主要内容和任务包括质量控制、进度控制、投资控制、组织协调以及合同和信息管理等。鉴于建设项目环境保护监理尚成功范例不多及相应规程不全面、不完善，结合水利水电工程环境保护监理特点，为便于操作和控制，将环境保护措施按其功能的主次地位或设计、施工情况差异分为3类。具体如下：

（1）一类项目。在主体工程施工及监理合同中有明确要求的，与环境影响关系密切或具有环保、水保功能的主体工程施工项目，如开挖边坡控制与处理、弃渣调运及堆存、料场开采工艺及边坡控制、施工迹地整治、围堰拆除以及相关施工工艺等主体工程施工及监理合同中有明确规定和要求的项目。

（2）二类项目。环保、水保专项设计中提出的内容和项目，如生产废水和生活污水的处理措施、固体废弃物处理措施、大气污染防治措施、噪声控制措施、水土保持及生态恢复措施、人群健康与环境卫生、野生动植物保护措施等。

（3）三类项目。由于原设计深度、认识水平以及政策变化等不确定性因素导致设计漏项、变更或变化的项目。

对于上述3类项目，由于环保所处的主次地位不同，环保监理应区别对待，采取不同的方法和工作程序。

7.5.1　质量控制方法和程序

在认真分析和研究主体工程施工合同、监理合同，以及与环保有关的工程设计资料、环境保护和水保设计文件基础上，快速、准确地界定项目类别，针对不同类别采取相应程序。

（1）一、二类项目。协助主体工程监理单位参与设计方案审查，定期对现场进行巡视和检查，发现问题以书面形式向业主和主体监理单位通报，并同时提出整改要求，督促、检查整改实施情况，参与相关内容的质量评定，协助签署相关手续和文件。对污染或损坏环境的行为以指令形式要求限期整改，必要时予以警告和适当的处罚；严格审查施工技术方案和施工组织设计；督促承包商加强内部质量管理，严格按照国家有关规定组织施工；在施工过程中，监理工程师应不断深入施工现场，必要时进行旁站监理，通过重要技术复核、工序作业检查、监督合同文件规定的质量要求，及时发现问题；在相应单项工程建设完成后，参加由实施单位组织的初步验收和由业主或环保主管部门主持的竣工验收；参加全部环保措施的质量验收和评定。

（2）三类项目。认真审核设计变更的必要性和合理性，及时发布相关指令；对审定的方案按一、二类项目程序进行控制。

7.5.2　进度控制方法和程序

为按时、保质完成各项环境保护措施，不因环保措施进度影响工程施工总进度，拟采取以下进度控制方法和程序：结合主体工程施工组织设计和实际进度，审核承包商提出的环保措施实施进度计划，并按上述原则确定切实可行的满足总进度要求的环境保护监理控制性进度目标，进行动态监理。一类项目参与审核和签发，二、三类项目是审核和签发。按照进度计划检查、督促承包商的实施，进行进度的监控与协调。对于一类项目，参与监控与协调，及时向业主和主体监理单位提出环保要求及影响后果，提出合理进度计划建议；对于二、三类项目则直接进行监控与协调，按相关程序下达指令和通知。

7.5.3 投资控制措施

(1) 监理单位参与设计概算审查，针对概算中存在的问题，进行具体分析，提出监理方的建议意见。

(2) 计量与支付签证。由于环保经费一般由承包商使用，因此监理单位需在合同范围内根据实施单位完成工程形象面貌、工作内容的多少来进行环保经费的拨付签证。业主单位根据监理单位的签证来进行经费的拨付。对于有形的工程和生物措施，参照主体工程计量方法，并考虑环保措施的专业特殊性，对相应实施情况计量后进行拨付签证；对部分软的、管理性措施或短暂、临时性措施，采取抽查方式，结合总进度情况进行支付签证。一类项目是协助主体监理单位参与相关工作，也可由业主将相应措施费用或按主体工程一定比例如以保证金等形式的签证权直接委托环保监理工程师签证。二、三类项目由环保监理进行计量和签证。

(3) 审核投资拨付情况，进行资金拨付的控制。各承包商应向监理单位提供资金拨付及使用的具体情况，监理机构通过全面了解和典型调查的方法，分析和掌握资金的使用情况。由于设计深度、不确定性等原因，投资估算与实际需要可能会有较大出入，要求监理工程师从设计入手，分析投资估算的准确性和合理性，在实施过程中，及时掌握投资使用情况，进行投资动态控制和管理，对偏差进行分析，及时修正或预估总投资变化，报业主决策。

7.5.4 组织协调

以设计技术文件、合同和相关政策法规、技术标准为依据，及时、公正、合理地做好协调工作，努力协调好业主、承包商、国家和公众利益的关系，使工程环保措施得以顺利实施。

7.5.5 合同管理

协助业主组织相关合同的订立、签发，并在合同实施过程中管理合同。在合同管理中，主要做好合同文件管理、会议管理、支付、合同变更、违约、索赔及风险分担、合同争议协调等工作。

7.5.6 信息管理

在环境保护监理工作中，信息管理作为监理的重要手段，其地位将更加突出，必须引起高度重视和认真执行。主要内容包括：及时、准确地掌握项目建设的信息；严格、有序地管理各种文件、图纸、记录、指令、报告和相关技术资料；完善信息资料的接收、签发、归档和查询等制度；力求及时、完整、准确和可靠地为本监理提供工作依据，确保监理任务圆满完成。

7.5.7　监理工作制度

监理工作制度包括工作记录制度、监理报告制度、函件往来制度、环境例会制度和会议纪要签发制度等，其基本思路和方法同水利工程施工监理。

7.6　施工对环境的影响

7.6.1　水利工程施工对环境的影响

1. 施工对土地利用、文物景观和生态系统的影响

在工程施工期间，除工程本身占用一定的土地外，在施工中乱堆弃渣、乱修临时设施，将造成土地浪费，开挖取土或堆弃不处理，对山坡及表土搅动较大，使周围植被遭到破坏，造成水土流失，淤塞河道，施工过程中机械碾压、施工人员践踏等又会带来青苗损失等。同时，工程建设施工对地形地貌、文物景观和生态系统等都会造成不同程度的影响。

2. 施工对水质的影响

在施工中，生产生活废污水的随意排放，会使地面水受到污染，甚至污染饮用水源，影响河道下游水质。如在桥墩施工中，挖坑排水，会使水质的含泥沙量有所增加。

3. 施工噪声的影响

水利工程开山辟地及爆破作业、路途运输土石方及其他建筑材料的载重汽车，以及建设工地的各种施工机械（如推土机、挖掘机、装载机等）在工作时都会产生不同程度的噪声，将给当地居民日常生活带来一定的影响。

4. 施工对空气质量的影响

施工期间各种车辆和施工机械在行驶和作业过程中排放的大量尾气；水泥、粉煤灰、沙石土料等运输和开挖爆破产生的尘灰；运输材料过程中由于道路凹凸不平或装运过饱满等原因造成的抛洒及车辆身后真空吸力所造成的道路扬尘；施工工地装卸、堆放材料及施工过程中由于地面干燥、松散由吹风所引起的风扬灰尘等。不仅会严重影响当地居民的生活及环境卫生，还能大大增加大气浮尘含量和有害成分，甚至给附近农作物带来不良影响。

5. 施工废弃物、悬浮物及生活垃圾的影响

工程建设施工期间，由于种种原因，要生产大量的废弃物，如开挖弃渣、灌注桩的废泥浆及废水、机修时的废油、砂石料、石灰块、水泥块等，这些废弃物有相当一部分散失在施工工地周围，造成土壤污染。还有来自施工现场的土石粉粒、粉煤灰、石灰、水泥等粉状建筑材料中的悬浮物及道路扬尘，在施工期间由于地表水的冲刷而流失，一部分沉积在工地周围土壤中，而另一部分进入当地河流中，对土壤和河水都会造成污染。在工程施工工地，每天都有大量的施工人员工作和生活，这些施工人员每天都要产生一定量的废水、生活垃圾等，这些废物总量虽然不多，但如不及时处理也将造成土壤及环境污染。

6. 施工对人群健康的影响

施工区生活环境简陋，但人员复杂，流动性大，容易传播流行性传染病、地方性疾病、自然疫源性疾病等，直接影响人群健康。

7.6.2 工程建设施工环境保护应遵循的原则

1. 工程建设与生态环境保护相结合的原则

水利工程施工要以科学发展观为统领，按照生态环境效益与社会经济效益协同发展原则，坚持工程建设与生态环境保护的有机结合，在开发中保护，在保护中开发，从过去单纯的施工管理转变为施工、生态环境、安全生产的全面管理，从过去单纯考虑工程效益转变为寻求工程效益与生态效益的最优组合。坚持人与自然的和谐共处，正确处理工程与人类、自然和环境保护的关系，把对环境的不利影响降低到最小程度，保证生态系统和经济系统的相互协调和良性循环。

2. 共生互补的原则

建立工程与自然环境和谐平等的相互关系，实现合作共存、互利互惠，相得益彰。例如，工程建设中的土地利用，不仅工程基础开挖的大量弃渣，需要占地堆放，工程运行的生产与生活场所，又需占地建设，若分开单独考虑，将造成土地资源的严重浪费，若综合考虑，形成共生土地利用系统，不仅可节约土地资源，而且还可节约劳力和资金。

3. 循环再生综合利用的原则

在施工中要充分利用再生循环过程中产生的材料，运用循环再生的原则，处理施工垃圾，变废为宝，保护生态环境，创造经济效益。如利用弃渣填沟平地，平衡土石方挖填，既可减少工程造价，又可以增加生态效益。

4. 合理利用主体空间的原则

其主要是为了解决水利工程施工总体布置中施工区域的空间组织问题，同时统筹兼顾施工区域有关土地的合理利用、水流的有效控制、周围的最小干扰等生态环境问题，实行全面规划，科学安排，协调一致。

5. 时程需求协调的原则

即将水利工程施工期间对环境因子量值的需求与施工期以及运行期各阶段的工程实施进行统筹兼顾，以提高工程的节能环保能力。如工程临时建筑物与永久建筑物相结合，既可减少临时建筑物的投资，又可以减少土地占用和恢复费用，并且还可以提高施工进度，一举多得。

7.6.3 工程施工期间的环境管理与保护措施

根据国家有关环境保护的政策法规，加强环境保护，采取多种行之有效的形式，大力进行宣传教育，充分认识水利水电工程建设对环境与生态可能产生的影响，牢固树立环保理念，提高生态与环境保护的意识，养成自觉维护生态环境的良好习惯，在工程的规划、设计、施工、运行及管理的各个环节中都要注意保护生态环境。同时，采取行政、科技、经济、法律等措施，建立施工环境保护管理体系，明确业主、监理和施工单位的职责任务，制订工程施工期环境保护计划，落实环境影响评价和环境保护设计中确定的减免措施，不随意捕猎砍伐水生动物和野生植物，注意保护动植物资源，尽量减轻施工对原有生态环境的破坏，使水利水电工程建设与资源环境的良性循环和社会、经济的可持续发展相协调，在造福人类的同时，保护好生态环境。

1. 工程业主单位的环境管理

工程业主要成立环境保护管理机构，在施工组织设计和工程造价中，充分考虑到环境保护因素，根据施工季节及时发布汛期防汛、旱季防尘等信息，在施工过程中进行有效监督和管理。其主要职责包括：一是制定建设期环境保护实施规划和管理办法；二是编制招标文件和承包项目合同中的环保条款。在施工承包合同中订立专门条款，加强工程支付管理，充分利用工程支付的调节作用，强化施工期间的环保工作；三是制定环境保护工作年度计划；四是组织实施并监督检查环保工程措施的落实；五是负责协调环保和其他部门的关系，配合环保部门做好环境监测检查工作，发现问题及时整改；六是编写年度环境保护工作报告及月、季、年报表；七是开展环境保护宣传、教育和培训工作；八是认真做好工程的竣工验收工作，环保项目未按要求实施完成的，不能通过验收。

2. 施工监理的环境管理

环境保护监理是工程监理的重要组成部分，是落实水利水电工程环境保护的有力措施，监理工程师不仅要抓好合同、进度、质量和建设资金使用的管理，还要加强环保管理，建立以总监负责制为核心的环境保护监理组织体系，完善各项监理制度和监理程序，落实监理具体措施，实行分工负责，对施工单位的环保工作实施情况进行监督。在施工准备阶段即应审查设计文件和施工方案是否满足环保要求，如有问题，应协助做好设计优化工作；在施工阶段应根据环境影响评价报告书确定监理的主要内容，检查环保工程设计是否得以实施、质量是否达到要求；检查环保工程资金的使用是否落到实处、配合环保职能部门做好施工期间的环保检测和监督工作。此外，对于施工单位存在的造成环境严重破坏和污染的施工活动，监理工程师必须依据相关环保法规、政策规定加以严格控制，并责成施工单位采取有效措施进行整改。在验收阶段，提交环境保护监理报告，参与业主组织的工程竣工验收和环保主管部门组织的环保监测验收。环境保护监理的内容主要包括：一是地表、地下水资源保护；二是施工区生活供水灭菌消毒的监测与检查；三是生活污水和生产废水的处理，排污口及水质监测；四是粉尘及有毒、有害气体的控制和大气监测；五是噪声污染控制和监测；六是固体废弃物的处理；七是水土流失的防治与植被恢复；八是人群健康保护；九是文物保护；十是环保设施的建设。

3. 施工单位的环境管理与保护措施

要高度重视环境保护工作，针对水利水电工程施工引起的环境问题，切实加强对施工活动及施工人员的管理，严格按照施工合同中环保条款的要求，指定专人负责环保工作，根据具体的施工计划制定与工程同步的施工区和生活区的环境保护措施计划，及时检查环保设施的建设及运行情况，妥善处理施工过程中出现的环保问题，对施工区域外的植物、树木尽量维持原状，防止由于工程施工造成施工区附近地区的环境污染，加强开挖边坡治理，防止冲刷和水土流失。积极开展尘、毒、噪声治理，合理排放废渣、生活污水和施工废水，最大限度地减少施工活动给周围环境造成的不利影响，改善和恢复施工区的良好环境。

施工单位应建立由项目经理领导下，生产副经理具体管理、各职能部门（工程管理部、质量安全部等）参与管理的环境保护体系。其中工程管理部负责制定项目环保措施和分项工程的环保方案，解决施工中出现的污染环境的技术问题，合理安排生产，组织各项环保技术措施的实施，减少对环境的干扰；质量安全部全面负责施工区及生活区的环境监测和保护工作，督促做好施工全过程的环境保护，加强环境监测，及时处理纠正涉及环境的有关问题，监督各项环保措施的落实，积极配合当地环境保护行政主管部门做好专项环境监督监测工作；其他各部门按其管辖范围，分别负责组织对施工人员的环境保护培训和考核，保证进场施工人员的文明和技术素质，严格执行有毒有害气体、危险物品的管理和领用制度，负责各种施工材料的节约和回收等。

(1) 防治水污染。根据国家水资源保护有关标准，控制进入水体污染物排放总量和污废水浓度标准，对砂石骨料加工清洗、混凝土养护、化学灌浆、机械废油、施工企业生产废水、生活污水等采取处理措施，防止直接排放污染水体，保证生活饮用水卫生，施工人员生活污水经化粪池处理后施与农田，施工机械检修冲洗废水经隔油沉淀处理后用于喷洒道路及施工场地。

(2) 防治对大气的污染。根据有关排放标准，采取措施消烟除尘，控制污染源，减少排放量；材料堆放应采取必要挡风措施，减少扬尘；组织好材料和土方运输，防止扬尘和材料散落造成环境污染；材料运输宜采用封闭性较好的自卸车运输或采取覆盖措施；对施工场地、材料运输及进出料场的道路应经常洒水防尘；施工机械车辆应安装尾气净化装置，各种燃油机械必须装置消烟除尘设备；砂石料加工及拌和工序必须采取防尘除尘措施；严禁在施工区焚烧会产生有毒有害或恶臭气体的物质；并加强施工机械、车辆的管理和维修保养，防止汽油、柴油、机油的泄漏，减少有毒、有害气体的排放量。

(3) 噪声防治。严格执行国家规定的噪声标准，采取减噪降振措施或选用低噪弱振设备和工艺，实行施工区与居住区分离，设置隔音设施，所有进场施工车辆、机械设备的外排噪声指标参数必须符合相关环保标准，尤其在靠近生活营地和居民区施工的单位，必须合理选择和调整施工时间和机械配置，尽可能在白天进行施工，严禁晚上进行大规模施工活动，减少和避免噪声扰民，保证施工的顺利进行和居民的正常生活。

(4) 固体废弃物处理。按照批准的弃渣规划有序地堆放和利用弃渣，防止任意倒放弃渣阻碍河、沟等水道，降低水道的行洪能力。结合造田、修路等利用弃渣，减少占用耕地、河道等；防止废弃物中有毒有害成分污染水体；采取一切措施尽可能防止运输车辆将砂石、混凝土、石渣等撒落在施工道路及工区场地上，安排专人及时进行清扫；工程施工人员生活垃圾应实行袋装化，并及时清运至施工区周围较近的城镇垃圾填埋场进行填埋处理，并做好人群健康保护工作。

(5) 防治疾病流行，保护人群健康。坚持预防为主，防治结合，认真做好疾病调查和防疫工作，采取有效措施，减免流行性传染病、地方性疾病、自然性疫源性疾病的发生，千方百计保护人民生命健康。

(6) 防治水土流失和生态破坏。按工程设计和合同要求合理利用土地，严格控制临时用地规模，减少或避免占用农田耕地，同时还要避免用地范围以外的耕地被机械碾压或堆放材料；临时用地在竣工后应及时复耕还田或恢复植被；进行土石方填挖和临时道路施工时，合理设置边坡的坡度，采取工程或生物防护措施，防止边坡失稳、滑坡、坍塌或水土流失；合理设置土石方填挖施工现场临时排水系统，及时疏导雨水，以减少雨水对挖填土坡坡面的冲蚀；填方坡面应及时夯实并进行边坡绿化；合理确定借土弃土位置，合理开采砂石料场，注意料场弃土弃渣分离处理；多余的土方尽量就地用来整理坡面，当不得不外运时，应该运至无自然保护价值的规定场所，弃土不得破坏或掩埋地表植物；当堆弃高度较高时，还应进行护面设计并应设挡土构造物以免将来发生坍塌；尽量避免在工地内造成不必要的生态环境破坏。

在工程施工期间要合理砍伐树木，清除地表余土或其他地上附着物，不乱砍、滥伐林木，不破坏草灌等植被，严禁在工地以外砍伐树木。施工后期及时对渣场、料场进行整治，使场地平顺，利于复耕或覆土绿化，以恢复河岸地表植被。并选择适宜本地区栽植的植物，进行生态护岸、草皮护坡，保持工程与周边生态环境的协调。在施工场地内外发现鸟巢或动物巢穴及受保护动植物，都要妥善保护。尽量减免工程施工对水域生态环境的影响。

(7) 保护好文物。地上、地下文物都归国家所有，任何单位或个人不能据为己有。在施工过程中，发现文物（或疑为文物）时，立即停止施工，采取合理的保护措施，防止移动或破坏，同时将情况立即通知业主和文物主管部门，保护好文物。

此外，环保、林业、土地、文物等有关部门要根据各自的职责和有关法规，相互协作，密切配合，加强对施工过程中的毁林占地、水土流失、噪声污染、大气污染、水质污染、景观破坏等情况的监督检查和实时监测，对于出现超标或影响环保的不良行为，及时通知施工单位进行整改，采取补救措施，严重者应追究法律责任，共同维护好工程施工期间的生态环境，使工程充分发挥社会、经济和环境等综合效益。

7.7 水利工程施工环境保护监理案例

7.7.1 黄河小浪底工程施工期的环境保护监理

黄河小浪底工程是部分资金利用世界银行贷款的项目，世界银行专家在关注工程建设的进度、质量和投资的同时，对环境问题也给予高度重视。在编制项目建议书和环境管理规划的同时，提出了设置环境管理部门和环境保护监理的要求；在编制招标文件时，也要求列入环境保护条款。因此，小浪底建设管理局于1993年设立了资源环境处，并于1995年9月，环境保护监理工程师进驻工地，在施工区和移民安置区开展环境保护监理工作，成为我国世界银行贷款项目首次开展环境保护监理工作的大型水利工程。黄河小浪底工程施工区较为集中，施工承包商少（3家），且均为国际承包商。小浪底工程建设管理局根据工程建设需要，从承包商进场就采取了集中、封闭式的施工期环境管理模式；同时环境保护监理工程师在现场监理过程中，依据施工承包合同文件中环保条款的有关约定，要求承包商实施环保，提交环境管理月报。通过环境保护监理工程师的现场工作，黄河小浪底工程施工期排放的生产废水和生活污水均得到处理，实现了达标排放；工程开挖和固体废弃物的处置严格按合同有关规定进行，避免了在施工过程中乱采乱挖和随意堆弃固体废弃物；生产废料和生活垃圾集中堆放，在指定的区域掩埋处理；施工区道路和施工场地定时洒水，扬尘得到有效控制。这些措施不仅保护了施工区和施工影响区的生态环境，而且改变了以往水利工程施工期环保工作无人问津的状态。

7.7.2 武汉市城市防洪工程的环境保护监理

武汉市防洪工程的环境保护监理工作，主要包括以下两个方面。

(1) 拆迁安置区环境保护监理。工程的监理、监测评估工作由有资质的独立专业机构承担。项目办公室下设的综合部具体负责有关移民事宜，同时加强监理工作，落实各项制度、监理的任务。通过监理使耕地被征用的农业人口能及时分到新的耕地通过对移民住房建设的质量、进度和投资的控制，使拆迁居民得到符合要求的住房，拆迁安置点的公共设施满足移民安置后的正常生活需要；帮助业主制定切实可行的移民安置计划，保证征地拆迁工作不影响城市防洪工程的进度；做好征地移民过程中的合同管理工作，及时协调合同执行中发生的问题。做好征地移民的信息管理，使征地移民工作纳入规范化和科学化的轨道。监测评估的任务，对本工程征地拆迁涉及的个人和单位进行全面的监测评估；通过定期调查，了解并掌握征地拆迁户在征地拆迁前后生产、生活和社会适应性调整等方面的实际情况，定期提交监测评估报告。

(2) 施工区环境保护监理。环境保护监理是工程监理的一个重要组成部分，由相关专业人员组成环境保护监理委员会。根据国家环保法律、法规和政策及施工合同中的环保条款，通过日常巡视、下发指令性文件等方式，监督、审查和评估施工环境保护措施的执行情况，及时发现和指正施工单位违反环境保护政策的行为，同时通过提交日记录、月报和环境保护监理进度报告（半年一次），及时将监理情况反馈给工程监理和工程建设项目经理部。

实践证明，水利工程建设引入的环境保护监理机制，是一种先进的环境管理模式，它能和工程建设紧密结合，使环境管理工作贯穿整个工程施工期，使被动的环境管理变为主动的环境管理，变以往环保工作的末端控制为过程控制，大大缩短了环境问题发现与解决的时间周期，有效地控制了工程施工对生态环境的破坏。

7.7.3 东深供水改造工程项目环境保护专项验收

广东省东江—深圳供水改造工程（以下简称东改工程）是对原东深供水工程进行彻底改造、实现清污分流、改善供水水质，并适当增加供水能力的跨流域的大型调水工程，该工程主要向香港及工程沿线提供饮用水源及工农业用水。

东改工程全长 51.7km，设计年供水量为 24.23 亿 m^3，设计流量为 100 m^3/s。工程为Ⅰ等工程。主要建设内容有：供水泵站 3 座，总装机 24 台，装机容量 10.4 万 kW；渡槽 3 座，总长 39km；无压隧洞 7 条，总长 14.5km；有压输水箱涵 9.9km；无压输水明槽、箱涵洞 10.4km；人工渠道 9.1km；分水口 36 个。工程建设计划总投资 47 亿元，实际总投资 41.3 亿元，设计工期 3 年半，计划建设工期 3 年，是广东省最早实行环境保护监理制度的工程，其环境保护验收结论见表 7-1。

表7-1　　环境保护验收结论

<table>
<tr><td>项目名称</td><td colspan="5">东深供水改造工程</td></tr>
<tr><td>建设规模</td><td colspan="5">2010年设计年供水量为24.23亿m^3</td></tr>
<tr><td>建设单位</td><td colspan="5">广东省东江一深圳供水改造工程建设总指挥部</td></tr>
<tr><td>建设地点</td><td colspan="5">东莞、深圳</td></tr>
<tr><td>开工时间</td><td>2000年8月</td><td>建成时间</td><td>2003年6月</td><td>试生产时间</td><td>2003年6月</td></tr>
<tr><td>总投资</td><td colspan="2">41.3亿元</td><td>环保投资</td><td colspan="2">1.0399亿元</td></tr>
<tr><td colspan="2">投产时生产规模或能力</td><td>17.0亿m^3/a</td><td>实际生产负荷</td><td colspan="2">17.0亿m^3/a</td></tr>
<tr><td>环评单位</td><td>国家环保总局华南环科所</td><td>环保设施设计单位</td><td colspan="3">广东省水利水电科学研究院和水利电力勘测设计研究院</td></tr>
<tr><td>环保设施施工单位</td><td>中国水利水电工程总公司、广东省水电机施公司、广东省水电建设公司等</td><td>环保验收调查单位</td><td colspan="3">广东省环境保护监测中心站</td></tr>
</table>

环境保护执行情况：

按照国家有关环境保护的法律法规，该项目进行了环境影响评价，履行了建设项目环境影响审批手续，落实了环评报告书及有关批复提出的生态保护及污染防治措施。对工程及沿线边坡进行防护绿化和美化，绿化面积达74万m^2，栽种花木136.6万株；修建了东深供水工程纪念园，景观效果良好。

施工期和试运行期执行了环境保护有关规定，进行了有效的环境管理。污水、噪声及粉尘污染采取了较为有效的防治措施，生产和生活污水采取了沉淀、隔油和化粪池处理；施工噪声采取了夜间限时及设置隔音设施，施工扬尘采取了洒水防尘措施；未发现扰民事件及未收到有关该项目的环保投诉；环境保护相关文件齐全，档案管理良好。

验收调查结果：

(1) 东深供水改造工程采取了有针对性的水土保持措施，沿线各段占用的土地已得到较合理的恢复和利用，造成的水土流失及对自然和农业生态环境的影响较小，沿线生态系统稳定。

(2) 施工期的污水、粉尘和噪声污染防治取得一定的效果；金湖泵站噪声监测结果基本达到《工业企业厂界噪声标准》(GB 12348—1990) Ⅱ类标准的要求。

(3) 公众调查结果满意和基本满意率达到99%。

该工程已达到国家建设项目竣工环保验收的要求。现将该公司环保验收检查情况于2004年10月20日至10月26日在环保局网站上公示，并接受公众来电、来信、来访等多种形式反映问题，环保局将对所反映的问题进行调查、核实和处理，并作为环保验收依据之一

练习题

简答题：

1. 环境保护监理的主要工作内容有哪些？
2. 施工单位防治水污染有哪些措施？

实训项目9

操作流程

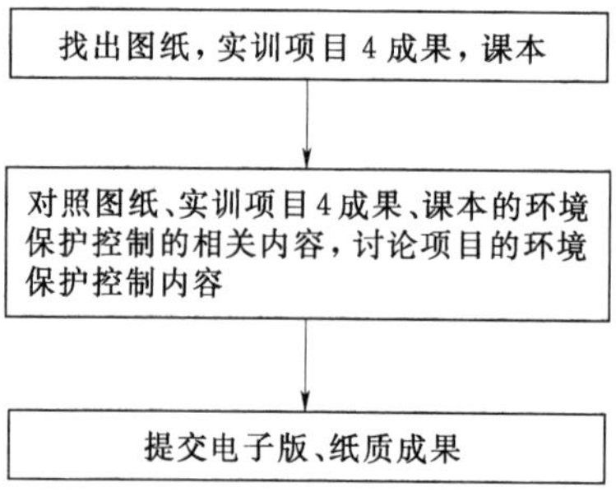

项目 8 水利工程施工合同管理

教学目标

知识学习目标	8.1 水利工程施工合同管理的概念	8.2 水行政主管部门及相关部门对施工合同的管理	8.3 发包人对施工合同的管理	8.4 监理人对施工合同的管理	8.5 承包人对合同的管理	8.6 水利工程施工合同文件	8.7 实施过程中的施工合同管理
了解		水行政主管部门及相关部门对施工合同的管理					
熟悉	水利工程施工合同管理概念		发包人对施工合同的管理			水利工程施工合同文件	
掌握				监理人对施工合同的管理	承包人对合同的管理		实施过程中的施工合同管理
能力目标	掌握一定的施工合同管理方法、技巧和手段						

基本知识学习

8.1 水利工程施工合同管理的概念

《水利水电工程标准施工招标文件》(2009 年版)对发包人、承包人、监理人作出了明确的定义。合同当事人为发包人和(或)承包人;发包人为专用合同条款中指明并与承包人在合同协议书中签字的当事人;承包人为专用合同条款中指明并与发包人在合同协议书中签字的当事人;监理人为在专用合同条款中指明的,受发包人委托对合同履行实施管理的法人或其他组织。

水利工程施工合同是水利工程建设项目的主要合同。水利工程施工合同，指水利建设项目中的发包人和承包人，为完成特定的工程项目，明确相互权利、义务关系的协议。承包人应完成合同规定的项目施工任务，发包人按合同约定提供必要的施工条件并支付工程价款。

水利工程施工合同管理，是指水利建设主管机关、发包人、监理人、承包人依照法律和行政法规、规章制度，采取法律的、行政的手段，对水利工程施工合同关系进行组织、指导协调和监督，保护水利工程施工合同当事人的合法权益，处理水利工程施工合同纠纷，防止和制裁违法行为，保证水利工程施工合同贯彻实施等一系列活动。水利工程施工合同实行动态管理，其过程可概括为：确定阶段目标，监督、检查、协调、纠偏或及时调整目标，总结、确定下一阶段目标。实现这一过程的主要手段就是组织合同涉及的单位或部门，召开定期例会或不定期的协调会议，形成各方一致认可的书面记录，各方共同遵照执行，由此促进合同涉及各方的相互沟通、协调配合，及时解决合同执行过程中出现的问题和矛盾，确保合同的顺利执行。

施工合同管理是当事人项目管理的核心，其合同管理的任务可分两个部分。

1. 合同签订前

招投标阶段及合同的谈判阶段，是合同管理的关键阶段。监理人应协助招标人进行工程合同的策划，解决各关联合同之间的协调问题，起草或审查好招标文件，包括招标文件中的合同主要条款。投标人应分析招标文件和审查合同文本，作出相应的分析报告，对合同的风险性及可取得利润作出评估，针对招标文件编制投标文件。可通过《水利工程招投标与合同管理》学习更多知识。

2. 合同签订后

合同当事人应建立合同实施保证体系，保证合同实施过程中的一切日常事务性工作有秩序进行，使工程项目的全部合同事件处于控制中，保证合同目标的实现；对合同实施情况进行跟踪，收集合同实施信息，收集各种工程资料，做出相应的信息处理，对比分析合同实施情况与合同分析资料，找出偏离，对合同履行情况做出诊断，及时提出合同实施方面的意见、建议，甚至警告；进行合同变更管理，主要包括参与变更谈判，对合同变更进行事务性处理，落实变更措施，修改变更相关的资料，检查变更措施的落实情况；日常的索赔和反索赔工作。

合同管理的作用：确保合同双方严格执行合同中明确规定的双方具体的权利与义务；增强合同双方履行合同的自觉性，调动建设各方的积极性，使合同双方自觉遵守法律规定，共同维护当事人双方的合法权益。水利工程的施工全过程实际就是合同管理的过程。

8.2　水行政主管部门及相关部门对施工合同的管理

水行政主管部门对施工合同的管理主要从规范施工合同、批准水利工程项目的建设、对水利建设活动实施监督等方面进行。质量监督机构对合同履行的监督主要有：监督水利工程参建各方的主体质量行为，如发包人质量行为、监理人质量行为、承包人质量行为等；监督水利工程的实体质量，如对地基与基础工程、主体结构工程，竣工工程的抽查验收；对工程竣工验收的监督等方面。

1. 对合同的形成过程进行监督

《水利工程建设项目招标投标行政监督暂行规定》（水建管［2006］38号，简称《暂行规定》，自2006年4月1日起施行）具体规定如下：

县级以上水行政主管部门或流域机构，是水利工程建设项目招投标活动的行政监督部门。中央项目，由水利部或流域机构按项目管理权限实施行政监督；地方项目，由项目水行政主管部门实施行政监督。与水利工程建设项目招标投标活动有关的单位和个人必须自觉接受行政监督部门的行政监督。

水利工程建设项目招标投标活动的行政监督一般采取事前报告、事中监督和事后备案的方式进行。主要内容有：对招标准备工作的监督；对资格审查（含预审和后审）的监督；对开标的监督；对评标的监督；对定标的监督。具体监督内容见《暂行规定》。

2. 对施工工程合同的项目划分及其调整进行监督

《水利水电工程施工质量检验与评定规程》（SL 176—2007），以下简称《评定规程》，规定工程质量监督机构对项目划分及其调整拥有确认权。

发包人负责组织监理、设计及施工等单位，进行工程项目划分，并确定主要单位工程、主要分部工程、重要隐蔽单元工程和关键部位单元工程，在主体工程开工前，将项目划分表及说明书面报所属质量监督机构确认。工程质量监督机构收到项目划分书面报告后，应当在14个工作日内，对项目划分进行确认，并将确认结果书面通知发包人。

工程施工过程中，由于设计变更、施工部署的重新调整等诸多因素，需要对工程开工初期批准的项目划分进行调整。但对影响上述工程项目划分的调整时，应当重新报送工程质量监督机构进行确认。

3. 对合同工程的质量进行监督

《评定规程》规定，水行政主管部门及其委托的水利行业质量监督机构，对水利水电工程施工质量检验与评定工作进行监督。水利工程质量监督机构是水行政主管部门对水利水电工程质量进行监督管理的专职机构，参建各方应当主动接受工程质量监督机构对其质量行为和工程实体质量的监督与检查。

4. 对监理合同进行监督

2007年2月1日起实行的《水利工程建设监理规定》规定：县级以上人民政府水行政主管部门和流域管理机构应当加强对水利工程建设监理活动的监督管理，对发包人和监理人执行国家法律法规、工程建设强制性标准以及履行监理合同的情况进行监督检查，发包人应当依据监理合同对监理活动进行检查；县级以上人民政府水行政主管部门和流域管理机构在履行监督检查职责时，有关单位和人员应当客观、如实反映情况，提供相关材料；县级以上人民政府水行政主管部门和流域管理机构实施监督检查时，不得妨碍监理人和监理人员正常的监理活动，不得索取或者收受被监督检查单位和人员的财物，不得谋取其他不正当利益；县级以上人民政府水行政主管部门和流域管理机构在监督检查中，发现监理人有违规行为的，应当责令纠正，并依法查处。

8.3　发包人对施工合同的管理

1. 发包人的义务和责任

《水利水电工程标准施工招标文件》（2009年版），在第4章第1节通用合同条款第2条款明确指出，发包人的义务如下：

（1）遵守法律。发包人在履行合同过程中应遵守法律，并保证承包人免于承担因发包人违反法律而引起的任何责任。

（2）发出开工通知。发包人应委托监理人按通用合同条款第11.1款的约定向承包人发出开工通知。

（3）提供施工场地。发包人应在合同双方签订合同协议书后的14d内，将本合同工程的施工场地范围图提交给承包人。发包人提供的施工场地范围图应标明场地范围内永久占地与临时占地的范围和界限，以及指明提供给承包人用于施工场地布置的范围和界限及其有关资料。发包人提供的施工用地范围在专用合同条款中约定。除专用合同条款另有约定外，发包人应按技术标准和要求（合同技术条款）的约定，向承包人提供施工场地内的工程地质图纸和报告，以及地下障碍物图纸等与施工场地有关资料，并保证资料的真实、准确、完整。

（4）协助承包人办理证件和批件。发包人应协助承包人办理法律规定的有关施工证件和批件。

（5）组织设计交底。发包人应根据合同进度计划，组织设计单位向承包人进行设计交底。

（6）支付合同价款。发包人应按合同约定向承包人及时支付合同价款。

（7）组织竣工验收（组织法人验收）。发包人应按合同约定及时组织法人验收。

（8）其他义务。其他义务在专用合同条款中补充约定。

如果发包人未履行以上义务，则应当承担相应责任。

2. 合同履行中发包人的职责

发包人作为项目的投资者与所有者，在施工合同实施阶段的主要职责有：选定发包人代表、任命监理工程师（必要时可撤换），并以书面形式通知承包人，如系国际贷款项目还应当通知贷款方；根据合同要求负责解决工程用地征用手续以及移民等施工前期准备工作问题；批准承包人转让部分工程权益的申请，批准履约保证和承包人，批准承包人提交的保险单；在承包人有关手续齐备后，及时向承包人拨付有关款项；负责为承包人开证明信，以便承包人为工程的进口材料、设备以及承包人的施工装备等办理海关、税收等有关手续；主持解决合同中的纠纷、合同条款必要的变动和修改（需经双方讨论同意）；及时签发工程变更指令（包括工程量变更和增加新项目等），并确定这些变更的单价与总价；批准监理工程师同意上报的工程延期报告；对承包人的信函及时给予答复；负责编制并向上级及外资贷款单位送报财务年度用款计划，财务结算及各种统计报表等；协助承包人（特别是外国承包人）解决生活物资供应、运输等问题；负责组成验收委员会进行整个工程或局部工程的初步验收和最终竣工验收，并签发有关证书；如果承包人违约，发包人有权终止合同并授权其他人去完成合同。

3. 发包人应当委托监理人作为在现场监管合同实施的唯一管理者

监理人应当是受发包人委托在现场监管合同实施的唯一管理者，发包人对合同的决策和意见应当通过监理人员下达指令贯彻执行，以避免现场指挥混乱。因此，除合同中另有规定外，承包人只从总监和其授权的监理人员处取得指示。

8.4 监理人对施工合同的管理

1. 监理人的职责和权力

《水利水电工程标准施工招标文件》（2009 年版），在第 4 章第 1 节通用合同条款第 3.1 条款明确指出，监理人的职责和权力如下：

（1）监理人受发包人的委托，享有合同约定的权力。监理人的权力范围在专用合同条款中明确。当监理人认为出现了危及生命、工程或毗邻财产等安全的紧急事件时，在不免除合同约定的承包人责任的情况下，监理人可以指示承包人实施为消除或减少这种危险所必须进行的工作，即使没有发包人的事先批准，承包人也应立即遵照执行。监理人应按第 15 条的约定增加相应的费用，并通知承包人。

（2）监理人发出的任何指示应视为已得到发包人的批准，但监理人无权免除或变更合同约定的发包人和承包人的权利、义务和责任。

（3）合同约定应由承包人承担的义务和责任，不因监理人对承包人提交文件的审查或批准，对工程、材料和设备的检查和检验，以及为实施监理作出的指示等职务行为而减轻或解除。

2. 总监理工程师

总监理工程师（总监）指由监理人委派常驻施工场地对合同履行实施管理的全权负责人。总监理工程师应负责全面履行监理合同中所约定的监理单位的职责。《水利工程建设项目施工监理规范》（SL 288—2003）规定的总监理工程师主要职责如下：

主持编制监理规划，制定监理机构规章制度，审批监理实施细则，签发监理机构的文件；确定监理机构各部门职责分工及各级监理人员职责权限，协调监理机构内部工作；指导监理工程师开展工作；负责本监理机构中监理人员的工作考核，调换不称职的监理人员；根据工程建设进展情况，调整监理人员；主持审核承包人提出的分包项目和分包人，报发包人批准；审批承包人提交的施工组织设计、施工措施计划、施工进度计划和资金流计划；组织或授权监理工程师组织设计交底；签发施工图纸；主持第一次工地会议，主持或授权监理工程师主持监理例会和监理专题会议；签发进场通知、合同项目开工令、分部工程开工通知、暂停施工通知和复工通知等重要监理文件；组织审核付款申请，签发各类付款证书；主持处理合同违约、变更和索赔等事宜，签发变更和索赔的有关文件；主持施工合同实施中的协调工作，调解合同争议，必要时对施工合同条款做出解释；要求承包人撤换不称职或不宜在本工程工作的现场施工人员或技术、管理人员；审核质量保证体系文件并监督其实施；审批工程质量缺陷的处理方案；参与或协助发包人组织处理工程质量及安全事故；组织或协助发包人组织工程项目的分部工程验收、单位工程完工验收、合同项目完工验收，参加阶段验收、单位工程投入使用验收和工程竣工验收；签发工程移交证书和保修责任终止证书；检查监理日志；组织编写并签发监理月报、监理专题报告、监理工作报告；组织整理监理合同文件和档案资料。

总监理工程师不得将以下工作授权给副总监理工程师或监理工程师：主持编制监理规划，审批监理实施细则；主持审核承包人提出的分包项目和分包人；审批承包人提交的施工组织设计、施工措施计划、施工进度计划和资金流计划；主持第一次工地会议，签发进场通知、合同项目开工令、暂停施工通知、复工通知；签发各类付款证书；签发变更和索赔的有关文件；要求承包人撤换不称职或不宜在本工程工作的现场施工人员或技术、管理人员；签发工程移交证书和保修责任终止证书。签发监理月报、监理专题报告和监理工作报告。

一名总监理工程师只宜承担一个工程建设项目的总监理工程师工作。如需担任两个标段或项目的总监理工程师时，应经发包人同意，并配备副总监理工程师。总监理工程师可通过书面授权副总监理工程师履行除总监理工程师不得授权项规定外的总监理工程师的职责。

发包人应在发出开工通知前将总监理工程师的任命通知承包人。总监理工程师更换时，应在调离 14d 前通知承包人。总监理工程师短期离开施工场地的，应委派代表代行其职责，并通知承包人。

总监理工程师可以授权其他监理人员负责执行其指派的一项或多项监理工作。总监理工程师应将被授权监理人员的姓名及其授权范围通知承包人。被授权的监理人员在授权范围内发出的指示视为已得到总监理工程师的同意，与总监理工程师发出的指示具有同等效力。总监理工程师撤销某项授权时，应将撤销授权的决定及时通知承包人。

承包人对总监理工程师授权的监理人员发出的指示有疑问的，可向总监理工程师提出书面异议，总监理工程师应在 48h 内对该指示予以确认、更改或撤销。

除专用合同条款另有约定外，总监理工程师不应将应由总监理工程师作出确定的权力授权或委托给其他监理人员。

应由总监理工程师作出确定的内容如下：

(1) 合同约定总监理工程师应进行商定或确定时，总监理工程师应与合同当事人协商，尽量达成一致。不能达成一致的，总监理工程师应认真研究后审慎确定。

(2) 总监理工程师应将商定或确定的事项通知合同当事人，并附详细依据。对总监理工程师的确定有异议的，构成争议，按照约定处理。在争议解决前，双方应暂按总监理工程师的确定执行，按照约定对总监理工程师的确定作出修改的，按修改后的结果执行。

3. 监理人员

监理人员应妥善做好发包人所提供的工程建设文件资料的保存、回收及保密工作。

监理人员除总监理工程师外，还包括副总监理工程师、专业监理工程师、监理员。

副总监理工程师应履行以下职责：负责总监理工程师指定或交办的监理工作；按总监理工程师的授权，行使总监理工程师的部分职责和权力。

专业监理工程师应履行以下职责：负责编制本专业的监理实施细则；负责本专业监理工作的具体实施；组织、指导、检查和监督本专业监理员的工作，当人员需要调整时，向总监理工程师提出建议；审查承包单位提交的涉及本专业的计划、方案、申请、变更，并向总监理工程师提出报告；负责本专业分项工程验收及隐蔽工程验收；定期向总监理工程师提交本专业监理工作实施情况报告，对重大问题及时向总监理工程师汇报和请示；根据本专业监理工作实施情况做好监理日记；负责本专业监理资料的收集、汇总及整理，参与编写监理月报；核查进场材料、设备、构配件的原始凭证、检测报告等质量证明文件及其质量情况，根据实际情况认为有必要时对进场材料、设备、构配件进行平行检验，合格时予以签认；负责本专业的工程计量工作，审核工程计量的数据和原始凭证。

监理员应履行以下职责：在专业监理工程师的指导下开展现场监理工作；检查承包单位投入工程项目的人力、材料、主要设备及其使用、运行状况，并做好检查记录；复核或从施工现场直接获取工程计量的有关数据并签署原始凭证；按设计图及有关标准，对承包单位的工艺过程或施工工序进行检查和记录，对加工制作及工序施工质量检查结果进行记录；担任旁站工作，发现问题及时指出并向专业监理工程师报告；做好监理日记和有关的监理记录。

4. 监理人的指示

监理人发出的指示，是合同管理中的重要文件。监理人应按合同约定向承包人发出指示，监理人的指示应盖有现场监理机构印章，并由总监理工程师或总监理工程师授权的监理人员签字。

承包人收到监理人的指示后应遵照执行。指示构成变更的，应按《水利水电工程标准施工招标文件》（2009 年版），在第 4 章第 1 节通用合同条款第 15 条处理。

在紧急情况下，总监理工程师或被授权的监理人员可以当场签发临时书面指示，承包人应遵照执行。承包人应在收到上述临时书面指示后 24h 内，向监理人发出书面确认函。监理人在收到书面确认函后 24h 内未予答复的，该书面确认函应被视为监理人的正式指示。

除合同另有约定外，承包人只从总监理工程师或被总监理工程师授权的监理人员处取得指示。

由于监理人未能按合同约定发出指示、指示延误或指示错误而导致承包人费用增加和（或）工期延误的，由发包人承担赔偿责任。

5. 监理人应当公正地履行职责

监理人应当严格按照合同规定，公正地履行职责。监理人按合同要求发出指示、表示意见、审批文件、确定价格，以及采取可能涉及发包人或承包人的义务和权利的行动时，应当认真查清事实，并与双方充分协商后作出公正的决定。

8.5　承包人对合同的管理

1. 承包人的基本义务

《水利水电工程标准施工招标文件》（2009 年版），在第 4 章第 1 节通用合同条款第 4.1 条款明确指出，承包人的义务如下：

（1）遵守法律。承包人在履行合同过程中应遵守法律，并保证发包人免于承担因承包人违反法律而引起的任何责任。

(2) 依法纳税。承包人应按有关法律规定纳税，应缴纳的税金包括在合同价格内。

(3) 完成各项承包工作。承包人应按合同约定以及监理人的指示，实施、完成全部工程，并修补工程中的任何缺陷。除对发包人提供的材料和工程设备、发包人提供的施工设备和临时设施另有约定外，承包人应提供为完成合同工作所需的劳务、材料、施工设备、工程设备和其他物品，并按合同约定负责临时设施的设计、建造、运行、维护、管理和拆除。

(4) 对施工作业和施工方法的完备性负责。承包人应按合同约定的工作内容和施工进度要求，编制施工组织设计和施工措施计划，并对所有施工作业和施工方法的完备性和安全可靠性负责。

(5) 保证工程施工和人员的安全。承包人应按承包人的施工安全责任约定采取施工安全措施，确保工程及其人员、材料、设备和设施的安全，防止因工程施工造成的人身伤害和财产损失。

(6) 负责施工场地及其周边环境与生态的保护工作。承包人应按照环境保护约定负责施工场地及其周边环境与生态的保护工作。

(7) 避免施工对公众与他人的利益造成损害。承包人在进行合同约定的各项工作时，不得侵害发包人与他人使用公用道路、水源、市政管网等公共设施的权利，避免对邻近的公共设施产生干扰。承包人占用或使用他人的施工场地，影响他人作业或生活的，应承担相应责任。

(8) 为他人提供方便。承包人应按监理人的指示为他人在施工场地或附近实施与工程有关的其他各项工作提供可能的条件。除合同另有约定外，提供有关条件的内容和可能发生的费用，由监理人商定或确定。

(9) 工程的维护和照管。除合同另有约定外，合同工程完工证书颁发前，承包人应负责照管和维护工程。合同工程完工证书颁发时尚有部分未完工程的，承包人还应负责该未完工程的照管和维护工作，直至完工后移交给发包人为止。

(10) 其他义务。其他义务在专用合同条款中补充约定。

如果承包人没有履行以上各项义务，则应当按施工合同规定，承担相应责任。

2. 承包人合同管理的注意事项

加强合同意识，重视合同管理；建立以合同管理为核心的组织机构；明确合同管理的工作流程；制定必要的合同管理工作制度（如合同交底制度、责任分解制度、每日工作报送合同管理工程师制度、进度款的合同管理工程师审查制度）；重视合同文本分析（合法性分析、完备性分析）；重视合同变更管理；加强分包合同管理；重视合同管理人才的培养等。

承包人不得将其承包的全部工程转包给第三人，或将其承包的全部工程肢解后以分包的名义转包给第三人；不得将工程主体、关键性工作分包给第三人，除专用合同条款另有约定外，未经发包人同意，承包人不得将工程的其他部分或工作分包给第三人。

分包人的资格能力应与其分包工程的标准和规模相适应。按投标函附录约定分包工程的，承包人应向发包人和监理人提交分包合同副本。承包人应与分包人就分包工程向发包人承担连带责任。

分包分为工程分包和劳务作业分包。工程分包应遵循合同约定或者经发包人书面认可。禁止承包人将本合同工程进行违法分包。分包人应具备与分包工程规模和标准相适应的资质和业绩，在人力、设备、资金等方面具有承担分包工程施工的能力。分包人应自行完成所承包的任务。

在合同实施过程中，如承包人无力在合同规定的期限内完成合同中的应急防汛、抢险等危及公共安全和工程安全的项目，发包人可对该应急防汛、抢险等项目的部分工程指定分包人。因非承包人原因形成指定分包条件的，发包人的指定分包不应增加承包人的额外费用；因承包人原因形成指定分包条件的，承包人应承担指定分包所增加的费用。由指定分包人造成的与其分包工作有关的一切索赔、诉讼和损失赔偿由指定分包人直接对发包人负责，承包人不对此承担责任。

承包人和分包人应当签订分包合同，并履行合同约定的义务。分包合同必须遵循承包合同的各项原则，满足承包合同中相应条款的要求。发包人可以对分包合同实施情况进行监督检查。承包人应将分包合同副本提交发包人和监理人。除指定分包外，承包人对其分包项目的实施以及分包人的行为向发包人负全部责任。承包人应对分包项目的工程进度、质量、安全、计量和验收等实施监督和管理。分包人应按专用合同条款的约定设立项目管理机构组织管理分包工程的施工活动。

8.6 水利工程施工合同文件

标准化的合同条款，有助于合理平衡合同各方的权利和义务，公平合同各方之间的风险和责任分配，降低风险顾虑，统一合同管理人员及其培训内容、管理依据。本书从《水利水电工程标准施工招标文件》（2009 年版）及国家发展和改革委员会等九部委联合编制的《标准施工招标文件》中摘录整理出《水利水电工程施工合同条件》（2009 年版），详见附录，应认真学习，熟悉主要条款的内容。

根据水建管［2009］629 号文中的规定：《水利水电工程标准施工招标文件》（2009 年版）自 2010 年 2 月 1 日起施行，凡列入国家或地方投资计划的大中型水利水电工程使用《水利水电工程标准施工招标文件》（2009 年版），小型水利水电工程可参照使用；《水利水电工程标准施工招标文件》（2009 年版）中的通用合同条款，应不加修改地引用，若确因工程的特殊条件需要改动时，应按项目的隶属关系报项目主管部门批准，其他内容供招标人参考；“专用合同条款”可根据招标项目的具体特点和实际需要，按其条款编号和内容对“通用合同条款”进行补充、细化，但除“通用合同条款”明确“专用合同条款”可作出不同约定外，补充和细化的内容不得与通用合同条款规定相抵触，不得违反法律、法规和行业规章的有关规定和平等、自愿、公平和诚实信用原则。

8.7 实施过程中的施工合同管理

签订合同的双方，应当严格履行合同，加强合同管理，建立合同争议调解制度。承包人在实施施工合同过程中应注重通过合同分析、合同交底、合同控制、档案管理等，保证施工合同的顺利实施。

1. 合同分析

合同分析包括合同总体分析、特殊问题的合同分析、合同详细分析等。

（1）合同总体分析。

合同总体分析主要对象是合同协议书和合同条件等。目的在于，将合同条款和合同规定落实到一些带全局性的具体问题上。通常在两种情况下进行：

在合同签订后实施前，承包人首先必须作合同总体分析。这种分析的重点是，承包人的主要合同责任、工程范围，发包人的主要责任和权力，合同价格、计价方法和价格补偿条件，工期要求和顺延条件，工程受干扰的法律后果，合同双方的违约责任，合同变更方式、程序和工程验收方法等，争执的解决等；在分析中应当对合同中的风险，执行中应当注意的问题做出特别的说明和提示。合同总体分析的结果应当以最简单的形式和最简洁的语言表达出来，发至项目经理、各职能人员，并进行合同交底。

在重大的争执处理过程中，首先必须作合同总体分析。这种分析的重点是合同文本中与索赔有关的条款。对不同的干扰事件，则有不同的分析对象和重点。对整个索赔工作的作用：提供索赔（反索赔）的理由和根据；合同总体分析的结果，经监理确认后可直接作为索赔资料的组成部分；作为索赔事件责任分析的依据；提供索赔金额计算方式和计算基础的规定；索赔谈判中的主要攻守武器。

合同总体分析的内容和详细程度取决于：分析目的；承包人的职能人员、分包商和工程小组对合同文本的熟悉程度；工程和合同文本的特殊性。

合同总体分析在不同的时期，为了不同的目的，有不同的内容。通常有：合同签订和实施的法律背景；所签订的合同类型；合同文件和合同语言；承包人的主要任务（合同总体分析的重点之一，主要分析承包人的合同责任和权利）；发包商的权力和合作责任；合同价格；施工工期；违约责任；验收，移交和保修；索赔程序和争执的解决。

（2）特殊问题的合同分析。

人们不能指望合同能明确定义和解释工程中发生的所有问题。在实际工程合同的签订和实施过程中，常常会有一些特殊问题发生。例如，合同中出现错误、矛盾和二义性的解释；有许多工程问题合同中未明确规定，出现事先未预料到的情况等。

解决的办法可以采用以下几种：在合同中增加名词解释和定义、使用统一的范本；承包人有正确理解招标文件的义务，有责任对自己不理解的或合同中明显的意义含糊，或矛盾，或错误之处，向专用合同条款中写明的当事人提出征询意见；注意合同签订前后双方的书面文字及行为；运用解释原则处理。

对建设过程中暴露出来合同争议，如果在合同签订前双方对此有过解释或说明，例如承包人分析招标文件后，在标前会议上提出了疑问，发包人作了书面解释，则这个解释是有效的；尽管合同中存在含糊之处，但当事人双方在合同实施中已有共同意向的行为，按共同的意向解释合同。

（3）合同详细分析。

合同详细分析是整个项目组的工作，应当由合同管理人员、工程技术人员、造价师

（员）等共同完成。合同详细分析结果最重要的部分是合同事件列表。合同事件列表对项目的目标分解，任务的委托（分包），合同交底，落实责任，安排工作，进行合同监督、跟踪、分析，处理索赔（反索赔）非常重要。

合同详细分析是承包人的合同执行计划。它包括工程施工前的整个计划工作：工程项目的结构分解（即工程项目的分解和工程项目逻辑关系的安排）；技术会审工作；工程实施方案，进一步细化后的安排总体计划和施工组织计划；工程的成本计划；承包合同的协调。

2. 合同交底

为了让大家熟悉合同的主要内容，更好地履行合同，保障自己一方的利益，需要进行合同交底。合同交底是就合同中主要内容向项目管理人员或相关人员进行通报。重点交底内容包括合同价款、承包范围、双方权利与义务、合同价款支付、合同价款调整、工程结算办法、违约责任、保修范围及内容等。

3. 合同控制

实施合同控制包括合同实施过程中对变更的控制、索赔的管理、违约的管理等。

（1）合同实施过程中对工程变更的控制。

工程变更的提出、审查、批准、实施等过程应当按施工合同进行。

1）变更类型。根据工程的需要并经发包人同意，监理人可能指示承包人实施的变更类型有：增加或减少施工合同中的任何一项工作内容；取消施工合同中任何一项工作（但被取消的工作不能转由发包人或其他承包人实施）；改变施工合同中任何一项工作的标准或性质；改变工程建筑物的形式、基线、标高、位置或尺寸；改变施工合同中任何一项工程经批准的施工计划、施工方案；追加为完成工程所需的任何额外工作；增加或减少合同项目的工程量超过合同约定百分比等。

2）工程变更的提出。专用合同条款中写明的当事人，可依据施工合同约定或工程需要提出工程变更建议；设计单位可依据有关规定或设计合同约定在其职责与权限范围内提出对工程设计文件的变更建议；承包人可依据监理人的指示，或根据工程现场实际施工情况提出变更建议；监理人可依据有关规定、规范，或根据现场实际情况提出变更建议。

3）工程变更建议书的提交。工程变更建议书提出时，应当考虑留有为发包人与监理人对变更建议进行审查、批准，设计单位进行变更设计以及承包人进行施工准备的合理时间；在特殊情况下，如出现危及人身、工程安全或财产严重损失的紧急事件时，工程变更不受时间限制，但监理人仍应当督促变更提出单位及时补办相关手续。

4）工程变更审查。监理人对工程变更建议书审查应当符合下列要求：变更后不降低工程质量标准，不影响工程完建后的功能和使用寿命；工程变更在施工技术上可行、可靠；变更工程引起的费用及工期变化经济合理；变更工程不对后续施工产生不良影响。

监理人审核承包人提交的工程变更报价时的处理原则。如果施工合同工程量清单中有适用于变更工作内容的项目时，应当采用该项目的单价或合价；如果施工合同工程量清单中无适用于变更工作内容的项目时，可引用施工合同工程量清单中类似项目的单价或合价作为合同双方变更议价的基础；如果施工合同工程量清单中无此类似项目的单价或合价，或单价或合价明显不合理或不适用的，经协商后由承包人依照招标文件确定的原则和编制依据重新编制单价或合价，经监理人审核后报发包人确认。当发包人与承包人协商不能一致时，监理人应当确定合适的暂定单价或合价，通知承包人执行。

5）工程变更的实施。经监理人审查同意的工程变更建议书需报发包人批准；经发包人批准的工程变更，应当由发包人委托原设计单位负责完成具体的工程变更设计工作；监理人核查工程变更设计文件、图纸后，应当向承包人下达工程变更指示，承包人据此组织工程变更的实施；监理人根据工程的具体情况，为避免耽误施工，可将工程变更内容分两次向承包人下达：先发布变更指示（变更设计文件、图纸），指示其实施变更工作；待合同双方进一步协商确定工程变更的单价或合价后，再发出变更通知（变更工程的单价或合价）。

（2）索赔管理。

监理人受理承包人提交的合同索赔意向，但不接受未按施工合同约定的索赔程序和时限提出的索赔要求；监理人在收到承包人的索赔意向通知后，将核查承包人的当时记录，指示承包人做好延续记录，要求承包人提供进一步的支持性资料。

监理人在收到承包人的中期索赔申请报告或最终索赔申请报告后，将进行以下工作：依据施工合同约定，对索赔的有效性、合理性进行分析和评价；对索赔支持性资料的真实性逐一进行分析和审核；对索赔的计算依据、计算方法、计算过程、计算结果及其合理性逐项进行审查；对于由施工合同双方共同责任造成的经济损失或工期延误，应当通过协商一致，公平合理地确定双方分担的比例；必要时要求承包人再提供进一步的支持性资料。

监理人应当在施工合同约定的时间内做出对索赔申请报告的处理决定，报送发包人并抄送承包人。如果合同双方或其中任一方不接受监理人的处理决定，则按争议解决办法处理。

监理人在承包人提交了完工付款申请后，不再接受承包人提出的在工程移交证书颁发前所发生的任何索赔事项；在承包人提交了最终付款申请后，不再接受承包人提出的任何索赔事项。

（3）违约管理。

1）承包人违约。对于承包人违约，监理人将依据施工合同约定进行下列工作：在及时进行查证和认定事实的基础上，对违约事件的后果做出判断；及时向承包人发出书面警告，限其在收到书面警告后的规定时限内予以弥补和纠正；在承包人收到书面警告的规定时限内仍不采取有效措施纠正其违约行为或继续违约，严重影响工程质量、进度，甚至危及工程安全时，监理人应当限令其停工整改通知，并规定时限内提交整改报告；在承包人继续严重违约时，监理人应当及时向发包人报告，说明承包人违约情况及其可能造成的影响。

当发包人向承包人发出解除合同通知后，监理人应当协助发包人按照合同约定派员进驻现场接收工程，处理解除施工合同后的有关合同事宜。

2）发包人违约。对于发包人违约，监理人将依据施工合同约定进行下列工作：由于发包人违约，致使工程施工无法正常进行，在收到承包人书面要求后，监理人应当及时与发包人协商，解决违约行为，赔偿承包人的损失，并促使承包人尽快恢复正常施工；在承包人提出解除施工合同要求后，监理人应当协助发包人尽快进行调查、认证和澄清工作，并在此基础上，按有关规定和施工合同约定处理解除施工合同后的有关合同事宜。

4. 合同档案与信息管理

合同档案与信息管理是监理人、发包人、承包人都要做的工作。监理人应当督促承包人按有关规定和施工合同约定做好工程资料档案的管理工作；监理人应当按有关规定及监理合同约定，做好监理资料档案的管理工作，凡要求立卷归档的资料，应当按照规定及时归档；监理资料档案应当妥善保管；在监理服务期满后，对应当由监理人负责归档的工程资料档案逐项清点、整编、登记造册，向发包人移交。

练习题

单选题：

1. 在监理实施过程中，由于监理工程师出现工作过失，导致承包人经济损失，承包人应直接向（　　）提出索赔要求。

   A. 监理单位　　B. 监理机构　　C. 监理工程师　　D. 发包人

2. 监理工程师受业主委托对工程进行监理时，对选择承建单位有（　　）。

   A. 决策权　　B. 建议权　　C. 签认权　　D. 否决权

3. 水利工程施工监理专业甲级监理单位（　　）开展监理业务。

   A. 可以对各等级水利工程建设项目

   B. 可以对各类工程建设项目

   C. 只能对大中型水利工程建设项目

   D. 可以跨行业

4. 下列关于合同解除的有关表述中，正确的是（　　）。

   A. 合同解除后，不影响合同中结算和清理条款的效力

   B. 合同解除后，已经履行的，必须维持履行后的现状

   C. 因不可抗力致使不能实现合同的目的的，当事人一方可以行使解除权

   D. 当事人一方依照法定解除的规定解除合同的，自解除合同的通知到达对方时生效

   E. 合同解除后，任何一方当事人无权要求对方赔偿损失

5. 下列关于工程分包的表述，正确的是（　　）。

   A. 未经发包人同意，承包人不得将承包工程的任何部分分包

   B. 主体工程的施工任务不允许分包

   C. 主体工程之外的施工任务分包无需发包人同意

   D. 发包人未经承包人同意，不得以任何形式向分包人支付各种工程款项

   E. 工程分包不能解除承包人的任何责任和义务

6. 下列各项（　　）是《水利工程建设监理合同》文件的组成部分。

   A. 监理合同书

   B. 监理实施过程中双方共同签署的补充文件

   C. 监理委托函或中标函

D. 通用合同条款、专用合同条款

E. 技术条款

任务7

背景资料：某引水渠工程长5km，渠道断面为梯形开敞式，用浆砌石衬砌。采用单价合同发包给承包人A。合同条件采用《水利水电工程施工标准招标文件合同条款》。合同开工日期为3月1日。合同工程量清单中土方开挖工程量为10万m^3，单价为10元/m^3。合同规定工程量清单中项目的工程量增减变化超过15%时，属于变更。

在合同实施过程中发生下列要点事项：

(1) 项目法人采用专家建议并通过专题会议论证，拟采用现浇混凝土板衬砌方案。承包人通过其他渠道得到信息后，在未得到监理人指示的情况下对现浇混凝土板衬砌方案进行了一定的准备工作，并对原有工作（如石料采购、运输、工人招聘等）进行了一定的调整。但是，由于其他原因现浇混凝土板衬砌方案最终未予正式采用实施。承包人在分析了由此造成的费用损失和工期延误基础上，向监理人提交了索赔报告。

(2) 合同签订后，承包人按规定时间向监理人提交了施工总进度计划并得到监理人的批准。但是，由于6～9月为当地雨季，降雨造成了必要的停工、工效降低等，实际施工进度比原施工进度计划缓慢。为保证工程按照合同工期完工承包人增加了挖掘、运输设备和衬砌工人。由此，承包人向监理人提交了索赔报告。

(3) 渠线某段长500m为深槽明挖段。实际施工中发现，地下水位比招标资料提供的地下水位高3.10m（属于发包人提供资料不准），需要采取降水措施才能正常施工。据此，承包人提出了降低地下水位措施并按规定程序得到监理人的批准。同时，承包人提出了费用补偿要求，但未得到发包人的同意。发包人拒绝补偿的理由是：地下水位变化属于正常现象，属于承包人风险。在此情况下，承包人采取了暂停施工的做法。

(4) 在合同实施中，承包人实际完成并经监理人签认的土方开挖工程量为12万m^3，经合同双方协商，对超过合同规定百分比的工程量按照调整单价11元/m^3结算。工程量的变化未发生合同规定的施工组织和进度计划调整引起的价格调整。

问题：

(1)“1”所述情况。监理人是否应同意承包人的索赔？

(2)“2”所述情况，监理人是否应同意承包人的索赔？

(3) “3”所述情况，承包人是否有权得到费用补偿？承包人的行为是否符合合同约定？

(4)“4”所述情况，承包人是否有权延长工期？承包人有权得到土方开挖多少价款？

对背景资料进行分析讨论，提出索赔处理意见。提交成果报告。

项目9　水利工程施工信息管理

教学目标

知识学习目标	9.1 水利工程施工监理信息管理概述	9.2 建设监理信息系统的基本内容	9.3 监理信息管理	9.4 建设监理文档管理
了解	信息的作用；信息管理的任务			工程建设监理文档管理的意义
熟悉	信息的构成；信息的分类原则	建设监理信息系统的 4 个组成子系统	主要工作内容	计算机辅助监理文档管理
掌握	建设监理信息具体的分类类别；工程各阶段信息收集的内容；第一次工地会议的内容		监理信息管理措施	监理档案管理的措施
能力目标	能够结合工程的特点，有效地收集、整理、处理、存储、传递和使用相关信息			

基本知识学习

9.1　水利工程施工监理信息管理概述

水利工程施工监理的主要方法是控制，控制的基础是信息，信息管理是工程监理任务的主要内容之一。及时掌握准确、完整的信息，可以使监理工程师耳聪目明，可以更加卓有成效地完成监理任务。信息管理工作的好坏，将会直接影响监理工作的成败。监理工程师应重视建设工程项目的信息管理工作，掌握信息管理方法。

信息管理就是信息的收集、整理、处理、存储、传递和使用等一系列工作的总称。信息管理的目的就是通过有组织的信息流通，使决策者能及时、准确地获得有用的信息。因此，监理工程师应重视信息管理工作，掌握信息管理方法。

9.1.1　信息在工程建设监理中的重要作用

1. 信息是监理机构实施控制的基础

在工程建设监理过程中，为了进行比较分析及采取措施来控制工程项目投资目标、质量目标及进度目标，监理机构首先应掌握有关项目三大目标的计划值，作为控制的标准；

其次，还应了解三大目标的执行情况，作为纠偏的依据。把计划执行情况与目标进行比较，找出差异，分析原因，采取措施，使总体目标得以实现。从控制的角度来讲，离开了信息，控制就无法进行。因此，信息是实施控制的基础。

2. 信息是监理机构进行决策的依据

建设监理决策正确与否，直接影响到项目建设总目标的实现及监理单位、监理工程师的声誉。监理决策正确与否，取决于多种因素，其中最重要的因素之一就是信息。

因此，监理机构必须及时地收集、加工、整理信息，并充分利用信息作出科学、合理的监理决策。

3. 信息是监理机构妥善协调项目建设各方关系的重要介质

工程项目的建设涉及众多的单位，如政府部门、项目法人、设计单位、施工单位、材料设备供应单位以及毗邻、运输、保险、税收单位等，这些单位都会给项目目标的实现带来一定的影响，为了加强各单位之间的有机联系，需要加强信息管理，妥善处理各单位之间的关系。

由此可见，工程建设监理信息管理在监理工作中是有十分重要的作用，它是监理人员控制建设项目三大目标的基础。

9.1.2　建设工程监理信息管理的任务

建设信息管理的基本任务是及时掌握准确、完整的信息，依靠有效信息对质量、进度、投资进行有效控制，以卓越成效完成监理任务。

（1）及时掌握准确、完整的信息。这是信息管理的基础，将直接影响监理工作的成败。

（2）实施最优控制。控制是监理的主要手段，有效的控制是随时进行动态控制。根据目标计划值，使之控制达到最优。

（3）进行合理决策。准确完整的信息，需要正确地分析和合理的决策。合理决策的基础是准确、完整的信息。

（4）依靠信息协调各方关系。掌握有效、准确、完整的信息，了解各方的真实情况，有效协调各方关系。

9.1.3　建设工程监理信息分类

1. 建设工程项目信息的构成

（1）文字图形信息。包括勘察、测绘、设计图纸及说明书、计算书、合同，工作条例及规定，施工组织设计，情况报告，原始记录，统计图表、报表、信函等信息。

（2）语言信息。包括口头分配任务、作指示、汇报、工作检查、介绍情况、谈判交涉、建议、批评、工作讨论研究、会议等信息。

（3）新技术信息。包括通过网络、电话、电报、电传、计算机、电视、录像、录音、广播等现代化手段收集及处理的部分信息。

（4）市场信息。材料价格、质量；供应商有关信息；承包商有关信息；分包商有关信息等。

2. 信息的特征

信息的基本特征是真实性、系统性、时效性、不完全性、层次性。

(1) 真实性。信息反映的事物现象与本质的内在联系，因此信息必须真实。

(2) 系统性。信息都来源于信息源，它是信息源整体的一部分，脱离开整体与系统不能独立存在。

(3) 时效性。新的信息会随时取代原有信息，新的信息发出后，原有信息将不能再使用。即在有效的时限内信息是可用的，新的信息出现，原有信息不能再使用。

(4) 不完全性。人们对信息的收集、转换、利用不可能是完全的，人对客观事物的认识具有局限性。

(5) 层次性。信息对使用者有不同的对象的，不同的决策、不同的管理需要不同的信息，因此针对不同的信息需求必须分类提供相应的信息。

3. 建设工程项目信息的分类原则和方法

(1) 信息分类的原则。对建设项目的信息进行分类必须遵循以下基本原则：

1) 稳定性。信息分类应选择分类对象最稳定的本质属性或特征作为信息分类的基础和标准。信息分类体系应建立在对基本概念和划分对象的透彻理解基础上。

2) 兼容性。项目信息分类体系必须考虑到项目各参与方所应用的编码体系的情况，项目信息分类体系应能满足不同项目参与方高效信息交换的需要。同时，与有关国际、国内标准的一致性也是兼容性应考虑的内容。

3) 可扩展性。项目信息分类体系应具备较强的灵活性，可以在使用过程中进行方便的扩展。在分类中通常应设置收容类目（或称为“其他”），以保证增加新的信息类型时，不至于打乱已建立的分类体系，同时一个通用的信息分类体系还应为具体环境中信息分类体系的拓展和细化创造条件。

4) 逻辑性原则。项目信息分类体系中信息类目的设置有着极强的逻辑性，如要求同一层面上各个子类互相排斥。

5) 综合实用性。信息分类应从系统工程的角度出发，放在具体的应用环境中进行整体考虑。这体现在信息分类的标准与方法的选择上，应综合考虑项目的实施环境和信息技术工具。确定具体应用环境中的项目信息分类体系，应避免对通用信息分类体系的生搬硬套。

(2) 项目信息分类基本方法。根据国际上的发展和研究，建设项目信息分类有两种基本方法：

1) 线分类法。

2) 面分类法。

4. 建设工程项目信息的分类

建设工程项目监理过程中，涉及大量的信息，这些信息依据不同标准可划分如下：

(1) 按建设监理的目标划分。

1) 投资控制信息。投资控制信息是指与投资控制直接有关的信息。例如，各种估算指标、类似工程造价、物价指数；设计概算、概算定额；施工图预算、预算定额；工程项目投资估算；合同价组成；投资目标体系；计划工程量、已完工程量、单位时间付款报表、工程量变化表、人工、材料调差表；索赔费用表；投资偏差、已完工程结算；竣工决算、施工阶段的支付账单；原材料价格、机械设备台班费、人工费、运杂费，投资控制的风险分析等。

2）质量控制信息。质量控制信息指与建设工程项目质量有关的信息。例如，国家有关的质量法规、政策及质量标准、项目建设标准；质量目标体系和质量目标的分解；质量控制工作流程、质量控制的工作制度、质量控制的方法；质量控制的风险分析；质量抽样检查的数据；各个环节工作的质量（工程项目决策的质量、设计的质量、施工的质量）；质量事故记录和处理报告等。

3）进度控制信息。进度控制信息指与进度相关的信息。例如，施工定额；项目总进度计划、进度目标分解、项目年度计划、工程总网络计划和子网络计划、计划进度与实际进度偏差；网络计划的优化、网络计划的调整情况；进度控制的工作流程、进度控制的工作制度、进度控制的风险分析等。

4）合同管理信息指与建设工程相关的各种合同信息。例如，工程招投标文件；工程建设施工承包合同，物资设备供应合同，咨询、监理合同；合同的指标分解体系；合同签订、变更、执行情况；合同的索赔等。

5）组织协调信息。工程质量调整及信息工程项目调整的指令；工程建设合同变更及其协议书等。

（2）按建设监理信息的来源划分。

1）工程项目内部信息。内部信息来自建设项目本身，如工程概况、可行性研究报告、设计文件、施工方案、施工组织设计、合同管理制度、信息资料的编码系统、会议制度、工程项目的投资目标、进度目标、质量目标等。

2）工程项目外部信息。外部信息来自建设项目外部环境，如国家有关的政策及法规、国内及国际市场上原材料及设备价格、物价指数、类似工程造价及进度、投标单位的实力与信誉、毗邻单位有关情况等。

（3）按建设监理信息的稳定程度划分。

1）静态信息。静态信息是指在一定时间内相对稳定不变的信息，包括标准信息、计划信息和查询信息。标准信息主要指各种定额和标准，如施工定额、原材料消耗定额、设备及工具的耗损程度等。计划信息是反映在计划期内已经确定的各项任务指标情况。查询信息是指在一个较长时期内不发生变更的信息，如政府及有关部门颁发的技术标准、不变价格、监理工作制度等。

2）动态信息。动态信息是指在不断地变化着的信息，如项目实施阶段的质量、投资及进度的统计信息，就是反映在某一时刻项目建设的实际进程及计划完成情况。

（4）按建设项目监理信息的层次划分。

1）决策层信息。决策层信息也称战略性信息，是指有关工程项目建设过程中进行战略决策所需的信息，如工程项目规模、投资额、建设总工期、承包单位的选定、合同价的确定等信息。

2）管理层信息。管理层信息是提供给业主单位中层及部门负责人作短期决策用的信息，如工程项目年度施工计划、财务计划、物资供应计划等。

3）实务层信息。实务层信息，也称业务性信息，是指各业务部门的日常信息，如日进度、月支付额等。这类信息较具体，精度较高。

（5）按照信息的性质划分。

将建设项目信息按项目管理功能划分为组织类信息、管理类信息、经济类信息和技术类信息四大类。

（6）按其他标准划分。

1）按照信息范围的不同，可以把建设工程项目信息分为精细信息和摘要信息两类。

2）按照信息时间的不同，可以把建设工程项目信息分为历史性信息、即时信息和预测性信息三大类。

3）按照监理阶段的不同，可以把建设工程项目信息分为计划的、作业的、核算的、报告的信息。在监理开始时，要有计划的信息；在监理过程中，要有作业的和核算的信息；在某一项目的监理工作结束时，要有报告的信息。

4）按照对信息的期待性不同，可以把建设工程项目信息分为预知的和突发的信息两类。预知的信息是监理工程师可以估计到的，它产生在正常情况下；突发的信息是监理工程师难以预计的，它发生在特殊情况下。

9.1.4 建设监理信息管理

信息流程反映了监理工作中各参加部门、单位之间的关系。为了保证监理工作的顺利完成，必须使监理信息在上下级之间、内部组织与外部环境之间流动，称为“信息流”。

1. 建设监理信息流结构

建设监理信息流结构如图 9-1 所示，它反映了工程项目建设各参与单位之间的关系。

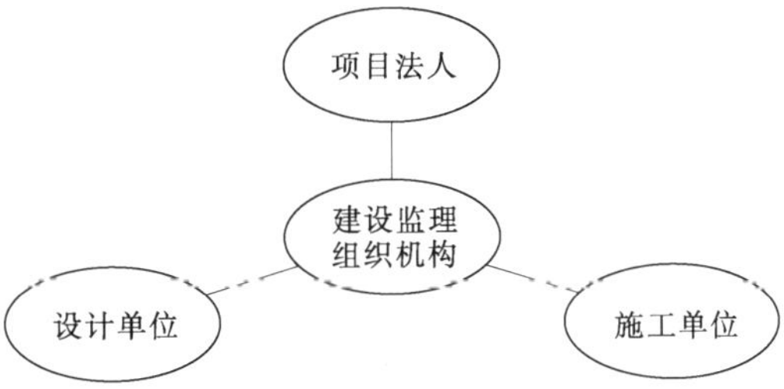

图 9-1 建设监理信息流结构

2. 明确监理工作信息流程

建设监理组织内部存在着 3 种信息流。监理工作中的信息流常有以下几种：

（1）自上而下的信息流。

自上而下的信息流是指自主管单位、主管部门、业主及总监开始，流向项目监理工程师、监理员，乃至工人班组的信息，或在分级管理中，每一个中间层次的机构向其下级逐级流动的信息，即信息源在上，接受信息者是其下属。这些信息主要指监理目标、工作条例、命令、办法及规定、业务指导意见等。

（2）自下而上的信息流。

自下而上的信息流是指由下级向上级（一般是逐级向上）流动的信息。信息源在下，接受信息者在上。主要指项目实施和监理工作中有关目标的完成量、进度、成本、质量、安全、消耗、效率、监理人员的工作情况等。此外，还包括上级部门所关注的意见和建议等。

(3) 横向间的信息流。

横向流动的信息指项目监理工作中，同一层次的工作部门或工作人员之间相互提供和接受的信息。这种信息一般是由于分工不同而各自产生的，但为了共同的目标又需要相互协作、互通有无或相互补充，以及在特殊、紧急情况下，为了节省信息流动时间而需要横向提供的信息。

(4) 以咨询机构为集散中心的信息流。

咨询机构为项目决策做准备，因此，既需要大量信息，又可以作为有关信息的提供者。它是汇总信息、分析信息、分散信息的部门，帮助工作部门进行规划、任务检查，对有关的专业、技术与问题进行咨询。因此，各工作部门不仅要向上级汇报，而且应当将信息传递给咨询机构，以有利于咨询机构为决策做好充分准备。

(5) 工程项目内部与外部环境之间的信息流。

项目监理机构与项目法人、施工单位、设计单位、银行、质量监督主管部门、有关国家管理部门和业务部门，都不同程度地需要信息交流，既要满足自身监理的需要，又要满足与环境的协作要求，或按国家规定的要求相互提供信息。

上述几种信息流都应有明晰的流线，并都要畅通。实际工作中，自下而上的信息流比较畅通，自上而下的信息流一般情况下，渠道不畅或流量不够。因此，工程项目主管应当采取措施解决信息流通的障碍，发挥信息流应有的作用，特别是横向间的信息流动以及自上而下的信息流动，应给予足够的重视，增加流量，以利于合理决策、提高工作效率和经济效益。

3. 监理信息的收集

工程项目在整个施工阶段，每天都发生各种各样的情况，相应地包含着各种信息，需要及时收集和处理。

(1) 项目决策阶段的信息收集。

项目决策阶段，信息收集从以下几个方面进行：

1) 项目相关市场方面的信息。

2) 项目资源相关方面的信息。

3) 自然环境相关方面的信息。

4) 新技术、新设备、新工艺、新材料，专业配套能力方面的信息。

5) 政治环境，社会治安状况，当地法律、政策、教育的信息。

(2) 设计阶段的信息收集。

监理单位在设计阶段的信息收集要从以下几方面进行：

1) 可行性研究报告，前期相关文件资料，存在的疑点和建设单位的意图，建设单位前期准备和项目审批完成的情况。

2) 同类工程相关信息。

3) 拟建工程所在地相关信息。

4）勘察、测量、设计单位相关信息。

5）工程所在地政府相关信息。

6）设计中的设计进度计划，设计质量保证体系，设计合同执行情况，偏差产生的原因，纠偏措施，专业间设计交接情况，执行规范、规程、技术标准，特别是强制性规范执行的情况，设计概算和施工图预算结果，了解超限额的原因，了解各设计工序对投资的控制等。

(3）施工招投标阶段的信息收集。

施工招投标阶段信息收集从以下几个方面进行：

1）工程地质、水文地质勘察报告，施工图设计及施工图预算、设计概算，设计、地质勘察、测绘的审批报告等方面的信息，特别是该建设工程有别于其他同类工程的技术要求、材料、设备、工艺、质量要求等有关信息。

2）建设单位建设前期报审文件：立项文件，建设用地、征地、拆迁文件。

3）工程造价的市场变化规律及所在地区的材料、构件、设备、劳动力差异。

4）当地施工单位管理水平，质量保证体系、施工质量、设备、机具能力。

5）本工程适用的规范、规程、标准，特别是规范的强制性条文。

6）所在地关于招投标有关法规、规定，国际招标、国际贷款指定适用的范本，本工程适用的建筑施工合同范本及特殊条款精髓所在。

7）所在地招投标代理机构能力、特点，所在地招投标管理机构及管理程序。

8）该建设工程采用的新技术、新设备、新材料、新工艺，投标单位对“四新”的处理能力和了解程度、经验、措施。

(4）施工阶段的信息收集。

工程的施工阶段，可以说是大量信息产生、传递和处理的阶段，监理工程师的信息管理工作，也主要集中在这一阶段。

1）收集项目法人提供的信息。项目法人作为工程项目建设的出资者，在施工中要按照合同文件规定提供相应的条件，并要不时表达对工程各方面的意见和看法，通过项目管理者下达某些指令。因此，应及时收集项目法人提供的信息。例如，一些项目，甲方对钢材、水泥、砂石等材料在施工过程中以某一价格提供施工单位使用，项目法人应及时将这些材料在各个阶段提供的数量、材质证明、试验资料、运输距离等情况告诉有关方面的单位，监理机构应及时收集这些信息。又如，项目法人在建设过程中对各种有关进度、质量、投资、合同等方面的意见和看法，监理机构也应及时收集。

2）收集施工单位提供的信息。施工单位在施工过程中，现场所发生的各种情况均包含了大量的内容，施工单位自身必须掌握和收集这些信息，监理机构在现场监理中也必须掌握和收集。

施工单位在施工中必须经常向有关单位，包括上级部门、项目法人、设计单位、监理机构及其他方面发出某些文件（向项目法人、设计单位发出的文件一般由监理机构转达)，传达一定的内容。如向监理机构报送施工组织设计，报送各种计划、单项工程施工措施、月支付申请表、各种工程项目自检报告、质量问题报告、有关问题的意见等。监理机构应全面、系统地收集这些资料。

a. 项目建设监理记录。此处的记录是驻地监理工程师的记录，主要包括工程施工历史记录、工程质量记录、工程计量和工程款支付记录、完工记录等内容。

b. 现场监理人员的监理日记。主要包括：当天的施工内容；当天参加施工的人员及其工种、数量等；当天施工用的机械名称、数量等；当天发现的施工质量问题；当天的施工进度与计划施工进度的比较，若发生施工进度拖延，应说明其原因；当天的综合评语；其他说明、应注意的事项。

现场监理人员的监理日记可采用监理规范规定的格式，力求简明，要求每日填报，完工后移交业主。

c. 现场每日的天气记录。主要内容为：当天的最高、最低气温；当天的降雨、降雪量；当天的风力；当天的天气状况；因气候原因当天损失的工作时间等。若施工现场区域大，工地的气候情况差别较大，则应记录两个或多个地点的气象资料。

d. 驻施工现场监理负责人的日记。主要包括：当天所作的重大决定；当天对施工单位所作的主要指示；当天发生的纠纷及可能的解决办法；项目总监理工程师来施工现场谈及的问题；当天与该工程项目总监理工程师的口头谈话摘要；当天对驻施工现场监理工程师的指示；当天与其他人达成的任何主要协议，或对其他人的主要指示等。

该日记属驻施工现场监理负责人的个人记录，应每日记录。

e. 驻施工现场监理负责人周报。驻施工现场监理负责人应每周向工程项目监理总负责人（总监理工程师）汇报一周内所有发生的重大事件。

f. 驻施工现场监理负责人月报。驻施工现场监理负责人应每月向总监理工程师及项目法人汇报下列情况：工程施工进度状况（与合同规定的进度作比较）；工程款支付情况；工程进度拖延的原因分析；工程质量情况与问题；工程进展中的主要困难与问题，如施工中的重大差错，重大索赔事件，材料、设备供货困难，组织、协调方面的困难，异常的天气情况等。

g. 驻施工现场监理负责人对施工单位的指示。主要内容为：正式函件（用于极重大的指示）；日常指示，如在每日的工地协调会中发出的指示及在施工现场发出的指示等。

h. 工程质量记录。主要包括材料进场报验、单元工程验收、旁站记录、试验结果记录及样本记录等。

3）收集工地会议信息。召开工地会议是监理工作的一种重要方式，会议中包含着大量的工程信息，这就要求总监理工程师必须重视工地会议，并建立一套完善的会议制度，以便于会议信息的收集。会议制度包括会议的名称、主持人、参加人、举行会议的时间、会议地点、讨论内容及会议决定等，每次工地会议都应有专人记录，会后应有正式会议纪要等。

工地会议系属监理工程师行政管理的一部分，它包括开工前的第一次工地会议及经常性工地会议（工地例会）。

第一次工地会议，这次会议应在监理工程师下达开工令之前举行。

第一次工地会议的作用不言自明，它是监理机构正式接触承包商和全面开展监理工作的关键起点，是项目尚未全面展开前，履约各方相互认识、确定联络方式、检查开工前各项准备工作、明确监理工作内容和程序、履约各方互通信息和交流感情的一次会议，该次会议的成功召开意义重大。但在具体实施过程中，因各种原因，第一次工地会议往往达不到预期的效果，监理对该次会议也很多是敷衍了事，流于形式，致使今后监理例会召开的成效和执行力度也大打折扣，而总监理工程师在第一次工地会议上的表现和作用，也直接影响了业主和承包商对其能力的评判和信任。

第一次工地会议的内容主要如下：

a. 建设单位、监理单位、施工单位和设计单位分别介绍各自驻现场的组织机构、人员及其分工。

b. 建设单位根据建设工程监理合同宣布对总监理工程师的授权。

c. 建设单位介绍工程开工准备情况，如三通一平、征地移民、移交场地、图纸准备等。

d. 施工单位介绍施工准备情况，检查施工单位的动员情况，如人员及设备进场、材料供应、临时设施修建、施工组织计划等。

e. 建设单位和总监理工程师对施工准备情况提出意见和要求。

f. 总监理工程师介绍监理规划的主要内容。

g. 明确监理机构与施工单位之间的往来信件、文件、报表等公文手续。

h. 研究确定各方在施工过程中参加工地例会的主要人员，召开工地例会周期、地点及主要议题。

第一次工地会议以相互了解、检查各方面准备情况、明确工程建设监理程序为主要目的。当上述目的达到并满足：承包商已证实他认为工地周围环境和情况与投标时相符；承包商得到施工图纸且后续图纸无需担忧；承包商已得到占用工地的权利时，监理工程师即可下达开工令。

经常性工地会议（工地例会）。经常性工地会议一般每月（或每周）召开一次。会议一般由监理主持，业主、设计、承包商、分包商等单位有关人员参加。会议主要内容是：检查上次工地例会议定事项的落实情况，分析未完事项原因；检查分析工程进度计划完成情况，提出下一阶段进度目标及其落实措施；分析工程质量和安全风险控制情况，针对存在的质量问题和安全隐患提出改进措施；检查工程计量及工程款支付证书签发情况；需要协调的有关事项。

4）工程完工阶段的信息收集。工程完工并按要求进行完工验收时，需要大量的对完工验收有关的各种信息资料。

这些信息，一部分是在整个施工过程中长期积累形成的；另一部分是在完工验收期间，根据积累的资料整理分析而形成的。完整的完工资料应由施工单位编制，经监理机构和有关方面审查后，移交项目法人。

4. 监理信息的处理

要使监理信息能有效地发挥作用，就必须按照及时、准确、适用、经济的要求进行处理，就是要使收集到的信息传递速度快，要如实反映实际情况，要符合实际需要，处理成本要低。

（1）监理信息的加工。

监理信息的加工是信息处理的基本内容，其中包括对信息进行分类、排序、计算、比较、选择等方面的工作，这些工作均需按监理任务的要求，通过加工为监理工程师提供有用的信息。

（2）监理信息的储存。

监理信息储存是将信息保存起来以备将来使用。对有价值的原始资料、数据及经过加工整理的信息，要长期积累以备查阅，信息储存的方式主要有纸质、胶卷和计算机储存器（或磁盘）。

（3）监理信息的检索。

无论是存入档案库还是存入计算机存储器的信息、资料，为了查找方便，在入库前都要拟定一套科学的查找方法和途径，这就是信息的检索。做好编目分类工作，健全检索系统可以使报表、文件、资料、档案等既保存完好，又查找方便。

（4）监理信息的传递。

信息的传递是借助一定的载体（如纸张、电子邮件、传真等），在监理工作的各部门、各单位之间的传递。通过传递，形成各种信息流。畅通的信息流，将利用报表、图表、文字、记录、电讯、各种收发信、会议、审批及电子计算机等传递手段，不断地将监理信息输送到监理工程师手中，成为监理工作的重要依据。

（5）监理信息的输出。

信息管理的目的是为了更好地使用信息，为科学管理、决策提供服务。处理好的信息，就是要按照需要和要求编印成各类报表和文件，以供监理工作使用。

9.2　建设监理信息系统的基本内容

建设监理信息系统应由4个子系统组成，即进度控制子系统、质量控制子系统、投资控制子系统和合同管理子系统。各子系统之间既相互独立，各有其自身目标控制的内容和方法；又相互联系，互为其他子系统提供信息。

9.2.1　工程建设进度控制子系统

工程建设进度控制子系统不仅能辅助监理工程师对建设项目的实际进展情况进行跟踪检查，发现进度偏差，并督促施工单位采取有效措施加快进度以纠正偏差，从而实现工程建设进度的动态控制。为此，本系统应具有以下功能：

（1）进行进度计划的优化，包括工期优化、费用优化和资源优化。

（2）工程实际进度的统计分析。即随着工程的实际进展，对输入系统的实际进度数据进行必要的统计分析，形成与计划进度数据有可比性的数据。

（3）实际进度与计划进度的动态比较。即定期将实际进度数据同计划进度数据进行比较，形成进度比较分析报告，从中发现偏差，以便于及时采取有效措施加以纠正。

（4）进度计划的调整。当实际进度出现偏差时，为了实现预定的工期目标，就必须在分析偏差产生原因的基础上，采取有效措施对进度计划加以调整。

（5）各种图形及报表的输出。图形包括网络图、横道图、实际进度与计划进度比较图等。报表包括各类计划进度报表、进度预测报表及各种进度比较报表等。

9.2.2　工程建设质量控制子系统

监理工程师为了实施对工程建设质量的动态控制，需要工程建设质量控制子系统提供必要的信息支持。为此，本系统应具有以下功能：

（1）存储有关设计文件及设计修改、变更文件，进行设计文件的归类管理，方便监理工程使用。

（2）存储有关工程质量标准，为监理工程师实施质量控制提供依据。

（3）运用数理统计方法对重点工序进行统计分析；并绘制直方图、控制图等管理图表。

（4）处理分项工程、分部工程、隐蔽工程及单位工程的质量检查评定数据，为最终进行工程建设质量评定提供可靠依据。

（5）建立计算机台账，对主要建筑材料、设备、成品、半成品及构件进行跟踪管理。

（6）对工程质量事故和工程安全事故进行统计分析，并能提供多种工程事故统计分析报告。

9.2.3 工程建设投资控制子系统

投资控制子系统功能概述工程建设投资控制子系统用于收集、存储和分析工程建设投资信息，在项目实施的各个阶段制定投资计划，收集实际投资信息，并进行计划投资与实际投资的比较分析，从而实现工程建设投资的动态控制。为此，本系统应具有以下功能：

（1）输入计划投资数据，从而明确投资控制的目标。

（2）根据实际情况，调整有关价格和费用，以反映投资控制目标的变动情况。

（3）输入实际投资数据，并进行投资数据的动态比较。

（4）进行投资偏差分析。

（5）未完工程投资预测。

（6）输出有关报表。

9.2.4 工程建设合同管理子系统

工程建设合同管理子系统主要是通过公文处理及合同信息统计等方法辅助监理工程师进行合同执行过程中的跟踪管理。为此，本系统应具有以下功能：

（1）方便监理工程师查阅合同，正确引用合同条款。

（2）进行合同分析，澄清存疑。

（3）进行合同信息的登录、查询及统计。

（4）进行合同变更分析。

（5）索赔报告的审查分析与计算。

（6）反索赔报告的建立与分析。

（7）各类经济法规的查询等。

9.3 监理信息管理

9.3.1 主要工作内容

（1）落实工程信息文件传递流程，质量、安全风险、造价、进度控制及合同管理的信息管理制度。

（2）工程开工前，监理机构在第一次工地例会要明确信息管理分工与职责，要求各参建单位确定工程信息管理负责人及沟通方式，形成具有地址、姓名、职务、手机、电话、电子邮箱等详细信息的通迅录。

（3）要求施工单位将信息管理人员作为主要施工管理人员，信息管理人员要参加业主组织的工程信息管理培训。

（4）采集整理工程建设过程中质量、安全风险、造价、进度控制及合同管理等信息，按照建设工程监理合同的要求协助做好基建信息系统相关信息的录入和业务流转，确保提供的监理数据及时、准确和完整。

（5）采集工程信息介质包括监理工作范围内的文字、图形、图像、语言和数字信息。

（6）督促参建单位及时报送工程报表和工程信息文件，配合业主完成工程数据信息统计报送。

（7）存储于计算机中的重要工程信息一般每月定期需进行备份，以防遗失。

（8）每月初编制上月的《监理月报》报送业主，总监理工程师应定期对监理日记记录的真实性、完整性进行检查并签认。

（9）信息管理人员应参加现场工地例会、专题会议，及时掌握工程动态。

（10）工程信息传递应及时、真实、准确和全面，信息分类管理，实施文件的收、发登记，填写《接收文件登记表》及《发出文件登记表》，建立健全信息资源利用制度。

（11）对具有密级的工程信息应按公司保密制度妥善管理。

9.3.2　信息收集、整理、储存

1. 信息管理流程

（1）监理文件的建立和发送。

监理文件一般采用监理规范规定格式，可按图9-2所示的程序建立和发送。

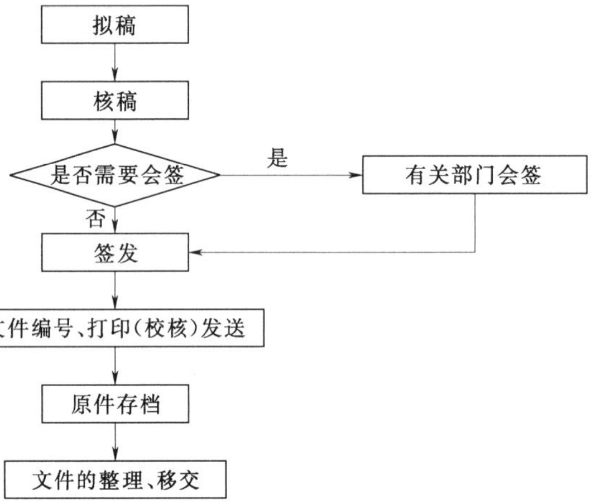

图9-2　监理文件建立和发送程序

（2）外部文件管理流程。

外部文件和资料包括来自发包人、承包人和其他有关各方如上级及地方单位的资料，其管理程序按图9-3所示程序进行。

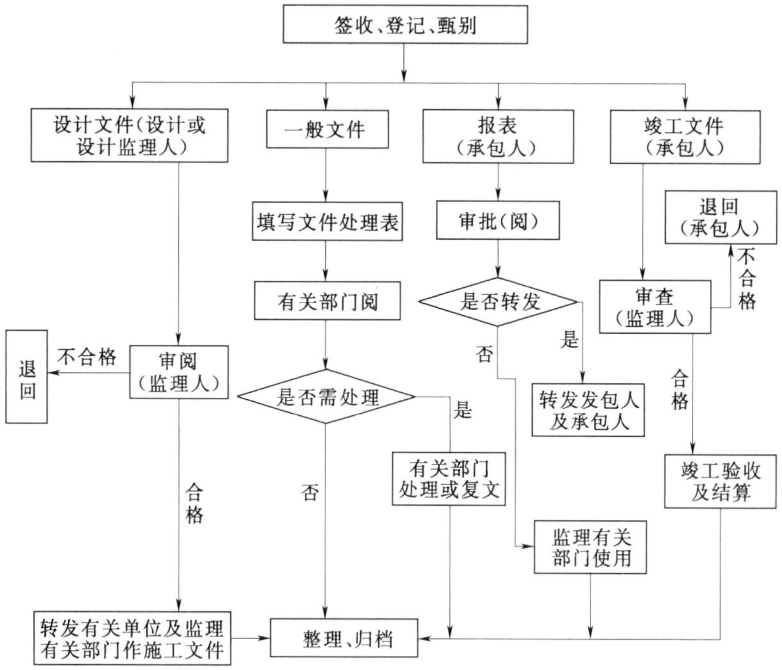

图 9-3　外部文件管理程序

2. 信息收集

(1) 监理工作准备阶段，由信息员负责向发包人收集工程设计文件及有关工程资料。

(2) 合同、造价监理工程师负责收集工程建设地区的原材料、燃料来源、水电供应、交通运输、劳力、工资标准等信息资料。

(3) 施工过程，驻地监理工程师负责收集有关进度、质量、投资、合同等方面的信息，收集上级单位对工程建设的各种意见和指令。

(4) 各专业监理组负责收集各种工程项目自检报告、质量问题报告、质量验收签证等。

(5) 工地会议信息记录将在参加会议的监理人员中指定专人进行收集整理。

(6) 现场每日的气象资料收集由信息员进行记录。

3. 信息整理和储存

(1) 监理人建立的文件，属内部信息，由信息员按规定的格式整理归类储存。

(2) 工序质量验收签证类外部信息，按分部工程类别，由各专业监理组按工程档案管理规定整理储存。

(3) 设计文件、一般文件、报表、竣工等文件信息资料按外部文件管理程序进行整理储存。

9.3.3 信息管理措施

1. 安排信息员负责信息管理

监理机构应安排专职（小工程兼职）的文档管理员负责监理文件和外部文件的管理，

包括文件收发、保管、整理、归档、移交、无效文件的回收处理等。

2. 所有信息均编码标识

有效信息按编码系统进行编码标识，对复制的文件标注“复印件”或“副本”标记，被替代或作废的文件标注“作废”标记，所有信息均按编码分类存档。

3. 采用计算机网络建立信息目录查询系统

按信息编码在计算机中建立信息目录查询系统，所有存档信息均录入到目录查询系统，使工程信息一目了然。

4. 及时收集、传递和整理有关信息

监理机构应根据工程的进展情况及时收集、传递和整理有关资料，保证信息资料与工程进度同步，充分发挥信息在动态控制中的作用，严禁在工程完工以后补做工程资料。监理资料的整理应以日常整理为基础，按编码列出目录，分类整理。整理后的资料必须内容完整、系统、准确，总监理工程师应对归档（归卷）前的资料进行审查。对于同一内容的来函及批复、正本与底稿、正文与附件、转发文与原件要合并归档（归卷）。

5. 严格履行收、发文登记签收手续

监理机构应建立收、发文登记本，来往文件均在收、发文登记本上记录，并履行签收手续。

6. 制定档案管理规定，做好保密工作

所有信息文件一经归档，任何人借阅均须按档案管理规定手续办理，保密资料需经领导批准才能借阅。

7. 采用数码照相与计算机结合进行工程形象进度管理

监理机构应采取数码照相机的先进技术，定期、定点对工程的形象进度进行拍照，并把照片附在监理月报中报送发包人。

9.4 建设监理文档管理

建设监理文件档案的管理，是信息管理中的一项重要工作，它是监理工程师实施工程建设监理，进行目标控制的基础性工作。尤其是监理文档，监理文档是监理工作信息的重要载体，也是监理项目部的工作成果之一，对监理单位和建设单位都有重大的作用。工程建设监理组织中必须配备专门的人员负责监理文件资料的管理和保存工作。

9.4.1 工程建设监理文档管理的意义

工程建设监理文档的管理，是指监理工程师受项目法人的委托，在进行工程建设监理的工作期间，对工程建设实施过程中形成的文件资料进行收集积累、加工整理、立卷归档和检索利用等一系列工作。工程建设监理文档管理的对象是监理文件资料，它们是工程建设监理信息的载体。配备专门人员对监理文件资料进行系统、科学的管理，对于工程建设监理工作具有重要意义。

（1）对监理文件资料进行科学管理，可以为监理工作的顺利开展创造良好的前提条件。建设监理的主要任务是进行工程项目的目标控制，而控制的基础是信息。如果没有信息，监理工程师就无法实施控制。在工程建设实施过程中产生的各种信息，经过收集，加工和传递，以监理文件资料的形式进行管理和保存，就会成为有价值的监理信息资源，它是监理工程师进行工程建设目标控制的客观依据。

(2) 对监理文件资料进行科学管理，可以极大地提高监理工作的效率。监理文件资料经过系统、科学的整理归类，形成监理文件档案库，当监理工程师需要时，就能及时有针对性地提供完整的资料，从而迅速地解决监理工作中的问题；反之，如果文件资料分散处理，就会导致混乱，甚至散失，最终影响监理工程师的正确决策。

(3) 对监理文件资料进行科学管理，可以为工程建设监理档案的建立提供可靠保证。

监理文件资料的管理，是把工程建设监理的各项工作中形成的全部文字、声像、图纸及报表等文件资料进行统一管理和保存，从而确保文档资料的完整性。一方面，在项目建成竣工以后，监理工程师可将完整的监理文档资料移交业主，作为建设项目的档案资料；另一方面，完整的监理文档资料是建设监理单位具有重要历史价值的资料，监理工程师可以从中获得宝贵的监理经验，有利于不断提高工程建设监理工作水平。

9.4.2 监理文档管理的主要内容

监理文档管理的主要内容包括监理文件资料传递流程的确定，监理文件资料的登录与分类存放，以及监理文件资料的立卷归档等。

1. 监理文件资料的传递流程

监理组织中的信息管理部门是专门负责工程建设信息管理工作的，其中包括监理文件资料的管理，因此，在工程建设全过程中形成的所有文件资料，都应统一归口传递到信息管理部门，进行集中收发和管理。

首先，在监理组织内部，所有文件资料都必须先送交信息管理部门，进行统一整理分类，归档保存，然后由信息管理部门根据总监理工程师的指令和监理工作的需要，分别将文件资料传递给有关的监理工程师。当然，任何监理人员都可以随时自行查阅经整理分类后的文件资料。

其次，在监理组织外部，在发送或接收业主、设计单位、承包商、材料供应单位及其他单位的文件资料时，也应由信息管理部门负责进行，这样使所有的文件资料只有一个进出口通道，从而在组织上保证了监理文件资料的有效管理。监理文件资料的管理和保存，主要由信息管理部门中的资料管理人员负责。作为文件资料管理的监理人员，必须熟悉各项监理业务，通过分析研究监理文件资料的特点和规律，对其进行系统、科学的管理，使其在监理工作中得到充分利用。

此外，监理资料管理人员还应全面了解和掌握工程建设进展和监理工作开展的实际情况，结合对文件资料的整理分析，编写有关专题材料，对重要文件资料进行摘要综述，包括编写监理工作月报、工程建设专题报告等。

2. 监理文件资料的登录与分类存放

监理信息管理部门在获得各种文件资料后，首先要对这些资料进行登记，建立监理文件资料的完整记录。登录一般应包括文件资料的编号、名称和内容、收发单位、收发日期等内容。这样做不仅有据可查，而且也便于分类、加工和整理。此外，监理资料管理人员还可以通过登录掌握文档资料及其变化情况，有利于文件资料的清点和补缺等。

随着工程建设的进展，所积累的文件资料会越来越多，如果随意存放，不仅查找困难，而且极易丢失。因此，为了能在建设监理过程中有效地利用和传递这些文件资料，必须按照科学的方法将它们分类存放。监理文件资料可以分为以下几类：

（1）监理日常工作文件。包括监理工作计划、监理工作月报、工程施工周报及工程信函等。

（2）监理工程师函件。包括监理工程师主送项目法人、设计单位、承包人等有关单位的函件。

（3）会议纪要。包括工地例会、专题会议、设计交底会议及监理交底会议等会议的纪要。

（4）勘察、设计文件。包括勘察、方案设计、初步设计、施工图设计及设计变更等文件资料。

（5）来往文件。包括业主、勘察设计单位、承包商等单位送交的函文。

（6）合同文件。包括监理委托合同、勘察设计合同、施工总包合同和分包合同、设备供应合同及材料供应合同等文件。

（7）工程施工文件资料。包括施工方案、施工组织设计、签证和核定单、联系备忘录、隐蔽工程验收记录及技术管理和施工管理文件资料等。

（8）主管部门函文。包括省、市计委、建委、公用市政及有关部门的函文。

（9）政府文件。包括有关监理文件、勘察设计和施工管理办法、定额取费标准及文明、安全、市政等方面的规定。

（10）技术参考资料。包括监理、工程管理、勘察设计、工程施工及设备、材料等方面的技术参考资料。

上述文件资料应集中保管，对零散的文件资料应分门别类存放于文件夹中，每个文件夹的标签上要标明资料的类别和内容。为了便于文件资料的分类存放，并利用计算机进行管理。应按上述分类方法建立监理文件资料的编码系统。这样，所有文件资料都可按编码结构排列在书架上，不仅易于查找，也为监理文件资料的立卷归档提供了方便。

3. 工程建设监理文件资料的立卷归档

为了做好工程建设档案资料的管理工作，充分发挥档案资料在工程建设及建成后维护中的作用，应将监理文件资料整理归档，即进行监理文件资料的编目、整理及移交等工作。

编制案卷类目，案卷类目是为了便于立卷而事先拟定的分类提纲。案卷类目也叫“立卷类目”或“归卷类目”。监理文件资料可以按照工程建设的实施阶段以及工程内容的不同进行分类。根据监理文件资料的数量及存档要求，每一卷文档还可再分为若干分册，文档的分册可以按照工程建设内容以及围绕工程建设进度控制、质量控制、投资控制和合同管理等内容进行划分。

（1）案卷的整理。

案卷的整理一般包括清理、拟题、编排、登录、书封、装订、编目等工作。

1）清理。即对所有的监理文件资料进行彻底的整理。它包括收集所有的文件资料，并根据工程技术档案的有关规定，剔除不归档的文件资料。同时，要对归档范围内的文件资料再进行一次全面的分类整理，通过修正、补充，乃至重新组合，使立卷的文件资料符合实际需要。

2）拟题。文件归入案卷后，应在案卷封面上写上卷名，以备检索。

3）编排。即编排文件的页码。卷内文件的排列要符合事物的发展过程，保持文件的相互关系。

4）登录。每个案卷都应该有自己的目录，简介文件的概况，以便于查找。目录的项目一般包括顺序号、发文字号、发文机关、发文日期、文件内容、页号等。

5）书封。即按照案卷封皮上印好的项目填写，一般包括机关名称、立卷单位名称、标题（卷名）、类目条款号、起止日期、文件总页数、保管期限，以及由档案室写的卷宗号、目录号、案卷号。

6）装订。立成的案卷应当装订，装订要用棉线，每卷的厚度一般不得超过 2cm。卷内金属物均应清除，以免锈污。

7）编目。案卷装订成册后，就要进行案卷目录的编制，以便统计、查考和移交。

目录项目一般包括案卷顺序号、案卷类目号、案卷标题、卷内文件起止日期、卷内页数、保管期限、备注等。

（2）案卷的移交。

案卷目录编成，立卷工作即宣告结束，然后按照有关规定准备案卷的移交。建设项目监理文档案卷应一式两份，一份移交业主，另一份由监理单位归档保存。

9.4.3 计算机辅助监理文档管理

为了对监理文件资料进行有效的管理，应充分利用电子计算机存储潜力大和信息处理速度快等特点，建立计算机辅助监理文档管理系统。

1. 计算机辅助监理文档管理系统功能概述

计算机辅助监理文档管理系统是一个相对独立的系统，它既可以作为监理信息系统中的一个子系统而存在，也可以单独存在，因为它与工程建设监理信息系统中其他子系统之间没有数据传递关系，更没有功能调用关系。

计算机辅助监理文档管理系统的主要功能是对工程建设实施过程中与监理工程师有关的各种往来文件、图纸、资料以及各种重要会议和重大事件等信息进行管理。

2. 计算机辅助监理文档管理系统的组成

（1）收文管理。

收文管理就是输入、修改、查询、统计、打印收文的各种信息。

1）输入、修改收文信息。输入、修改收文的各种信息，内容包括：收文日期；来文名称；来文单位；主题词；文件分类；文件字号；收文份数；发文日期；存档编号；文件内容（利用扫描输入设备录入）。

此外，对于要求回复的文件，还要输入应回复日期。当文件已经回复，则输入实际回复日期。

2）查询收文信息。根据设定的各种查询条件进行收文信息的查询，其中包括对应回复而尚未回复的文件的查询，以便提醒有关人员及时回复。

3）打印收文信息。按不同的要求打印不同的收文信息表。

4）统计收文信息。统计有关收文情况，并打印输出有关统计结果。

（2）发文管理。发文管理就是输入、修改、查询、统计有关发文信息，并可打印有关文件。

1）输入、修改发文信息。输入、修改发文的各种信息，内容包括：发文日期；发文名称；文件字号；主题词；文件分类；发文份数；签发人；主送单位；抄送单位；文件内容。

此外，如果文件需要收文单位回复时，还应输入回复期限及实际回复日期。

2）查询发文信息。根据设定的各种查询条件进行发文信息的查询，其中包括对应回复而尚未回复的文件查询，以便于监理工程师督促对方回复。

3）打印发文信息。按不同的要求打印不同的发文信息表。

4）发文打印。系统提供标准的文件打印格式，以便于打印监理通知、函件等文件资料。

5）发文信息统计。统计有关发文情况，并打印输出有关统计结果。

（3）图纸管理。

图纸管理就是对图纸收发信息的输入、修改、查询、统计及打印。

1）输入图纸收发信息输入、修改收发图纸的各种信息，内容包括：收图日期；图纸编号；图纸名称；图纸分类；收图份数；协议供图日期；发图日期；发送承包商名称；发图份数；设计修改通知号。

2）查询图纸收发信息。根据设定的各种查询条件进行图纸收发信息的查询。

3）统计图纸收发信息。统计图纸收发的有关情况，并打印输出统计结果。

4）打印图纸收发信息。按不同的要求打印不同的图纸收发信息表。

（4）会议信息管理。会议信息管理就是输入、修改、查询、统计及打印工程会议的有关信息，并能打印会议纪要。

1）输入、修改会议信息。输入、修改工程会议的各种信息，内容包括：会议召开日期；会议名称；会议议题；会议召开地点；会议主持人；会议参加人数及主要参加人员；会议结论；会议类别（施工措施、设计变更、经济问题、合同纠纷、事故处理等）；会议主题词；备注。

2）查询会议信息。根据设定的各种查询条件进行会议信息的查询。

3）打印会议信息。按不同的要求打印不同的会议信息表。

4）打印会议纪要。输入会议纪要并打印输出。

5）会议信息统计。统计会议有关情况，并打印输出统计结果。

（5）重大事件信息管理。

重大事件信息管理就是输入、修改、查询、统计及打印重大事件的有关信息，并能打印事件报告。

1）输入、修改事件信息。输入、修改重大事件的各种信息，内容包括：事件发生日期；事件发生时间；事件发生地点；事件主题词；事件属性；事件发生工程部位；事件发生原因；事件处理概要；备注。

2）查询事件信息。根据设定的各种查询条件进行事件信息的查询。

3）打印事件信息。按不同的要求打印不同的事件信息表。

4）打印事件报告。输入事件报告内容并打印输出。

5）事件信息统计。统计事件有关情况，并打印输出统计结果。

9.4.4 监理档案管理措施

（1）总监理工程师是工程监理文件管理第一责任人，各专业监理工程师对工作范围内的监理文件的完整性、真实性、是否符合归档质量要求承担主要责任，信息管理人员根据工程建设进展进行监理文件的收集整理和流转工作，并对监理文件质量进行检查，不符合归档要求的文件，及时向责任人提出，整改落实后再进行文件处理。

（2）监理机构应根据业主的基建项目档案管理要求，建立预立卷制度。

（3）预立卷方式是按照工程档案来源性原则设置若干预立卷盒，预立卷盒背脊上有明显标识，设有卷内目录，分类放置在资料柜中；预立卷盒标识、卷内目录格式应统一，形成标准化模式。

（4）专业监理工程师分阶段对施工项目部形成的施工文件和记录进行检查，对不符合项目档案管理要求和发生错、漏或延迟归入预立卷盒的文件和记录应责成施工项目部及时补充完整，在《监理日记》上写好检查记录。

（5）对工程建设过程档案中间检查中发现缺失、造假等重大违反项目档案管理的问题，项目总监理工程师应结合工程进度情况签发工程暂停令，当日通知业主，必须整改落实后才予以继续施工。

（6）参与上级主管部门、业主组织的档案资料中间检查及验收，并根据意见在规定时间内进行整改和完善。

（7）在文件传递过程中，对符合归档要求的文件经各级签审后，按程序及时分发到相关参建方。对不符合归档要求的文件，填写收发文表后及时退回提交方。

（8）监理文件要保存电子和纸质介质文件。项目总监理工程师、专业监理工程师应及时提供纸质文件记录、电子文件、数码工程图片及相片等满足档案管理要求的信息给信息管理员统一管理，信息管理员每月进行自查和备份，按类别建立监理文件、资料分类台账，以方便查询、归档。

（9）总监理工程师组织各专业监理工程师对照设计变更通知、工程联系单等记录审核施工项目部和设计单位编制的竣工文件及竣工图的真实性、完整性和准确性。

（10）对施工项目部移交的档案进行监理初步验收，同意移交后在施工单位的基建项目档案移交表上签署监理意见。

（11）监理机构按照要求对监理资料进行分类整理、组卷，归档范围和案卷质量应满足基建项目档案管理规定，录入工程档案信息管理系统，编写监理档案信息管理说明。监理文件自检合格后，提交建设单位验收，验收合格才能移交归档。

（12）填写基建项目档案移交表并附移交清册，经核对无误各方签字盖章确认后，移交手续完成。

练习题

选择题：

1. 监理单位在设计阶段的信息收集要从以下几方面进行（　　）。
   A. 可行性研究报告，前期相关文件资料
   B. 同类工程相关信息
   C. 工程所在地政府相关信息
   D. 设计中的设计进度计划
   E. 所在地招投标管理机构及管理程序
2. 信息种类划分，根据信息的期待性可分为（　　）。
   A. 历史性信息、预测性信息等　　B. 生产性信息、技术性信息等
   C. 预知性信息、突发性信息等　　D. 战略性信息、策略性信息等
3. 工程项目前期的信息收集主要包括计划资料、合同资料、设计文件和技术资料，工程土地规划许可证属于（　　）。
   A. 技术资料　　B. 设计文件　　C. 计划资料　　D. 合同资料
4. 工程项目前期的信息收集主要包括计划资料、合同资料、设计文件和技术资料，下列各项属于合同资料的是（　　）。
   A. 工程设计图纸文件批复　　B. 招投标文件
   C. 分包单位施工方案　　D. 监督单位备案表
5. 施工阶段的信息收集，可从（　　）3 个子阶段分别进行。
   A. 招投标期　　B. 施工准备期　　C. 设计过程　　D. 施工期
   E. 竣工保修期

实训项目 10

操作流程

依据相应规范，对背景资料进行分析讨论，提出档案资料清单。提交成果报告。

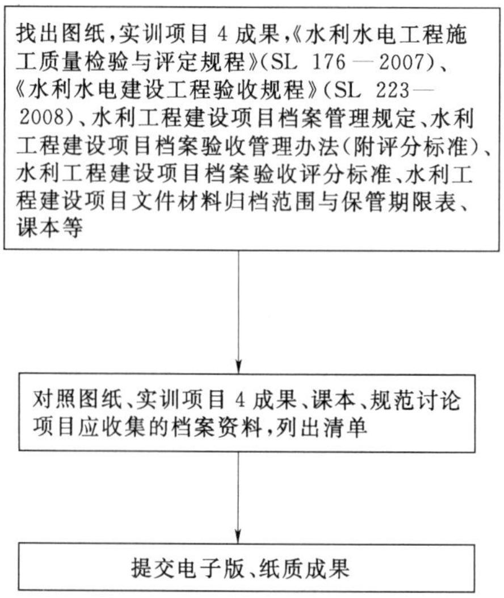

项目 10　水利工程施工组织协调

教学目标

知识学习目标	10.1 组织协调的概念	10.2 组织协调的范围、层次和内容	10.3 组织协调的原则	10.4 组织协调的方法	10.5 协调的主要方式	10.6 参建各方之间协调
了解	组织协调的概念	组织协调的范围	组织协调的原则	交谈协调法		
熟悉		组织协调的层次		书面协调法（主要形式）	协调的主要方式	参建各方之间协调
掌握		组织协调的内容		会议协调法		
能力目标	能初步将协调方法运用到实际监理工作中					

基本知识学习

10.1　组织协调的概念

建设监理工作中的协调就是连接、联合、调和所有参与工程实施的个人和单位间的活动及力量。协调的目的是力求得到八方支援，促使各方协同一致，齐心协力，以实现自己的预定目标。

协调工作或称协调管理，在国外称“界面管理”。

1. 人员/人员界面

项目实施组织可看作是一个系统，由各类人员和机构（子系统）组成。由于每个人的性格、能力、工作岗位和任务的不同，即使只有两个人工作在一起，也有潜在的人员矛盾或危机，这种人和人之间的隔阂，就是“人员/人员界面”。

2. 子系统/子系统界面

项目组织系统是由若干个子项目（子系统）组成的完整体系，由于子系统的功能不同、目标不同，容易产生各自为政的趋势和相互推诿的现象，这种子系统之间的隔阂，就是“系统/系统界面”。

3. 系统/环境界面

项目组织系统是一个典型的开放系统，它具有环境适应性，应主动地向外部取得各种必要的资源和信息，在搜取的过程中，不可能没有障碍和阻力，这种系统与环境之间的隔阂，就是“系统/环境界面”。

10.2 组织协调的范围、层次和内容

项目建设组织管理是一个复杂的、开放的系统，项目法人与承包商之间、各个承包商之间、现场施工进度与物资供应之间、现场施工与周围环境之间等存在着多种界面。因此，协调工作贯穿于工程项目建设的全过程，渗透到项目建设的每一个环节。工程建设的每个过程、每个环节，都存在着不同程度的矛盾、干扰甚至冲突，需要不同层次的机构和人员去协调。项目监理机构的协调范围分为内部协调和外部协调，外部协调又可分为近外层协调和远外层协调，两者的区别是：近外层相关单位有合同关系，而远外层相关单位没有合同关系。在工程建设监理过程中，协调的主要内容有以下几点。

1. 协调项目法人和承包单位的关系

在合同实施中，由于合同文件约定的不够明确或约定不够准确和完整、法律法规后续变更、工程变更、现场施工条件变化、不可预见事件的发生和索赔事件发生等，经常需要商议确定某些事宜。然而，由于项目法人和承包单位双方的合同地位诉求不同、参与建设的目的不同、经济利益不同，从而可能经常存在对某些具体问题的不同理解。这就需要监理单位从独立、公正的立场，合理提出建议，增进沟通，友好协商，逐步减小意见差别，化解矛盾，解决问题。

2. 协调各承包单位在建设过程中的干扰和协作配合关系

在工程建设中，经常根据项目大小和专业特点出于不同的目的，将施工任务分成多个标进行发包。各承包单位之间可能经常由于工作面交接或交叉、施工场地交接或交叉、交通干扰、相互间作业干扰等原因发生冲突；有时也可能为了完成合同任务，必须使用其他承包单位的设施。监理单位应利用合同赋予的权利，根据具体情况，做出最有利于工程总体进展的协调工作，同时，应根据合同，建设单位对由此造成损失的承包单位给予补偿。

3. 协调施工进度与资源的供给与分配

施工进度是靠相关的资源保证的。这里的资源是一个很广泛的概念，如设施、设备、场地、图纸、劳动力、资金等。在发生资源供给不能满足施工进度的条件下，监理单位应根据工程的具体情况，做好协调工作，力争使这种影响造成的损失最小，并公正、合理地处理好有关费用补偿问题。对于承包人应当提供的设备、劳动力等情况，监理单位主要是督促。

4. 协调由于设计变更引起的施工组织、施工方案调整

由于设计变更引起施工组织设计、施工方案的较大变化，现场的资源可能不能满

足施工的要求，从而影响工程的顺利实施，且有可能对相关的某一方造成损失。因此，监理单位应组织实施方案商定的协调工作，并由建设单位对遭受损失的当事人合理补偿。

5. 监理机构内部的工作协调

在监理工作过程中，监理机构各部门或监理人员个人，经常由于分工与协作配合、职责与权利、责任与成绩以及利益的分配等原因，造成工作冲突、不连续、互相推诿或相互之间的隔阂，影响监理工作的整体效果。因此，各级监理负责人应及时发现这些问题，并及时、合理地疏导解决，保证监理机构内部各部门、每个监理人员在良好的团队精神下，顺利开展监理工作。各层次协调对象见表10-1。

表10-1　　项目监理组织机构协调的范围、层次和协调对象

协调范围	协调层次	主要协调对象
项目监理机构的内部协调	与监理单位的协调	法定代表人、总经理、职能管理部门等
	自身组织内部协调	管理部门、各层次人员
项目监理机构的外部协调	近外层协调	建设单位、勘察设计、审图单位、施工总承包单位、专业分包单位、供货商、招标代理单位等
	远外层协调	建设单位职能部门（审计、财务、纪检等）、使用单位、质监站、政府审批管理部门、政府其他有关部门、保险公司、科研单位等

10.3 组织协调的原则

监理单位在合同管理中的协调工作，既不同于行政性协调，又不同于社会生活中的协调，应以合同为依据、经济为手段并尊重合同规定的有关各方的责、权、利关系，行使合同赋予监理单位的合法权利，维护有关各方的合法权益，使工程建设顺利进行。

监理单位开展协调工作的基本原则如下：

(1) 坚持国家利益和工程项目建设大局，以全面实现项目建设目标为最终目标。

(2) 实事求是，平等协商。

(3) 公正合理，兼顾合同各方的利益。

(4) 融洽各方关系，充分调动各方的积极性，有利于工程建设的顺利进行。

10.4 组织协调的方法

工程项目监理机构的组织协调方法主要有交谈协调法、会议协调法、书面协调法和访问协调法，具体的形式、作用和特点见表10-2。

表 10-2　项目监理机构的组织协调方法

协调方法	协调形式	主要使用对象	作　用	特　点
交谈协调法	面谈	各方协调	相互沟通信息，及时了解情况、减少矛盾，寻求共识和协调工作；下达指令等	双方容易接受；处理问题及时、方便；直接面对面，实现目的的可能性大
	电话交谈	各方协调		
会议协调法	监理工作交底会	监理内部协调	是监理单位内部的交底会，明确监理工作的内部相关事宜	内部统一认识和思想，事先协调内部工作
	第一次工地会议	各方协调	参与各方相互认识，明确授权和相互关系，介绍工程情况，明确制度和工作流程等	一次性会议，建立关系，明确职责，统一各方思想，促进工程开工等
	工地例会	各方协调	对工程实施情况进行全面检查，及时发现和处理问题，交流信息，处理和协调有关问题，协调争议，处理索赔和纠纷，统一步调，落实今后工作等	定期性、计划性强，针对性强
	专题会议	协调各方	讨论和处理重大问题，解决突出、突发问题等	专业性强，针对性强
书面协调法（主要形式）	监理规划	各方协调	指导整个项目监理机构开展工作	指导性文件
	监理细则	监理内部协调	针对某一专业或某一方面监理工作的操作	操作性文件
	监理月报	各方协调	每月工程实施情况分析，监理工作的总结，下月工作计划等的报告，用于向建设单位和监理单位汇报工作	定期性，总结性，汇报性和计划性
	会议纪要	各方协调	记录会议过程和结果	会签性，共同遵守性
	监理通知单	施工方协调	发出监理要求和指令	指令性，要求回复性
	监理联系单	各方协调	与有关方面进行监理工作协调	沟通和协调相关工作
	申请审批表	施工方协调	针对施工单位申请的审查和批复	针对性强，承担审批责任
	开工/暂停/复工指令	施工方协调	对施工单位行为发出的指令	针对性强，责任大
	旁站记录	施工方协调	关键部位或关键工序施工过程中监理活动的记录	实时性，针对性，强制性
	工程变更签证	各方协调	对工程在材料、工艺、功能、构造、尺寸、技术指标、工程量及施工方法等方面做出改变的签证	程序性，及时性，会签性
	支付凭证	各方协调	对施工单位工程计量和费用申请的审核签证	真实性，符合性
	专题报告	各方协调	讨论和处理重大问题，解决突出、突发专业问题等编制的报告	专业性强，针对性强

续表

协调方法	协调形式	主要使用对象	作　用	特　点
书面协调法（主要形式）	评估报告	各方协调	对某一问题、事件提出的分析、评价报告	客观性，科学性，专业性
	验收评估报告	各方协调	对施工过程和结果分析、评价的结论性报告	客观性，科学性，专业性
	监理总结	内部协调	总结整个监理工作的实施情况	全面性，客观性
访问协调法	走访协调法	各方协调	走访与工程相关的单位，解释情况，征求意见，增进了解，加强沟通等	解释性，互动性
	邀访协调法	各方协调	邀请与工程相关的单位，解释情况，征求意见，增进了解，加强沟通、指导巡视工作等	解释性，互动性

10.5 协调的主要方式

（1）电话沟通。由总监或部门负责人分别与相关方主要负责人电话联系沟通。大部分协调均可通过电话沟通解决。

（2）个别座谈。电话沟通不成功或较大的协调问题，由总监或部门负责人分别约见需协调的双方负责人当面座谈。

（3）双方座谈。当采取个别座谈的方式不能解决问题、或较重大的问题、或较复杂的问题，由总监或副总监邀请双方共同座谈，部门负责人参加。有必要时应有会议纪要。

（4）监理协调会。通过监理的定期例会协调解决各方的矛盾，会后下发会议纪要。

（5）召开专门协调会。当涉及较大经济、技术、进度、安全、质量等问题时，由监理组织召开参建各方参加的专题协调会，会后下发会议纪要。

（6）下发监理指示。当采取以上协调方式不能解决问题时，监理可按照合同原则，公正地下发监理指示进行协调解决，矛盾双方应遵照执行。

（7）当下发监理指示还不能解决问题时，在经过业主的批准后，监理可采取与协调双方的总部联系、沟通，通过协调双方总部解决问题。同时，应按照相关规定追究不遵照监理指示方承担相应责任。

（8）主管部门协调。当采取以上协调方式尚不能解决问题时，将问题向有关上级主管部门汇报，请求主管部门协调解决。

（9）仲裁机关仲裁或诉诸法律。当采取以上协调方式尚不能解决问题时，可申请仲裁机关仲裁或由法院调解判定。

10.6 参建各方之间的协调

1. 各施工单位之间的协调

在施工期间，对各施工单位之间、各作业面之间、各施工工序之间均可能发生矛盾、干扰、纠纷，必须进行及时、有效的协调，以确保施工单位有一个良好的施工环境。需要协调的内容主要包括3个方面：一是交叉作业面的施工安排协调，如厂房土建施工与机组安装工的协调；二是工序衔接时间安排的协调，如拌和系统提供商品混凝土等；三是各施工单位之间资源使用的协调，如施工单位之间的设备调配等。

(1) 交叉作业面的施工安排协调首先应遵守主次、缓急的原则，对处于关键线路上的施工项目，以及影响工程施工安全、施工质量，或者一旦延误施工有可能造成工程造价增加的项目，应优先施工。对施工进度、施工安全、质量无大影响的交叉项目，则应根据各施工单位的施工准备情况，施工时间长短情况确定，一般应优先安排施工准备充分、施工耗时短的施工单位施工。

(2) 工序衔接的协调，主要按施工总进度安排，以及各施工单位施工工作量的大小、必要的施工时间以及对后续施工项目施工进度、质量的影响情况，合理确定工作面交接时间。

(3) 各施工单位资源利用的协调，主要在大型施工设备和关键物资的调配方面的协调。对于工程规模较大的施工项目，承担任务的施工单位数量比较多，为合理、充分利用各施工单位的设备、资源优势，要鼓励在各施工单位之间建立资源共享制度，做到相互支援、相互帮助，尤其在抢险时，应做到人员不分你我、设备不分彼此、有人出人、有设备出设备、有物资出物资，服从业主或监理的统一指挥和调度，发挥集体力量。

2. 施工单位与设计之间协调

(1) 施工单位与设计方面往往在施工项目时间安排上与设计供图产生矛盾，为避免造成“等图施工”现象，监理要做好以下工作：

1) 检查督促设计单位按供图协议要求及时提供施工图纸，并协调图纸供应与施工要求之间的矛盾。

2) 协助施工单位制定详细可行的施工进度计划，并要求施工单位原则上按批准的进度计划开展各项工作，尽量减少计划大规模调整现象的发生。

3) 根据施工过程中的实际情况，经常性地预测判断施工过程中可能会发生的意外情况，及时和施工单位研究计划实施的可行性，当确实不能按原定计划开展相关工作面的施工，或者必须局部调整施工项目的先后施工顺序时，应及时与设计单位协商，部分调整供图计划。

(2) 在施工过程中，由于运输、采购等各方面的原因，往往会出现现场实际具备的个别材料、构件的规格与设计图纸规定的规格不一致，如坚持按设计施工会影响工程的施工进度时，往往需要设计上根据现场实际能提供的材料或构件，修改设计图纸。为减少和避免此类事件，监理工程师一方面应督促设计图纸的及时供应，确保施工单位有足够的采购、备料时间；另一方面应加强对施工单位现场实际情况的了解，并及时将有关情况反馈给设计单位，使设计单位在设计过程中能尽量考虑施工单位实际具备的条件，包括设备条件和材料供应条件。

(3) 监理单位审核签发设计文件和图纸后，要及时组织或协助业主组织设计单位向施工单位进行技术交底。对施工单位提出的有关意见和建议进行讨论研究，经协调统一意见后请设计单位以书面形式给予答复，或以“会议纪要”形式确认。

（4）监理应组织协调设计单位对施工中出现的设计问题进行处理，组织或协助业主组织设计变更审查，同时对设计单位提出的有关工程施工方面的意见和建议，组织施工单位认真研究实施。

（5）施工单位要求设计单位进行地质编录和地质素描，监理单位应及时与设计单位联系，协调统一时间，相互配合工作。

3. 施工单位与业主之间协调

（1）监理督促施工单位执行业主制定的有关规章制度和发出的指示，执行过程中出现问题及时向业主反馈和沟通。

（2）合同进度款的结算和支付按照合同文件的规定执行，根据施工进度实际情况，对施工单位完成的工程量，及时进行费用结算，既不提前也不滞后，遵守实事求是的原则。

（3）对业主提供的条件，包括道路、施工场地以及业主提供的原材料等，应根据工程进展情况，及时检查业主提供条件的到位情况。对因各种原因，实在不能及时到位的项目，应积极主动协助业主和施工单位协商，研究采取必要的应急措施或补救措施，确保工程施工的正常进行。

（4）对施工单位和业主之间发生的索赔问题，本着实事求是、公平公正的原则，严格按照合同条款的有关规定执行。

4. 协助业主做好与外界的协调

监理工程师要经常深入现场，了解各工作面的进展情况、存在的问题，定期召开协调会议，向业主、设计和施工单位通报工程的形象进度，指出应该注意的事项和存在的问题，协调统一各单位的质量、进度、安全、环保等意识，齐心协力搞好工程建设。同时，请业主或协助业主解决在施工中与地方政府、移民等外界所发生的矛盾，解决与其他施工单位之间所发生的矛盾，以及某些施工单位出现的财力、物资困难，为施工单位创造良好的外部环境。

10.7 组织协调案例

某水闸工程项目监理组织机构根据项目具体情况制定了协调的方案，主要内容如下：

1. 制定项目监理组织机构协调的重点

项目监理组织机构协调的重点见表10－3。

表10－3　　项目监理组织机构协调的重点

协调范围	协调层次	主要协调对象	协调重点
项目监理机构的内部协调	与监理单位的协调	法定代表人	取得授权，授权范围，授权变更
		总经理	必要时组织总经理与学校主管领导和基建处领导的沟通
		职能管理部	取得公司各类资源支持，包括人员、技术、费用等
		公司各层次人员	建立良好的同事关系，获得必要的专业技能支持等
	自身组织的内部协调	管理部门	建立工作制度和沟通方式，优化工作程序，理顺各部门的关系，协调各专业部门工作，明确各部门工作界面，消除工作矛盾等
		各层次人员	量才录用、定位定岗、客观评价、和谐相处

续表

协调范围	协调层次	主要协调对象	协　调　重　点
项目监理机构外部协调	近外层协调	建设单位	加强与建设单位沟通取得最大限度的支持，获得建设单位资金、技术、资料、设备和设施等资源支持，实施过程中取得进一步的授权，协调建设单位与各方关系，协调各类纠纷，及时汇报监理工作，反映项目实施状况等
		勘察设计（审图单位）	代表建设单位进行设计文件协调，参加设计交底和图纸会审会议，并提出有关设计修改建议，按程序进行工程变更协商、工程验收等
		施工总承包单位	施工准备协调，对施工过程中质量、进度、造价问题的协调，安全生产问题的协调，合同纠纷的协调，违约行为的协调，违反法律法规、规范标准问题的协调，资料文档管理的协调，工程验收的协调等
		专业、劳务分包单位	分包工程范围和内容，分包单位的资质和能力，督促总承包单位对分包单位违规违约行为的管理等
		设备、材料供货商	设备招标采购的协调，到场设备材料的验收，设备试运行
		招标代理单位	代表建设单位参与建设单位指定分包工程和设备材料采购工作
	远外层协调	建设单位领导	参加主管领导召集的会议，汇报相关阶段性工作，协调监理公司与主管领导的交流工作
		建设单位职能部门	执行和协调落实职能部门的工作要求，协商签署有关廉政协议，协调工程款支付，工程结算等
		项目运营单位	参加建设单位与各使用单位的协调会议并提出有关意见，参加运营单位的验收工作等
		质监站	与质监站建立沟通渠道，接受监督检查，协调落实质监站提出的问题，汇报相关监理工作，协调质量安全事故的处理，协调验收工作等
		政府其他管理部门	协助建设单位办理相关手续，为建设单位提供与政府协调过程中的技术支持，参与政府各相关管理部门对工程的验收
		保险公司	协助建设单位进行工程投保工作
		科研单位	代表建设单位协调科研单位与设计、施工等各项目参与单位的工作，参与科研成果的验收和应用

2. 项目监理机构的组织协调方法

（1）项目监理机构的内部组织协调。

该工程项目监理机构内部的组织协调主要从以下几个方面进行：

1）建立项目监理组织机构并明确各部门的组织管理关系，明确各部门和各岗位的目标、职责和权限，制订监理工作制度和工作程序，并在监理规划中作出明确规定，在项目监理机构进场前的监理工作交底会议上明确。

2）召开监理工作交底会议。监理工作交底会议在项目监理机构进场前召开，由公司工程管理职能部门组织，公司工程主管副总主持，总工办、工程管理职能部门、行政职能部门和本工程总监、专业监理工程师和相关监理人员等部门和人员参加。监理工作交底会议内容包括工程的概况、前期监理招投标工作介绍、监理工作的范围和内容、监理的组织机构及部门和人员的任务分工和岗位职责、项目监理机构的内外组织协调关系和协调任务分工（包括协调的负责人、协办人和配合人等）、监理的工作制度和工作流程、监理工作的主要方法和手段、监理的资料管理要求、监理工作的重点和难点、监理机构的组织纪律、监理机构的奖惩机制等。

3）发挥总监理工程师的核心作用。总监理工程师作为监理工作的负责人，首先应以身作则，起模范带头作用，自身的敬业精神、实干精神将感染全体监理人员，使他们能主动、积极地开展监理工作；其次在工作中应尊重监理人员，在生活上关心他们，真心诚意地与他们处理好人际关系，树立个人威信，影响监理人员的思想和行为；第三在人员安排上要人尽其才，在部门和人员任务分工上要清晰，在职责考核上要分明。根据每位监理人员的专业特点、工作经验、个人技能、性格特点、工作特点分配和指派任务，严格执行监理工作制度和工作流程，制订有效、公平的考核奖惩制度，做到不偏不倚、始终如一。在总监理工程师的带领下，使整个项目监理机构的工作和人际关系处于和谐、团结、互助的氛围中，促进了整个项目监理机构内外组织协调工作的开展。

4）建立内部沟通机制。项目监理机构内部建立了定期内部碰头会（每周一次，在工地例会的前一天），工作交接班制、专业协调会和定期向公司进行工作汇报等制度。让各专业部门和各层次的监理人员及时在上下、左右各层面沟通信息，全面了解工程实施情况和遇到的问题或矛盾，避免工作脱节，消除工作中的矛盾或冲突，取得公司技术和资源支持，从而统一思想，同舟共济，一致对外，提高内部的运行效率，防止监理工作的被动。

（2）项目监理机构的外部组织协调。

该工程项目监理机构的外部组织协调主要从以下几个方面进行：

1）与建设单位的协调。首先，正确理解建设单位对建设工程总目标和分目标的要求；正确把握建设单位对监理的授权范围和内容；在授权范围内大胆决策；在授权范围外的不擅自越权，只建议不决策；重大问题及时向建设单位报告；在工作中尽量取得建设单位的支持和理解；对建设单位不合理决策尽量在监理和建设单位范围内进行沟通，利用适当时机、采取适当方式加以说明或解释，不主动激化矛盾，尽量达成共识，不能达成共识的原则性问题用书面方式说明原委，提醒建设单位，尽量避免发生误解，并保护好自己，使建设工程顺利实施。其次，处理好与基建处、职能部门（审计、财务、纪检等）、使用单位（院系）和学校主管领导的关系，在听取各部门意见后尽量与直接管理者基建处进行沟通，尽量要求建设单位的命令源的唯一性。第三，尊重建设单位，让建设单位一起参与建设工程全过程；处理好与建设单位人员的人际关系，建立和谐的工作关系，以自己规范化、标准化、制度化的工作去影响和促进双方工作的协调、一致。

2）与施工单位的协调。首先，明确双方的关系。双方是监理与被监理的关系，施工单位在施工时必须接受监理单位的监督检查，并为监理单位开展工作提供便利，落实监理单位提出的各项合理要求。其次，坚持严格要求和热情服务相结合。一方面监理单位严格要求施工单位按规范、程序、标准组织施工；另一方面监理单位鼓励施工单位将施工状况、施工结果和遇到的困难和意见向监理单位提出，加强沟通，共同寻找解决的途径和方法。双方了解得越多越深刻，监理工作中的对抗和争执就越少，越有利于项目目标的实现。第三，注意协调的方法和技巧。在协调的工作方法上既要有原则性，也要注意灵活、合理和可行；在协调的方式上要注意语言的艺术性、感情的融合程度和用权的适度；双方既是监理与被监理的关系，也是“合作者”的关系；一般来讲，在重大问题上的分歧，与项目经理和各级管理者的协调优于与具体施工人员的直接协调；从组织管理体系的协调优于与个人关系的协调；上层关系的协调优于下层关系的协调。

3）与设计单位的协调。监理单位必须协调与设计单位的工作，以加快工程进度，确保质量，降低消耗。首先，充分贯彻设计意图。例如，在收到建设单位签发的设计施工图后，总监理工程师认真组织各专业监理工程师熟悉图纸，对图纸中存在的标准过高、设计遗漏、图纸差错等问题通过建设单位向设计单位提出；参加设计交底会议，针对本工程情况与设计单位、科研单位、施工单位共同研究技术难点、施工难点等；施工过程中，严格按图施工；代表建设单位约请设计单位参与基础工程验收、结构工程验收、专业工程验收、竣工验收等工作；发生质量事故，认真听取设计单位的处理意见等。其次，对施工中发现的设计问题，施工单位提出的设计变更及时通过建设单位向设计单位提出，组织各方会审；并注意设计变更处理的及时性和程序性；监理工程师联系单、设计变更通知单的传递严格按设计单位—建设单位—监理单位—施工单位之间的程序进行。

4）与建设主管部门及其他单位的协调。建设主管部门及其他单位对该工程的建设起着一定的控制、监督、支持、帮助作用，协调好与这些单位的关系在一定程度上推进了项目的实施。首先，与工程质量监督站的协调。该工程的质量监督站是由政府授权的工程质量监督的实施机构，对勘察设计单位、招标代理单位、造价审计单位、监理单位、施工单位和供货单位的资质、工作行为和结果均进行定期和专项检查。监理单位一方面做好自身与工程质量监督站的交流和协调；另一方面配合各受监单位与工程质量监督站的沟通和协调，受到业主、监督站和各参与单位的好评。对于发生的质量事故，在施工单位采取急救、补救措施的同时，积极配合施工单位及时向监督站报告情况，接受检查和处理。其次，与消防管理部门的协调。督促施工单位进行现场消防设施的配置，配合施工单位接受消防部门的检查认可；并敦促施工单位在施工中注意防止环境污染，坚持做到文明施工。第三，与其他单位的协调。包括保险公司、使用单位、职能部门、科研机构等单位的协调，一方面监理单位与建设单位、施工单位积极配合，把握机会，争取各方面的关心和支持，营造良好社会环境的协调；另一方面配合建设单位、施工单位处理好与各单位的协调，提供管理和技术性支持，及时消除分歧，确保建设目标的实现。

3. 监理机构组织协调工作的特点

项目监理机构进行组织协调时，在遵循公正、独立、自主原则，权、责一致原则，总监理工程师负责制原则，严格监理、热情服务原则，综合效益原则等基本组织协调原则的基础上，针对该工程情况着重做好以下组织协调工作：

（1）明确监理人员组织协调职责。

1）总监理工程师组织协调职责。

a. 建立项目监理组织机构，明确监理管理部门和人员的分工及岗位职责。

b. 配备监理组织协调的资源。

c. 负责整个项目监理机构对外、对内的组织协调工作。

d. 确定本工程监理组织协调的范围、层次和协调对象。

e. 确定本工程监理组织协调的重点。

f. 制订监理组织协调的工作程序和制度。

g. 确定监理组织协调的工作方法和手段。

h. 指导、检查和监督监理人员的日常组织协调工作。

i. 协助处理监理人员在监理组织协调工作中出现的问题。

j. 与建设单位及时沟通和定期汇报工程进展情况和施工单位履约情况。

k. 组织项目参与各方进行定期或不定期的沟通交流，及时解决各方矛盾。

l. 主持召开各类协调会议，签署各类协调文件。

m. 主持整理有关协调文件。

2）专业监理工程师组织协调职责。

a. 负责本部门、本专业或分工范围内的监理组织协调工作。

b. 协助总监理工程师开展组织协调工作。

c. 配合其他监理部门或专业的组织协调工作。

d. 落实和实施监理组织协调的工作程序和制度。

e. 指导、检查和督促本部门、本专业或分工范围内监理人员的日常组织协调工作。

f. 对重大问题的组织协调及时向总监理工程师汇报和请示。

g. 及时记录、编写和签署本部门、本专业或分工范围内协调工作情况报告，并定期向总监理工程师提交报告。

3）监理员组织协调职责。

a. 在专业监理工程师的指导下开展现场监理组织协调工作。

b. 负责进场材料、构件、半成品、机械设备等的质量检查并见证取样。

c. 旁站监理、跟踪（全方位、全过程）检查。

d. 工序间交接检查、验收及签署。

e. 负责工程计量、验方及签署原始凭证。

f. 负责现场施工安全、防火的检查、监督。

g. 坚持记监理日记，及时、如实填报原始记录。

h. 及时报告现场发生的质量事故、安全事故和异常情况。

（2）制订标准化协调处理程序。

为了提高监理组织协调工作的效率，提高项目参与各方协同配合的效率，并使整个组织协调工作做到有章可循。在监理工作实施前，要依据监理规范建立监理内部的监理规划编制制度，监理实施细则编制制度，设计交底及图纸会审制度，承包方质量体系检查制度，施工组织设计审批制度，分包单位资格审核制度，工程开工审核制度，工程例会制度，工程质量验收制度，安全监理工作制度，测量监理工作制度，工程用原材料、构配件、设备审批制度，取样送检见证制度，隐蔽工程验收制度，监理日记、旁站记录和监理月报编写制度，监理影像资料留存工作制度，监理资料管理制度，工程竣工验收工作制度，监理工作总结制度等内部管理制度。

练习题

单项选择题：

1. 专业监理工程师组织协调职责（　　）。

A. 负责进场材料、构件、半成品、机械设备等的质量检查并见证取样

B. 协助总监理工程师开展组织协调工作

C. 及时记录、编写和签署本部门、本专业或分工范围内协调工作情况报告，并定期向总监理工程师提交报告

D. 落实和实施监理组织协调的工作程序和制度

E. 指导、检查和督促本部门、本专业或分工范围内监理人员的日常组织协调工作

2. 监理机构近外层协调包括（　　）。

A. 建设单位　　B. 勘察设计　　C. 施工总承包单位　　D. 质量监督站

3. 按有关规定的精神，在监理工作过程中，（　　）应当负责与建设工程有关的外部关系的组织协调工作。

A. 监理单位　　　　B. 承包单位

C. 项目法人　　　　D. 项目法人与监理单位共同

任务 9

若实训项目 3 水闸工程由于建设单位没有按时提交施工场地而导致的施工进度落后 7d，施工单位提出工期和费用索赔，监理机构该如何协调？

附录一　《水利工程建设项目施工监理规范》(SL 288—2003)

1　总　　则

1.0.1　为加强对水利工程建设监理单位和监理人员施工监理活动的管理，保证监理工作质量，提高项目管理水平，依据有关法律、法规、规章制定本规范。

1.0.2　本规范适用于我国境内大、中型水利工程建设项目的施工监理，小型水利工程建设项目的施工监理可参照施行。

1.0.3　监理单位应按照国务院水行政主管部门批准的资格等级和业务范围承担监理业务，并接受水行政主管部门的监督和管理。

1.0.4　水利工程建设项目施工监理应按有关规定择优选择监理单位。

1.0.5　监理单位应遵守国家法律、法规、规章，独立、公正、公平、诚信、科学地开展监理工作，履行监理合同约定的职责。

1.0.6　水利工程建设项目施工监理应以合同管理为中心，有效控制工程建设项目质量、投资、进度等目标，加强信息管理，并协调建设各方之间的关系。

1.0.7　水利工程建设项目施工监理应以下列文件为依据：

1　国家和水利部有关工程建设的法律、法规和规章。

2　水利行业工程建设有关技术标准及其强制性条文。

3　经批准的工程建设项目设计文件及其他相关文件。

4　监理合同、施工合同等合同文件。

1.0.8　监理单位为实施施工监理而进行的审核、核查、检验、认可与批准，并不免除或减轻责任方应承担的责任。

1.0.9　监理单位应积极采用先进的项目管理技术和手段实施监理工作。

1.0.10　监理单位的合理化建议或高效工作使工程建设项目取得了显著的经济效益，监理单位可按有关规定或监理合同约定，获得相应的奖励。

因监理单位的直接原因致使工程项目遭受了直接损失，监理单位应按有关规定或监理合同约定予以相应的赔偿。

2　术　　语

2.0.1　水利工程

防洪、除涝、灌溉、发电、供水、围垦、水土保持、移民、水资源保护等工程（包括新建、扩建、改建、加固、修复）及其配套和附属工程的统称。

2.0.2　监理单位

具有企业法人资格，取得水利工程建设监理资格等级证书，并与发包人签订了监理合同，提供监理服务的单位。

2.0.3　发包人

承担工程项目直接建设管理责任，委托监理业务的法人或其合法代表人。

2.0.4 承包人

与发包人签订了施工合同，实施水利工程建设项目的施工、保修的企业法人或其合法代表人。

2.0.5 施工监理

监理机构依据有关规定和合同约定，对水利工程建设项目的施工、保修实施的监理。

2.0.6 监理机构

监理单位依据监理合同派驻工程现场，由监理人员和其他工作人员组成，全面履行监理合同的机构。

2.0.7 监理人员

在监理机构中从事水利工程建设监理的总监理工程师、监理工程师和监理员。

2.0.8 总监理工程师

取得《水利工程建设总监理工程师岗位证书》，受监理单位委派，全面负责工程项目监理工作的监理工程师。

2.0.9 副总监理工程师

由总监理工程师书面授权，代表总监理工程师行使总监理工程师部分职责和权力的监理工程师。

2.0.10 监理工程师

取得《水利工程建设监理工程师资格证书》，并按规定注册，取得《水利工程建设监理工程师岗位证书》，在监理机构中承担监理工作的人员。

2.0.11 监理员

取得《水利工程建设监理员岗位证书》，在监理机构中承担辅助、协助工作的人员。

2.0.12 监理大纲

监理单位在监理招标投标阶段编制的规划性文件。

2.0.13 监理规划

在监理单位与发包人签订监理合同之后，由总监理工程师主持编制，并经监理单位技术负责人同意的用以指导监理机构全面开展监理工作的指导性文件。监理规划可参照本规范附录A编写。

2.0.14 监理实施细则

由监理工程师负责编制，并经总监理工程师批准的用以实施某一项目或某一专业监理工作的操作性文件。监理实施细则可参照本规范附录B编写。

2.0.15 保修期

从工程移交证书中注明之日起，至有关规定或施工合同约定的保修时限止的时段。

2.0.16 书面形式

合同书、信件和数据电文（包括电报、电传、传真、电子数据交换和电子邮件）等可以有形地表现所载内容的形式。

3　监理组织及监理人员

3.1　监理单位

3.1.1　监理单位与发包人应依照《水利工程建设监理合同示范文本》签订监理合同。

3.1.2　监理单位开展监理工作，应遵守下列规定：

1　严格遵守国家法律、法规、规章和政策，维护国家利益、社会公共利益和工程建设当事人各方合法权益。

2　不得与所承担监理项目的承包人、设备和材料供货人发生经营性隶属关系，也不得是这些单位的合伙经营者。

3　禁止转让、违法分包监理业务。

4　不得聘用无监理岗位证书的人员从事监理业务。

5　禁止采取不正当竞争手段获取监理业务。

3.1.3　监理单位应依照监理合同约定，组建项目监理机构，配置满足监理工作需要的监理人员，并在监理合同约定的时间内，将总监理工程师及其他主要监理人员派驻到监理工地。人员配置如有变化，应事先征得发包人同意。

3.1.4　监理单位应按照国家的有关规定给工程现场监理人员购买人身意外保险及其他有关险种。

3.1.5　监理单位应建立现代企业制度，加强内部管理，对监理人员进行技术、管理培训，建立监理人员考核、评价、选拔、培养和奖惩制度。

3.1.6　监理单位应按有关规定参加年检，并将年检结果通知发包人。

3.1.7　两个以上监理单位可成立监理联合体或联营体，共同承揽监理业务。国家和有关部门对联合体或联营体资格有规定的，应遵照其规定。监理联合体各方应明确一个监理单位为责任方。联合体的总监理工程师由责任方派出，联营体的总监理工程师由其法定代表人委托。

3.1.8　监理服务范围和服务时间发生变化时，监理合同中有约定的，监理单位和发包人应按监理合同执行；监理合同无约定的，监理单位应与发包人另行签订监理补充协议，明确相关工作、服务内容和报酬。

3.2　监理机构

3.2.1　监理机构应在监理合同授权范围内行使职权。发包人不得擅自做出有悖于监理机构在合同授权范围内所做出的指示的决定。

3.2.2　监理机构的基本职责与权限应包括下列各项：

1　协助发包人选择承包人、设备和材料供货人。

2　审核承包人拟选择的分包项目和分包人。

3　核查并签发施工图纸。

4　审批承包人提交的各类文件。

5 签发指令、指示、通知、批复等监理文件。

6 监督、检查施工过程及现场施工安全和环境保护情况。

7 监督、检查工程施工进度。

8 检验施工项目的材料、构配件、工程设备的质量和工程施工质量。

9 处置施工中影响或造成工程质量、安全事故的紧急情况。

10 审核工程计量，签发各类付款证书。

11 处理合同违约、变更和索赔等合同实施中的问题。

12 参与或协助发包人组织工程验收，签发工程移交证书；监督、检查工程保修情况，签发保修责任终止证书。

13 主持施工合同各方之间关系的协调工作。

14 解释施工合同文件。

15 监理合同约定的其他职责与权限。

3.2.3 监理机构应制定与监理工作内容相适应的工作制度和管理制度。

3.2.4 监理机构应将总监理工程师和其他主要监理人员的姓名、监理业务分工和授权范围报送发包人并通知承包人。

3.2.5 监理机构进驻工地后，应将开展监理工作的基本工作程序、工作制度和工作方法等向承包人进行交底。

3.2.6 监理机构应在完成监理合同约定的全部工作后，将履行合同期间从发包人处领取的设计文件、图纸等资料归还发包人，并履行保密义务。

3.3 监理人员

3.3.1 水利工程建设监理实行注册管理制度。总监理工程师、监理工程师、监理员均系岗位职务。各级监理人员应持证上岗。

3.3.2 临理人员应遵守以下规则：

1 遵纪守法，坚持求实、严谨、科学的工作作风，全面履行义务，正确运用权限，勤奋、高效地开展监理工作。

2 努力钻研业务，熟悉和掌握建设项目管理知识和专业技术知识，提高自身素质和技术、管理水平。

3 提高监理服务意识，增强责任感，加强与工程建设有关各方的协作，积极、主动开展工作，尽职尽责，公正廉洁。

4 未经许可，不得泄露与本工程有关的技术和商务秘密，并应妥善做好发包人所提供的工程建设文件资料的保存、回收及保密工作。

5 除监理工作联系外，不得与承包人和材料、工程设备供货人有其他业务关系和经济利益关系。

6 不得出卖、出借、转让、涂改、伪造资格证书或岗位证书。

7 监理人员只能在一个监理单位注册。未经注册单位同意不得承担其他监理单位的监理业务。

8 遵守职业道德，维护职业信誉，严禁徇私舞弊。

3.3.3 水利工程建设监理实行总监理工程师负责制。总监理工程师应负责全面履行监理合同中所约定的监理单位的职责。主要职责应包括以下各项：

1 主持编制监理规划，制定监理机构规章制度，审批监理实施细则；签发监理机构的文件。

2 确定监理机构各部门职责分工及各级监理人员职责权限，协调监理机构内部工作。

3 指导监理工程师开展工作；负责本监理机构中监理人员的工作考核，调换不称职的监理人员；根据工程建设进展情况，调整监理人员。

4 主持审核承包人提出的分包项目和分包人，报发包人批准。

5 审批承包人提交的施工组织设计、施工措施计划、施工进度计划和资金流计划。

6 组织或授权监理工程师组织设计交底；签发施工图纸。

7 主持第一次工地会议，主持或授权监理工程师主持监理例会和监理专题会议。

8 签发进场通知、合同项目开工令、分部工程开工通知、暂停施工通知和复工通知等重要监理文件。

9 组织审核付款申请，签发各类付款证书。

10 主持处理合同违约、变更和索赔等事宜，签发变更和索赔的有关文件。

11 主持施工合同实施中的协调工作，调解合同争议，必要时对施工合同条款做出解释。

12 要求承包人撤换不称职或不宜在本工程工作的现场施工人员或技术、管理人员。

13 审核质量保证体系文件并监督其实施；审批工程质量缺陷的处理方案；参与或协助发包人组织处理工程质量及安全事故。

14 组织或协助发包人组织工程项目的分部工程验收、单位工程完工验收、合同项目完工验收，参加阶段验收、单位工程投入使用验收和工程竣工验收。

15 签发工程移交证书和保修责任终止证书。

16 检查监理日志；组织编写并签发监理月报、监理专题报告、监理工作报告；组织整理监理合同文件和档案资料。

3.3.4 总监理工程师不得将以下工作授权给副总监理工程师或监理工程师：

1 主持编制监理规划，审批监理实施细则。

2 主持审核承包人提出的分包项目和分包人。

3 审批承包人提交的施工组织设计、施工措施计划、施工进度计划和资金流计划。

4 主持第一次工地会议，签发进场通知、合同项目开工令、暂停施工通知、复工通知。

5 签发各类付款证书。

6 签发变更和索赔的有关文件。

7 要求承包人撤换不称职或不宜在本工程工作的现场施工人员或技术、管理人员。

8 签发工程移交证书和保修责任终止证书。

9 签发监理月报、监理专题报告和监理工作报告。

3.3.5 一名总监理工程师只宜承担一个工程建设项目的总监理工程师工作。如需担任两个标段或项目的总监理工程师时，应经发包人同意，并配备副总监理工程师。总监理工程师可通过书面授权副总监理工程师履行除本规范 3.3.4 规定外的总监理工程师的职责。

3.3.6 监理工程师应按照总监理工程师所授予的职责权限开展监理工作，是所执行监理工作的直接责任人，并对总监理工程师负责。主要职责应包括以下各项：

1 参与编制监理规划，编制监理实施细则。

2 预审承包人提出的分包项目和分包人。

3 预审承包人提交的施工组织设计、施工措施计划、施工进度计划和资金流计划。

4 预审或经授权签发施工图纸。

5 核查进场材料、构配件、工程设备的原始凭证、检测报告等质量证明文件及其质量情况。

6 审批分部工程开工申请报告。

7 协助总监理工程师协调参建各方之间的工作关系。按照职责权限处理施工现场发生的有关问题，签发一般监理文件。

8 检验工程的施工质量，并予以确认或否认。

9 审核工程计量的数据和原始凭证，确认工程计量结果。

10 预审各类付款证书。

11 提出变更、索赔及质量和安全事故处理等方面的初步意见。

12 按照职责权限参与工程的质量评定工作和验收工作。

13 收集、汇总、整理监理资料，参与编写监理月报，填写监理日志。

14 施工中发生重大问题和遇到紧急情况时，及时向总监理工程师报告、请示。

15 指导、检查监理员的工作。必要时可向总监理工程师建议调换监理员。

3.3.7 监理员应按被授予的职责权限开展监理工作，其主要职责应包括以下各项：

1 核实进场原材料质量检验报告和施工测量成果报告等原始资料。

2 检查承包人用于工程建设的材料、构配件、工程设备使用情况，并做好现场记录。

3 检查并记录现场施工程序、施工工法等实施过程情况。

4 检查和统计计日工情况；核实工程计量结果。

5 核查关键岗位施工人员的上岗资格；检查、监督工程现场的施工安全和环境保护措施的落实情况，发现异常情况及时向监理工程师报告。

6 检查承包人的施工日志和试验室记录。

7 核实承包人质量评定的相关原始记录。

3.3.8 当监理人员数量较少时，监理工程师可同时承担监理员的职责。

4 施工监理工作程序、方法和制度

4.1 基本工作程序

4.1.1 签订监理合同，明确监理范围、内容和责权。

4.1.2 依据监理合同，组建现场监理机构，选派总监理工程师、监理工程师、监理员和其他工作人员。

4.1.3 熟悉工程建设有关法律、法规、规章及技术标准，熟悉工程设计文件、施工合同文件和监理合同文件。

4.1.4 编制项目监理规划。

4.1.5 进行监理工作交底。

4.1.6 编制各专业、各项目监理实施细则。

4.1.7 实施施工监理工作。主要监理工作流程参照本规范附录C实施。

4.1.8 督促承包人及时整理、归档各类资料。

4.1.9 参加验收工作，签发工程移交证书和工程保修责任终止证书。

4.1.10 结清监理费用。

4.1.11 向发包人提交有关档案资料、监理工作总结报告。

4.1.12 向发包人移交其所提供的文件资料和设施设备。

4.2 主要工作方法

4.2.1 现场记录。监理机构认真、完整记录每日施工现场的人员、设备和材料、天气、施工环境以及施工中出现的各种情况。

4.2.2 发布文件。监理机构采用通知、指示、批复、签认等文件形式进行施工全过程的控制和管理。

4.2.3 旁站监理。监理机构按照监理合同约定，在施工现场对工程项目的重要部位和关键工序的施工，实施连续性的全过程检查、监督与管理。

4.2.4 巡视检验。监理机构对所监理的工程项目进行的定期或不定期的检查、监督和管理。

4.2.5 跟踪检测。在承包人进行试样检测前，监理机构对其检测人员、仪器设备以及拟订的检测程序和方法进行审核；在承包人对试样进行检测时，实施全过程的监督，确认其程序、方法的有效性以及检测结果的可信性，并对该结果确认。

4.2.6 平行检测。监理机构在承包人对试样自行检测的同时，独立抽样进行的检测，核验承包人的检测结果。

4.2.7 协调。监理机构对参加工程建设各方之间的关系以及工程施工过程中出现的问题和争议进行的调解。

4.3 主要工作制度

4.3.1 技术文件审核、审批制度。根据施工合同约定由双方提交的施工图纸以及由承包人提交的施工组织设计、施工措施计划、施工进度计划、开工申请等文件均应通过监理机构核查、审核或审批，方可实施。

4.3.2 原材料、构配件和工程设备检验制度。进场的原材料、构配件和工程设备应有出厂合格证明和技术说明书，经承包人自检合格后，方可报监理机构检验。不合格的材料、构配件和工程设备应按监理指示在规定时限内运离工地或进行相应处理。

4.3.3 工程质量检验制度。承包人每完成一道工序或一个单元工程，都应经过自检，合格后方可报监理机构进行复核检验。上道工序或上一单元工程未经复核检验或复核检验不合格，不得进行下道工序或下一单元工程施工。

4.3.4 工程计量付款签证制度。所有申请付款的工程量均应进行计量并经监理机构确认。未经监理机构签证的付款申请，发包人不应支付。

4.3.5 会议制度。监理机构应建立会议制度，包括第一次工地会议、监理例会和监理专题会议。会议由总监理工程师或由其授权的监理工程师主持，工程建设有关各方应派员参加。各次会议应符合下列要求：

1 第一次工地会议。应在合同项目开工令下达前举行，会议内容应包括工程开工准备检查情况；介绍各方负责人及其授权代理人和授权内容；沟通相关信息；进行监理工作交底。会议的具体内容可由有关各方会前约定。会议可由总监理工程师主持或由总监理工程师与发包人的负责人联合主持。

2 监理例会。监理机构应定期主持召开由参建各方负责人参加的会议，会上应通报工程进展情况，检查上次监理例会中有关决定的执行情况，分析当前存在的问题，提出问题的解决方案或建议，明确会后应完成的任务。会议应形成会议纪要。

3 监理专题会议。监理机构应根据需要，主持召开监理专题会议，研究解决施工中出现的涉及施工质量、施工方案、施工进度、工程变更、索赔、争议等方面的专门问题。

4 总监理工程师应组织编写由监理机构主持召开的会议纪要，并分发与会各方。

4.3.6 施工现场紧急情况报告制度。监理机构应针对施工现场可能出现的紧急情况编制处理程序、处理措施等文件。当发生紧急情况时，应立即向发包人报告，并指示承包人立即采取有效紧急措施进行处理。

4.3.7 工作报告制度。监理机构应及时向发包人提交监理月报或监理专题报告；在工程验收时，提交监理工作报告；在监理工作结束后，提交监理工作总结报告。上述报告可参照本规范附录D编写。

4.3.8 工程验收制度。在承包人提交验收申请后，监理机构应对其是否具备验收条件进行审核。并根据有关水利工程验收规程或合同约定，参与、组织或协助发包人组织工程验收。

5 施工准备阶段的监理工作

5.1 监理机构的准备工作

5.1.1 依据监理合同约定，适时设立现场监理机构，配置监理人员，并进行必要的岗前培训。

5.1.2 建立监理工作规章制度。

5.1.3 接收、收集并熟悉有关工程建设资料，包括：工程建设法律、法规、规章和技术标准，工程建设项目设计文件及其他相关文件，合同文件及相关资料等。

5.1.4 接收由发包人提供的交通、通信、试验及办公设施和食宿等生活条件，完善工作和生活环境。

5.1.5 组织编制监理规划和监理实施细则，在约定的期限内报送发包人。

5.2 施工准备的监理工作

5.2.1 检查开工前应由发包人提供的下列施工条件完成情况：

1 首批开工项目施工图纸和文件的供应。

2 测量基准点的移交。

3 施工用地的征用。

4 首次工程预付款的付款。

5 施工合同中约定应由发包人提供的道路、供电、供水、通信等条件。

5.2.2 检查开工前承包人的下列施工准备情况：

1 承包人派驻现场的主要管理、技术人员数量及资格是否与施工合同文件一致。如有变化，应重新审查并报发包人认定。

2 承包人进场施工设备的数量和规格、性能是否符合施工合同约定要求。

3 检查进场原材料、构配件的质量、规格、性能是否符合有关技术标准和技术条款的要求，原材料的储存量是否满足工程开工及随后施工的需要。

4 承包人试验室具备的条件是否符合有关规定要求。

5 承包人对发包人提供的测量基准点复核情况，并督促承包人在此基础上完成施工测量控制网的布设及施工区原始地形图的测绘。

6 砂石料系统、混凝土拌和系统以及场内道路、供水、供电、供风等施工辅助设施的准备。

7 承包人的质量保证体系。

8 承包人的施工安全、环境保护措施、规章制度的制定及关键岗位施工人员的资格。

9 承包人中标后的施工组织设计、施工措施计划、施工进度计划和资金流计划等技术文件是否完成并提交给监理机构审批。

10 应由承包人负责提供的设计文件和施工图纸文件是否完成并提交给监理机构审批。

11 按照施工规范要求需要进行的各种施工工艺参数的试验是否完成并提交给监理机构审核。

5.2.3 审核承包人在施工准备完成后递交的项目工程开工申请报告。

5.2.4 施工图纸的核查与签发应符合下列规定：

1 监理机构收到施工图纸后，应在施工合同约定的时间内完成核查或审批工作，确认后签字、盖章。

2 监理机构应在与有关各方约定的时间内，主持或与发包人联合主持召开施工图纸技术交底会议，并由设计单位进行技术交底。

5.2.5 监理机构应按有关工程施工质量评定规程的要求，组织进行工程项目划分，征得发包人同意后，报工程质量监督机构认定。

6 施工实施阶段的监理工作

6.1 开工条件的控制

6.1.1 监理机构应严格审查工程开工应具备的各项条件，并审批开工申请。

6.1.2 合同项目开工应遵守下列规定：

1 监理机构应在施工合同约定的期限内，经发包人同意后向承包人发出进场通知，要求承包人按约定及时调遣人员和施工设备、材料进场进行施工准备。进场通知中应明确合同工期起算日期。

2 监理机构应协助发包人按施工合同约定向承包人移交施工设施或施工条件，包括施工用地、道路、测量基准点以及供水、供电、通信设施等。

3 承包人完成开工准备后，应向监理机构提交开工申请。监理机构经检查确认发包人和承包人的施工准备满足开工条件后，签发开工令。

4 由于承包人原因使工程未能按施工合同约定时间开工的，监理机构应通知承包人在约定时间内提交赶工措施报告并说明延误开工原因。由此增加的费用和工期延误造成的损失由承包人承担。

5 由于发包人原因使工程未能按施工合同约定时间开工的，监理机构在收到承包人提出的顺延工期的要求后，应立即与发包人和承包人共同协商补救办法。由此增加的费用和工期延误造成的损失由发包人承担。

6.1.3 分部工程开工。监理机构应审批承包人报送的每一分部工程开工申请，审核承包人递交的施工措施计划，检查该分部工程的开工条件，确认后签发分部工程开工通知。

6.1.4 单元工程开工。第一个单元工程在分部工程开工申请获批准后自行开工，后续单元工程凭监理机构签发的上一单元工程施工质量合格证明方可开工。

6.1.5 混凝土浇筑开仓。监理机构应对承包人报送的混凝土浇筑开仓报审表进行审核。符合开仓条件后方可签发。

6.2 工程质量控制

6.2.1 监理机构应建立和健全质量控制体系，并在监理工作过程中不断改进和完善。

6.2.2 监理机构应监督承包人建立和健全质量保证体系，并监督其贯彻执行。

6.2.3 监理机构应按照有关工程建设标准和强制性条文及施工合同约定，对所有施工质量活动及与质量活动相关的人员、材料、工程设备和施工设备、施工工法和施工环境进行监督和控制，按照事前审批、事中监督和事后检验等监理工作环节控制工程质量。

6.2.4 监理机构应按有关规定或施工合同约定，核查承包人现场检验设施、人员、技术条件等情况。

6.2.5 监理机构应对承包人从事施工、安全、质检、材料等岗位和施工设备操作等需要持证上岗的人员的资格进行验证和认可。对不称职或违章、违规人员，可要求承包人暂停或禁止其在本工程中工作。

6.2.6 材料和工程设备的检验应符合下列规定：

1 对于工程中使用的材料、构配件，监理机构应监督承包人按有关规定和施工合同约定进行检验，并应查验材质证明和产品合格证。

2 对于承包人采购的工程设备，监理机构应参加工程设备的交货验收；对于发包人提供的工程设备，监理机构应会同承包人参加交货验收。

3 材料、构配件和工程设备未经检验，不得使用；经检验不合格的材料、构配件和工程设备，应督促承包人及时运离工地或做出相应处理。

4 监理机构如对进场材料、构配件和工程设备的质量有异议时，可指示承包人进行重新检验；必要时，监理机构应进行平行检测。

5 监理机构发现承包人未按有关规定和施工合同约定对材料、构配件和工程设备进行检验，应及时指示承包人补做检验；若承包人未按监理机构的指示进行补验，监理机构可按施工合同约定自行或委托其他有资质的检验机构进行检验，承包人应为此提供一切方便并承担相应费用。

6 监理机构在工程质量控制过程中发现承包人使用了不合格的材料、构配件和工程设备时，应指示承包人立即整改。

6.2.7 施工设备的检查应符合下列规定：

1 监理机构应督促承包人按照施工合同约定保证施工设备按计划及时进场，并对进场的施工设备进行评定和认可。禁止不符合要求的设备投入使用，并应要求承包人及时撤换。在施工过程中，监理机构应督促承包人对施工设备及时进行补充、维修、维护，以满足施工需要。

2 旧施工设备进入工地前，承包人应提供该设备的使用和检修记录，以及具有设备鉴定资格的机构出具的检修合格证，经监理机构认可，方可进场。

3 监理机构若发现承包人使用的施工设备影响施工质量和进度时，应及时要求承包人增加或撤换。

6.2.8 监理机构应审批承包人制定的施工控制网和原始地形图的施测方案，并对承包人施测过程进行监督，对测量成果进行签认，或参加联合测量，共同签认测量结果。

监理机构应对承包人在工程开工前实施的施工放线测量进行抽样复测或与承包人进行联合测量。

6.2.9 监理机构应审批承包人提交的工艺参数试验方案，对现场试验实施监督，审核试验结果和结论，并监督承包人严格按照批准的工法进行施工。

6.2.10 施工过程质量控制应符合下列规定：

1 监理机构应督促承包人按施工合同约定对工程所有部位和工程使用的材料、构配件和工程设备的质量进行自检，并按规定向监理机构提交相关资料。

2 监理机构应采用现场察看、查阅施工记录以及对材料、构配件、试样等进行抽检的方式对施工质量进行严格控制；应及时对承包人可能影响工程质量的施工工法以及各种违章作业行为发出调整、制止、整顿直至暂停施工的指示。

3 监理机构应严格旁站监理工作，特别注重对易引起渗漏、冻融、冲刷、汽蚀等部位的质量控制。

4 单元工程（或工序）未经监理机构检验或检验不合格，承包人不得开始下一单元工程（或工序）的施工。

5 监理机构发现由于承包人使用的材料、构配件、工程设备以及施工设备或其他原因可能导致工程质量不合格或造成质量事故时，应及时发出指示，要求承包人立即采取措施纠正。必要时，责令其停工整改。

6 监理机构发现施工环境可能影响工程质量时，应指示承包人采取有效的防范措施。必要时，应停工整改。

7 监理机构应对施工过程中出现的质量问题及其处理措施或遗留问题进行详细记录和拍照，保存好照片或音像片等相关资料。

8 监理机构应参加工程设备供货人组织的技术交底会议；监督承包人按照工程设备供货人提供的安装指导书进行工程设备的安装。

9 监理机构应审核承包人提交的设备启动程序并监督承包人进行设备启动与调试工作。

6.2.11 工程质量检验应符合下列规定：

1 承包人应首先对工程施工质量进行自检。未经承包人自检或自检不合格、自检资料不完善的单元工程（或工序），监理机构有权拒绝检验。

2 监理机构对承包人经自检合格后报验的单元工程（或工序）质量，应按有关技术标准和施工合同约定的要求进行检验。检验合格后方予签认。

3 监理机构可采用跟踪检测、平行检测方法对承包人的检验结果进行复核。平行检测的检测数量，混凝土试样不应少于承包人检测数量的3%，重要部位每种标号的混凝土最少取样1组；土方试样不应少于承包人检测数量的5%；重要部位至少取样3组。跟踪检测的检测数量，混凝土试样不应少于承包人检测数量的7%；土方试样不应少于承包人检测数量的10%。平行检测和跟踪检测工作都应由具有国家规定的资质条件的检测机构承担。平行检测的费用由发包人承担。

4 工程完工后需覆盖的隐蔽工程、工程的隐蔽部位，应经监理机构验收合格后方可覆盖。

5 在工程设备安装完成后，监理机构应督促承包人按规定进行设备性能试验，其后应提交设备操作和维修手册。

6.2.12 工程质量评定。监理机构应监督承包人真实、齐全、完善、规范地填写质量评定表。承包人应按规定对工序、单元工程、分部工程、单位的工程质量等级进行自评。监理机构应对承包人的工程质量等级自评结果进行复核。

监理机构应按规定参与工程项目外观质量评定和工程项目施工质量评定工作。

6.2.13 质量事故的调查处理应符合下列规定：

1 质量事故发生后，承包人应按规定及时提交事故报告。监理机构在向发包人报告的同时，指示承包人及时采取必要的应急措施并保护现场，做好相应记录。

2 监理机构应积极配合事故调查组进行工程质量事故调查、事故原因分析，参与处理意见等工作。

3 监理机构应指示承包人按照批准的工程质量事故处理方案和措施对事故进行处理。

经监理机构检验合格后，承包人方可进入下一阶段施工。

6.3 工程进度控制

6.3.1 控制性总进度计划的编制应符合下列规定：

1 监理机构应在工程项目开工前依据施工合同约定的工期总目标、阶段性目标等，协助发包人编制控制性总进度计划。

2 随着工程进展和施工条件的变化，监理机构应及时提请发包人对控制性总进度计划进行必要的调整。

6.3.2 施工进度计划的审批应符合下列规定：

1 监理机构应在工程项目开工前依据控制性总进度计划审批承包人提交的施工进度计划。在施工过程中，依据施工合同约定审批各单位工程进度计划，逐阶段审批年、季、月施工进度计划。

2 施工进度计划审批的程序：

(1) 承包人应在施工合同约定的时间内向监理机构提交施工进度计划。

(2) 监理机构应在收到施工进度计划后及时进行审查，提出明确审批意见。必要时召集由发包人、设计单位参加的施工进度计划审查专题会议，听取承包人的汇报，并对有关问题进行分析研究。

(3) 如施工进度计划中存在问题，监理机构应提出审查意见，交承包人进行修改或调整。

(4) 审批承包人提交的施工进度计划或修改、调整后的施工进度计划。

3 施工进度计划审查的主要内容：

(1) 在施工进度计划中有无项目内容漏项或重复的情况。

(2) 施工进度计划与合同工期和阶段性目标的响应性与符合性。

(3) 施工进度计划中各项目之间逻辑关系的正确性与施工方案的可行性。

(4) 关键路线安排和施工进度计划实施过程的合理性。

(5) 人力、材料、施工设备等资源配置计划和施工强度的合理性。

(6) 材料、构配件、工程设备供应计划与施工进度计划的衔接关系。

(7) 本施工项目与其他各标段施工项目之间的协调性。

(8) 施工进度计划的详细程度和表达形式的适宜性。

(9) 对发包人提供施工条件要求的合理性。

(10) 其他应审查的内容。

6.3.3 实际施工进度的检查与协调应符合下列规定：

1 监理机构应编制描述实际施工进度状况和用于进度控制的各类图表。

2 监理机构应督促承包人做好施工组织管理，确保施工资源的投入，并按批准的施工进度计划实施。

3 监理机构应做好实际工程进度记录以及承包人每日的施工设备、人员、原材料的进场记录，并审核承包人的同期记录。

4 监理机构应对施工进度计划的实施全过程，包括施工准备、施工条件和进度计划的实施情况，进行定期检查，对实际施工进度进行分析和评价，对关键路线的进度实施重点跟踪检查。

5 监理机构应根据施工进度计划，协调有关参建各方之间的关系，定期召开生产协调会议，及时发现、解决影响工程进度的干扰因素，促进施工项目的顺利进展。

6.3.4 施工进度计划的调整应符合下列规定：

1 监理机构在检查中发现实际工程进度与施工进度计划发生了实质性偏离时，应要求承包人及时调整施工进度计划。

2 监理机构应根据工程变更情况，公正、公平处理工程变更所引起的工期变化事宜。当工程变更影响施工进度计划时，监理机构应指示承包人编制变更后的施工进度计划。

3 监理机构应依据施工合同和施工进度计划及实际工程进度记录，审查承包人提交的工期索赔申请，提出索赔处理意见报发包人。

4 施工进度计划的调整使总工期目标、阶段目标、资金使用等发生较大的变化时，监理机构应提出处理意见报发包人批准。

6.3.5 停工与复工应符合下列规定：

1 发生下列情况之一，监理机构可视情况决定是否下达暂停施工通知：

(1) 发包人要求暂停施工时。

(2) 承包人未经许可即进行主体工程施工时。

(3) 承包人未按照批准的施工组织设计或工法施工，并且可能会出现工程质量问题或造成安全事故隐患时。

(4) 承包人有违反施工合同的行为时。

2 发生下列情况之一，监理机构应下达暂停施工通知：

(1) 工程继续施工将会对第三者或社会公共利益造成损害时。

(2) 为了保证工程质量、安全所必要时。

(3) 发生了须暂时停止施工的紧急事件时。

(4) 承包人拒绝服从监理机构的管理，不执行监理机构的指示，从而将对工程质量、进度投资控制产生严重影响时。

(5) 其他应下达暂停施工通知的情况时。

3 监理机构下达暂停施工通知，应征得发包人同意。发包人应在收到监理机构暂停施工通知报告后，在约定时间内予以答复；若发包人逾期未答复，则视为其已同意，监理机构可据此下达暂停施工通知，并根据停工的影响范围和程度，明确停工范围。

4 若由于发包人的责任需要暂停施工，监理机构未及时下达暂停施工通知时，在承包人提出暂停施工的申请后，监理机构应在施工合同约定的时间内予以答复。

5 下达暂停施工通知后，监理机构应指示承包人妥善照管工程，并督促有关方及时采取有效措施，排除影响因素，为尽早复工创造条件。

6 在具备复工条件后，监理机构应及时签发复工通知，明确复工范围，并督促承包人执行。

7 监理机构应及时按施工合同约定处理因工程停工引起的与工期、费用等有关的问题。

6.3.6 由于承包人的原因造成施工进度拖延，可能致使工程不能按合同工期完工，或发包人要求提前完工，监理机构应指示承包人调整施工进度计划，编制赶工措施报告，在审批后发布赶工指示，并督促承包人执行。

监理机构应按照施工合同约定处理因赶工引起的费用事宜。

6.3.7 监理机构应督促承包人按施工合同约定按时提交月、年施工进度报告。

6.4 工程投资控制

6.4.1 工程投资控制的主要监理工作应包括以下各项：

1 审批承包人提交的资金流计划。

2 协助发包人编制合同项目的付款计划。

3 根据工程实际进展情况，对合同付款情况进行分析，提出资金流调整意见。

4 审核工程付款申请，签发付款证书。

5 根据施工合同约定进行价格调整。

6 根据授权处理工程变更所引起的工程费用变化事宜。

7 根据授权处理合同索赔中的费用问题。

8 审核完工付款申请，签发完工付款证书。

9 审核最终付款申请，签发最终付款证书。

6.4.2 工程计量：

1 可支付的工程量应同时符合以下条件：

(1) 经监理机构签认，并符合施工合同约定或发包人同意的工程变更项目的工程量以及计日工。

(2) 经质量检验合格的工程量。

(3) 承包人实际完成的并按施工合同有关计量规定计量的工程量。

2 在监理机构签发的施工图纸（包括设计变更通知）所确定的建筑物设计轮廓线和施工合同文件约定应扣除或增加计量的范围内，应按有关规定及施工合同文件约定的计量方法和计量单位进行计量。

3 工程计量应符合以下程序：

(1) 工程项目开工前，监理机构应监督承包人按有关规定或施工合同约定完成原始地面地形的测绘以及计量起始位置地形图的测绘，并审核测绘成果。

(2) 工程计量前，监理机构应审查承包人计量人员的资格和计量仪器设备的精度及率定情况，审定计量的程序和方法。

(3) 在接到承包人计量申请后，监理机构应审查计量项目、范围、方式，审核承包人提交的计量所需的资料、工程计量已具备的条件，若发现问题，或不具备计量条件时，应督促承包人进行修改和调整，直至符合计量条件要求，方可同意进行计量。

(4) 监理机构应会同承包人共同进行工程计量；或监督承包人的计量过程，确认计量结果；或依据施工合同约定进行抽样复核。

(5) 在付款申请签认前，监理机构应对支付工程量汇总成果进行审查。

(6) 若监理机构发现计量有误，可重新进行审核、计量，进行必要的修正与调整。

4 当承包人完成每个计价项目的全部工程量后，监理机构应要求承包人与其共同对每个项目的历次计量报表进行汇总和总体量测，核实该项目的最终计量工程量。

6.4.3 付款申请和审查应符合下列规定：

1 只有计量结果被认可，监理机构方可受理承包人提交的付款申请。

2 承包人应按照本规范附录 E 的表格式样，在施工合同约定的期限内填报付款申请报表。

3 监理机构在接到承包人付款申请后，应在施工合同约定时间内完成审核。付款申请应符合以下要求：

(1) 付款申请表填写符合规定，证明材料齐全。

(2) 申请付款项目、范围、内容、方式符合施工合同约定。

(3) 质量检验签证齐备。

(4) 工程计量有效、准确。

(5) 付款单价及合价无误。

4 因承包人申请资料不全或不符合要求，造成付款证书签证延误，由承包人承担责任。未经监理机构签字确认，发包人不应支付任何工程款项。

6.4.4 预付款支付应符合下列规定：

1 监理机构在收到承包人的工程预付款申请后，应审核承包人获得工程预付款已具备的条件。条件具备、额度准确时，可签发工程预付款付款证书。

监理机构应在审核工程价款月支付申请的同时审核工程预付款应扣回的额度，并汇总已扣回的工程预付款总额。

2 监理机构在收到承包人的工程材料预付款申请后，应审核承包人提供的单据和有关证明资料，并按合同约定随工程价款月付款一起支付。

6.4.5 工程价款月支付应符合下列规定：

1 工程价款月支付每月一次。在施工过程中，监理机构应审核承包人提出的月付款申请，同意后签发工程价款月付款证书。

2 工程价款月支付申请包括以下内容：

(1) 本月已完成并经监理机构签认的工程项目应付金额。

(2) 经监理机构签认的当月计日工的应付金额。

(3) 工程材料预付款金额。

(4) 价格调整金额。

(5) 承包人应有权得到的其他金额。

(6) 工程预付款和工程材料预付款扣回金额。

(7) 保留金扣留金额。

(8) 合同双方争议解决后的相关支付金额。

3 工程价款月支付属工程施工合同的中间支付，监理机构可按照施工合同的约定，对中间支付的金额进行修正和调整，并签发付款证书。

6.4.6 工程变更支付。监理机构应依照施工合同约定或工程变更指示所确定的工程款支付程序、办法及工程变更项目施工进展情况，在工程价款月支付的同时进行工程变更支付。

6.4.7 计日工支付应符合下列规定:

1 监理机构可指示承包人以计日工方式完成一些未包括在施工合同中的特殊的、零星的、漏项的或紧急的工作内容。在指示下达后，监理机构应检查和督促承包人按指示的要求实施，完成后确认其计日工作量，并签发有关付款证明。

2 监理机构在下达指示前应取得发包人批准。承包人可将计日工支付随工程价款月支付一同申请。

6.4.8 保留金支付应符合下列规定:

1 合同项目完工并签发工程移交证书后，监理机构应按施工合同约定的程序和数额签发保留金付款证书。

2 当工程保修期满后，监理机构应签发剩余的保留金付款证书。如果监理机构认为还有部分剩余缺陷工程需要处理，报发包人同意后，可在剩余的保留金付款证书中扣留与处理工作所需费用相应的保留金余款，直到工作全部完成后再支付剩余的保留金。

6.4.9 完工支付应符合下列规定:

1 监理机构应及时审核承包人在收到工程移交证书后提交的完工付款申请及支持性资料，签发完工付款证书，报发包人批准。

2 审核内容包括:

(1) 到移交证书上注明的完工日期止，承包人按施工合同约定累计完成的工程金额。

(2) 承包人认为还应得到的其他金额。

(3) 发包人认为还应支付或扣除的其他金额。

6.4.10 最终支付应符合下列规定:

1 监理机构应及时审核承包人在收到保修责任终止证书后提交的最终付款申请及结清单，签发最终付款证书，报发包人批准。

2 审核内容包括:

(1) 承包人按施工合同约定和经监理机构批准已完成的全部工程金额。

(2) 承包人认为还应得到的其他金额。

(3) 发包人认为还应支付或扣除的其他金额。

6.4.11 施工合同解除后的支付应符合下列规定:

1 因承包人违约造成施工合同解除的支付。监理机构应就合同解除前承包人应得到但未支付的下列工程价款和费用签发付款证书，但应扣除根据施工合同约定应由承包人承担的违约费用:

(1) 已实施的永久工程合同金额。

(2) 工程量清单中列有的、已实施的临时工程合同金额和计日工金额。

(3) 为合同项目施工合理采购、制备的材料、构配件、工程设备的费用。

(4) 承包人依据有关规定、约定应得到的其他费用。

2 因发包人违约造成施工合同解除的支付。监理机构应就合同解除前承包人所应得到但未支付的下列工程价款和费用签发付款证书:

(1) 已实施的永久工程合同金额。

(2) 工程量清单中列有的、已实施的临时工程合同金额和计日工金额。

(3) 为合同项目施工合理采购、制备的材料、构配件、工程设备的费用。

(4) 承包人退场费用。

(5) 由于解除施工合同给承包人造成的直接损失。

(6) 承包人依据有关规定、约定应得到的其他费用。

3 因不可抗力致使施工合同解除的支付。监理机构应根据施工合同约定，就承包人应得到但未支付的下列工程价款和费用签发付款证书：

(1) 已实施的永久工程合同金额。

(2) 工程量清单中列有的、已实施的临时工程合同金额和计日工金额。

(3) 为合同项目施工合理采购、制备的材料、构配件、工程设备的费用。

(4) 承包人依据有关规定、约定应得到的其他费用。

4 上述付款证书均应报发包人批准。

5 监理机构应按施工合同约定，协助发包人及时办理施工合同解除后的工程接收工作。

6.4.12 价格调整。监理机构应按施工合同约定的程序和调整方法，审核单价、合价的调整。当发包人与承包人对价格调整协商不一致时，监理机构可暂定调整价格。价格调整金额随工程价款月支付一同支付。

6.5 施工安全与环境保护

6.5.1 施工安全应符合下列规定：

1 监理机构应根据施工合同文件的有关约定，协助发包人进行施工安全的检查、监督。

2 工程开工前，监理机构应督促承包人建立健全施工安全保障体系和安全管理规章制度，对职工进行施工安全教育和培训；应对施工组织设计中的施工安全措施进行审查。

3 在施工过程中，监理机构应对承包人执行施工安全法律、法规和工程建设强制性标准以及施工安全措施的情况进行监督、检查。发现不安全因素和安全隐患时，应指示承包人采取有效措施予以整改。若承包人延误或拒绝整改时，监理机构可责令其停工。当监理机构发现存在重大安全隐患时，应立即指示承包人停工，做好防患措施，并及时向发包人报告；如有必要，应向政府有关主管部门报告。

4 当发生施工安全事故时，监理机构应协助发包人进行安全事故的调查处理工作。

5 监理机构应协助发包人在每年汛前对承包人的度汛方案及防汛预案的准备情况进行检查。

6.5.2 施工环境保护应符合下列规定：

1 工程项目开工前，监理机构应督促承包人按施工合同约定，编制施工环境管理和保护方案，并对落实情况进行检查。

2 监理机构应监督承包人避免对施工区域的植物和建筑物等的破坏。

3 监理机构应要求承包人采取有效措施对施工中开挖的边坡及时进行支护和做好排水措施，尽量避免对植被的破坏并对受到破坏的植被及时采取恢复措施。

4 监理机构应监督承包人严格按照批准的弃渣规划有序地堆放、处理和利用废渣，防止任意弃渣造成环境污染、影响河道行洪能力和其他承包人的施工。

5 监理机构应监督承包人严格执行有关规定，加强对噪声、粉尘、废气、废水、废油的控制，并按施工合同约定进行处理。

6 监理机构应要求承包人保持施工区和生活区的环境卫生，及时清除垃圾和废弃物，并运至指定地点进行处理。进入现场的材料、设备应有序放置。

7 工程完工后，监理机构应监督承包人按施工合同约定拆除施工临时设施，清理场地，做好环境恢复工作。

6.6 合同管理的其他工作

6.6.1 工程变更应符合下列规定：

1 工程变更的提出、审查、批准、实施等过程应按施工合同约定的程序进行。

2 监理机构可根据工程的需要并经发包人同意，指示承包人实施下列各种类型的变更：

(1) 增加或减少施工合同中的任何一项工作内容。

(2) 取消施工合同中任何一项工作（但被取消的工作不能转由发包人或其他承包人实施)。

(3) 改变施工合同中任何一项工作的标准或性质。

(4) 改变工程建筑物的形式、基线、标高、位置或尺寸。

(5) 改变施工合同中任何一项工程经批准的施工计划、施工方案。

(6) 追加为完成工程所需的任何额外工作。

(7) 增加或减少合同中项目的工程量超过合同约定的百分比。

3 工程变更的提出：

(1) 发包人可依据施工合同约定或工程需要提出工程变更建议。

(2) 设计单位可依据有关规定或设计合同约定在其职责与权限范围内提出对工程设计文件的变更建议。

(3) 承包人可依据监理机构的指示，或根据工程现场实际施工情况提出变更建议。

(4) 监理机构可依据有关规定、规范，或根据现场实际情况提出变更建议。

4 工程变更建议书的提交：

(1) 工程变更建议书提出时，应考虑留有为发包人与监理机构对变更建议进行审查、批准设计单位进行变更设计以及承包人进行施工准备的合理时间。

(2) 在特殊情况下，如出现危及人身、工程安全或财产严重损失的紧急事件时，工程变更不受时间限制，但监理机构仍应督促变更提出单位及时补办相关手续。

5 工程变更审查：

(1) 监理机构对工程变更建议书审查应符合下列要求：

——变更后不降低工程质量标准，不影响工程完建后的功能和使用寿命。

——工程变更在施工技术上可行、可靠。

——工程变更引起的费用及工期变化经济合理。

——工程变更不对后续施工产生不良影响。

（2）监理机构审核承包人提交的工程变更报价时，应按下述原则处理：

——如果施工合同工程量清单中有适用于变更工作内容的项目时，应采用该项目的单价或合价。

——如果施工合同工程量清单中无适用于变更工作内容的项目时，可引用施工合同工程量清单中类似项目的单价或合价作为合同双方变更议价的基础。

——如果施工合同工程量清单中无此类似项目的单价或合价，或单价或合价明显不合理和不适用的，经协商后，由承包人依照招标文件确定的原则和编制依据，重新编制单价或合价，经监理机构审核后，报发包人确认。

（3）当发包人与承包人协商不能一致时，监理机构应确定合适的暂定单价或合价，通知承包人执行。

6 工程变更的实施：

（1）经监理机构审查同意的工程变更建议书需报发包人批准。

（2）经发包人批准的工程变更，应由发包人委托原设计单位负责完成具体的工程变更设计工作。

（3）监理机构核查工程变更设计文件、图纸后，应向承包人下达工程变更指示，承包人据此组织工程变更的实施。

（4）监理机构根据工程的具体情况，为避免耽误施工，可将工程变更分两次向承包人下达：先发布变更指示（变更设计文件、图纸），指示其实施变更工作；待合同双方进一步协商确定工程变更的单价或合价后，再发出变更通知（变更工程的单价或合价）。

6.6.2 索赔管理应符合下列规定：

1 监理机构应受理承包人和发包人提起的合同索赔，但不接受未按施工合同约定的索赔程序和时限提出的索赔要求。

2 监理机构在收到承包人的索赔意向通知后，应核查承包人的当时记录，指示承包人做好延续记录，并要求承包人提供进一步的支持性资料。

3 监理机构在收到承包人的中期索赔申请报告或最终索赔申请报告后，应进行以下工作：

（1）依据施工合同约定，对索赔的有效性、合理性进行分析和评价。

（2）对索赔支持性资料的真实性逐一进行分析和审核。

（3）对索赔的计算依据、计算方法、计算过程、计算结果及其合理性逐项进行审查。

（4）对于由施工合同双方共同责任造成的经济损失或工期延误，应通过协商一致，公平合理地确定双方分担的比例。

（5）必要时要求承包人再提供进一步的支持性资料。

4 监理机构应在施工合同约定的时间内做出对索赔申请报告的处理决定，报送发包人并抄送承包人。若合同双方或其中任一方不接受监理机构的处理决定，则按争议解决的有关约定或诉讼程序进行解决。

5 监理机构在承包人提交了完工付款申请后，不再接受承包人提出的在工程移交证书颁发前所发生的任何索赔事项；在承包人提交了最终付款申请后，不再接受承包人提出的任何索赔事项。

6.6.3 违约管理应符合下列规定：

1 对于承包人违约，监理机构应依据施工合同约定进行下列工作：

(1) 在及时进行查证和认定事实的基础上，对违约事件的后果做出判断。

(2) 及时向承包人发出书面警告，限其在收到书面警告后的规定时限内予以弥补和纠正。

(3) 承包人在收到书面警告的规定时限内仍不采取有效措施纠正其违约行为或继续违约，严重影响工程质量、进度，甚至危及工程安全时，监理机构应限令其停工整改，并要求承包人在规定时限内提交整改报告。

(4) 承包人继续严重违约时，监理机构应及时向发包人报告，说明承包人违约情况及其可能造成的影响。

(5) 当发包人向承包人发出解除合同通知后，监理机构应协助发包人按照合同约定派员进驻现场接收工程，处理解除合同后的有关合同事宜。

对于发包人违约，监理机构应依据施工合同约定进行下列工作：

(1) 由于发包人违约，致使工程施工无法正常运行，在收到承包人书面要求后，监理机构及时与发包人协商，解决违约行为，赔偿承包人的损失，并促使承包人尽快恢复正常施工。

(2) 在承包人提出解除施工合同要求后，监理机构应协助发包人尽快进行调查、认证和澄清工作，并在此基础上，按有关规定和施工合同约定处理解除施工合同后的有关合同事宜。

工程担保应符合下列规定：

1 监理机构应根据施工合同约定，督促承包人办理各类担保，并审核承包人提交的担保证件。

2 在签发工程预付款付款证书前，监理机构应依据有关法律、法规及施工合同的约定，审核工程预付款担保的有效性。

3 监理机构应定期向发包人报告工程预付款扣回的情况。当工程预付款已全部扣回时，应督促发包人在约定的时间内退还工程预付款担保证件。

4 在施工过程中和保修期，监理机构应督促承包人全面履行施工合同约定的义务。当承包人违约，发包人要求保证人履行担保义务时，监理机构应协助发包人按要求及时向保证人提供全面、准确的书面文件和证明资料。

5 监理机构在签发保修责任终止证书后，应督促发包人在施工合同约定的时间内退还履约担保证件。

工程保险应符合下列规定：

1 监理机构应督促承包人按施工合同约定的险种办理应由承包人投保的保险，并要求承包人在向发包人提交各项保险单副本的同时抄报监理机构。

2 监理机构应按施工合同约定对承包人投保的保险种类、保险额度、保险有效期等进行检查。

3 当监理机构确认承包人未按施工合同约定办理保险时，应采取下列措施：

(1) 指示承包人尽快补办保险手续。

(2) 当承包人拒绝办理保险时，应协助发包人代为办理保险，并从应支付给承包人的金额中扣除相应投保费用。

4 当承包人已按施工合同约定办理了保险，其为履行合同义务所遭受的损失不能从承保人处获得足额赔偿时，监理机构在接到承包人申请后，应依据施工合同约定界定风险与责任，确认责任者或合理划分合同双方分担保险赔偿不足部分费用的比例。

6.6.4 工程分包应符合下列规定：

1 监理机构在施工合同约定允许分包的工程项目范围内，对承包人的分包申请进行审核，并报发包人批准。

2 只有在分包项目最终获得发包人批准，承包人与分包人签订了分包合同后，监理机构才能允许分包人进入工地。

3 分包的管理：

(1) 监理机构应要求承包人加强对分包人和分包工程项目的管理，加强对分包人履行合同的监督。

(2) 分包工程项目的施工技术方案、开工申请、工程质量检验、工程变更和合同支付等，应通过承包人向监理机构申报。

(3) 分包工程只有在承包人检验合格后，才可由承包人向监理机构提交验收申请报告。

6.6.5 化石和文物保护应符合下列规定：

1 一旦在施工现场发现化石、钱币、有价值的物品或文物、古建筑结构以及有地质或考古价值的其他遗物，监理机构应立即指示承包人按有关文物管理规定采取有效保护，防止任何人移动或损害上述物品，并立即通知发包人。必要时，可下达暂停施工通知。

2 监理机构应审核承包人由于对文物采取保护措施而发生的费用和工期延误的索赔申请，提出意见后报发包人批准。

6.6.6 施工合同解除。监理机构在收到施工合同解除的任何书面通知或要求后，应认真分析合同解除的原因、责任和由此产生的后果，并按施工合同约定处理合同解除和解除后的有关合同事宜。

6.6.7 争议的解决。争议解决期间，监理机构应督促发包人和承包人仍按监理机构就争议问题做出的暂时决定履行各自的职责，并明示双方，根据有关法律、法规或规定，任何一方均不得以争议解决未果为借口拒绝或拖延按施工合同约定应进行的工作。

清场与撤离应符合下列规定：

1 监理机构应依据有关规定或施工合同约定，在签发工程移交证书前或在保修期满前，监督承包人完成施工场地的清理，做好环境恢复工作。

2 监理机构应在工程移交证书颁发后的约定时间内，检查承包人在保修期内为完成尾工和修复缺陷应留在现场的人员、材料和施工设备情况，承包人其余的人员、材料和施工设备均应按批准的计划退场。

6.7 信息管理

6.7.1 监理机构应建立包括下列内容的监理信息管理体系：

1 设置信息管理人员并制定相应岗位职责。

2 制定包括文档资料收集、分类、整编、归档、保管、传阅、查阅、复制、移交、保密等的制度。

3 制定包括文件资料签收、送阅与归档及文件起草、打印、校核、签发、传递等在内的文档资料的管理程序。

4 文件、报表格式：

(1) 常用报告、报表格式应采用本规范附录E所列的和水利部印发的其他标准格式。

(2) 文件格式应遵守国家及有关部门发布的公文管理格式，如文号、签发、标题、关键词、主送与抄送、密级、日期、纸型、版式、字体、份数等。

5 建立信息目录分类清单、信息编码体系，确定监理信息资料内部分类归档方案。

6 建立信息采集、分析、整理、保管、归档、查询系统及计算机辅助信息管理系统。

6.7.2 监理文件应符合下列规定：

1 按规定程序起草、打印、校核、签发监理文件。

2 监理文件应表述明确、数字准确、简明扼要、用语规范、引用依据恰当。

3 按规定格式编写监理文件，紧急文件应注明“急件”字样，有保密要求的文件应注明密级。

6.7.3 通知与联络应符合下列规定：

1 监理机构与发包人和承包人以及其他人的联络应以书面文件为准。特殊情况下可先口头或电话通知，但事后应按施工合同约定及时予以书面确认。

2 监理机构发出的书面文件，监理机构应加盖公章，总监理工程师或其授权的监理工程师应签字并加盖本人注册印鉴。

3 监理机构发出的文件应做好签发记录，并根据文件类别和规定的发送程序，送达对方指定联系人，并由收件方指定联系人签收。

4 监理机构对所有来往文件均应按施工合同约定的期限及时发出和答复，不得扣压或拖延，也不得拒收。

5 监理机构收到政府有关管理部门和发包人、承包人的文件，均应按规定程序办理签收、送阅、收回和归档等手续。

6 在监理合同约定期限内，发包人应就监理机构书面提交并要求其做出决定的事宜予以书面答复；超过期限，监理机构未收到发包人的书面答复，则视为发包人同意。

7 对于承包人提出要求确认的事宜，监理机构应在约定时间内做出书面答复，逾期未答复，则视为监理机构认可。

6.7.4 文件的传递应符合下列规定：

1 除施工合同另有约定外，文件应按下列程序传递：

(1) 承包人向发包人报送的文件均应报送监理机构，经监理机构审核后转报发包人。

(2) 发包人关于工程施工中与承包人有关事宜的决定，均应通过监理机构通知承包人。

2 所有来往的文件，除书面文件外还宜同时发送电子文档。

3 不符合文件报送程序规定的文件，均视为无效文件。

6.7.5 监理日志、报告与会议纪要应符合下列规定：

1 监理人员应及时、认真地按照规定格式与内容填写好监理日志。总监理工程师应定期检查。

2 监理机构应在每月的固定时间，向发包人、监理单位报送监理月报。

3 监理机构应根据工程进展情况和现场施工情况，向发包人、监理单位报送监理专题报告。

4 监理机构应按照有关规定，在各类工程验收时，提交相应的验收监理工作报告。

5 在监理服务期满后，监理机构应向发包人、监理单位提交项目监理工作总结报告。

6 监理机构应对各类监理会议安排专人负责做好记录和会议纪要的编写工作。会议纪要应分发与会各方。但不作为实施的依据。监理机构及与会各方应根据会议决定的各项事宜，另行发布监理指示或履行相应文件程序。

6.7.6 档案资料管理应符合下列规定：

1 监理机构应督促承包人按有关规定和施工合同约定做好工程资料档案的管理工作。

2 监理机构应按有关规定及监理合同约定，做好监理资料档案的管理工作。凡要求立卷归档的资料，应按照规定及时归档。

3 监理资料档案应妥善保管。

4 在监理服务期满后，对应由监理机构负责归档的工程资料档案逐项清点、整编、登记造册，向发包人移交。

6.8 工程验收与移交

6.8.1 监理机构应按照国家和水利部的有关规定做好各时段工程验收的监理工作，其主要职责如下：

1 协助发包人制定各时段验收工作计划。

2 编写各时段工程验收的监理工作报告，整理监理机构应提交和提供的验收资料。

3 参加或受发包人委托主持分部工程验收，参加阶段验收、单位工程验收、竣工验收。

4 督促承包人提交验收报告和相关资料并协助发包人进行审核。

5 督促承包人按照验收鉴定书中对遗留问题提出的处理意见完成处理工作。

6 验收通过后及时签发工程移交证书。

6.8.2 分部工程验收应符合下列规定：

1 在承包人提出验收申请后，监理机构应组织检查分部工程的完成情况并审核承包人提交的分部工程验收资料。监理机构应指示承包人对提供的资料中存在的问题进行补充、修正。

2 监理机构应在分部工程的所有单元工程已经完建且质量全部合格、资料齐全时，提请发包人及时进行分部工程验收。

3 监理机构应参加或受发包人委托主持分部工程验收工作，并在验收前准备应由其提交的验收资料和提供的验收备查资料。

4 分部工程验收通过后，监理机构应签署或协助发包人签署《分部工程验收签证》，并督促承包人按照《分部工程验收签证》中提出的遗留问题及时进行完善和处理。

6.8.3 阶段验收应符合下列规定：

1 监理机构应在工程建设进展到基础处理完毕、截流、水库蓄水、机组启动、输水工程通水以及堤防工程汛前、除险加固工程过水等关键阶段之前，提请发包人进行阶段验收的准备工作。

2 如需进行技术性初步验收，监理机构应参加并在验收时提交和提供阶段验收监理工作报告和相关资料。

3 在初步验收前，监理机构应督促承包人按时提交阶段验收施工管理工作报告和相关资料，并进行审核，指示承包人对报告和资料中存在的问题进行补充、修正。

4 根据初步验收中提出的遗留问题处理意见，监理机构应督促承包人及时进行处理，以满足验收的要求。

6.8.4 单位工程验收应符合下列规定：

1 监理机构应参加单位工程验收工作，并在验收前按规定提交和提供单位工程验收监理工作报告和相关资料。

2 在单位工程验收前，监理机构应督促承包人提交单位工程验收施工管理工作报告和相关资料，并进行审核，指示承包人对报告和资料中存在的问题进行补充、修正。

3 在单位工程验收前，监理机构应协助发包人检查单位工程验收应具备的条件，检验分部工程验收中提出的遗留问题的处理情况，并参加单位工程质量评定。

4 对于投入使用的单位工程，在验收前，监理机构应审核承包人因验收前无法完成、但不影响工程投入使用而编制的尾工项目清单，和已完工程存在的质量缺陷项目清单及其延期完工、修复期限和相应施工措施计划。

5 督促承包人提交针对验收中提出的遗留问题的处理方案和实施计划，并进行审批。

6 投入使用的单位工程验收通过后，监理机构应签发工程移交证书。

6.8.5 合同项目完工验收应符合下列规定：

1 当承包人按施工合同约定或监理指示完成所有施工工作时，监理机构应及时提请发包人组织合同项目完工验收。

2 监理机构应在合同项目完工验收前，按规定整编资料，提交合同项目完工验收监理工作报告。

3 监理机构应在合同项目完工验收前，检验前述验收后尾工项目的实施和质量缺陷的修补情况；审核拟在保修期实施的尾工项目清单；督促承包人按有关规定和施工合同约定汇总、整编全部合同项目的归档资料，并进行审核。

4 督促承包人提交针对已完工程中存在质量缺陷和遗留问题的处理方案和实施计划，并进行审批。

5 验收通过后，监理机构应按合同约定签发合同项目工程移交证书。

6.8.6 竣工验收应符合下列规定：

1 监理机构应参加工程项目竣工验收前的初步验收工作。

2 作为被验收单位参加工程项目竣工验收，对验收委员会提出的问题做出解释。

7 保修期的监理工作

7.1 保修期的起算、延长和终止

7.1.1 监理机构应按有关规定和施工合同约定，在工程移交证书中注明保修期的起算日期。

7.1.2 若保修期满后仍存在施工期的施工质量缺陷未修复或有施工合同约定的其他事项时，监理机构应在征得发包人同意后，做出相关工程项目保修期延长的决定。

7.1.3 保修期或保修延长期满，承包人提出保修期终止申请后，监理机构在检查承包人已经按照施工合同约定完成全部工作，且经检验合格后，应及时办理工程项目保修期终止事宜。

7.2 保修期监理的主要工作内容

7.2.1 监理机构应督促承包人按计划完成尾工项目，协助发包人验收尾工项目，并为此办理付款签证。

7.2.2 督促承包人对已完工程项目中所存在的施工质量缺陷进行修复。在承包人未能执行监理机构的指示或未能在合理时间内完成修复工作时，监理机构可建议发包人雇佣他人完成质量缺陷修复工作，并协助发包人处理由此所发生的费用。

若质量缺陷是由发包人或运行管理单位的使用或管理不周造成，监理机构应受理承包人因修复该质量缺陷而提出的追加费用付款申请。

7.2.3 督促承包人按施工合同约定的时间和内容向发包人移交整编好的工程资料。

7.2.4 签发工程项目保修责任终止证书。

7.2.5 签发工程最终付款证书。

7.2.6 保修期间现场监理机构应适时予以调整，除保留必要的人员和设施外，其他人员和设施可撤离，或将设施移交发包人。

附录二　水利工程施工监理主要工作程序框图

1. 监理单位工作程序图

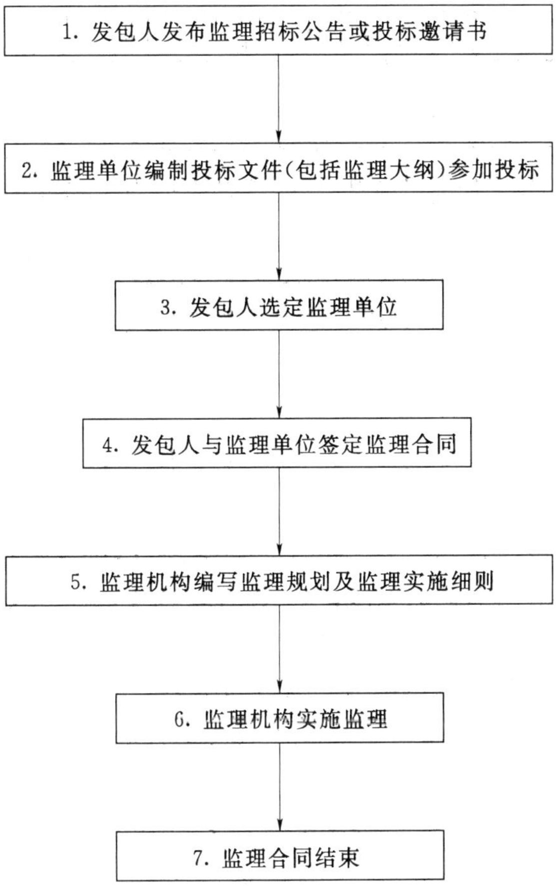

2. 工序或单元工程质量控制监理工作程序图

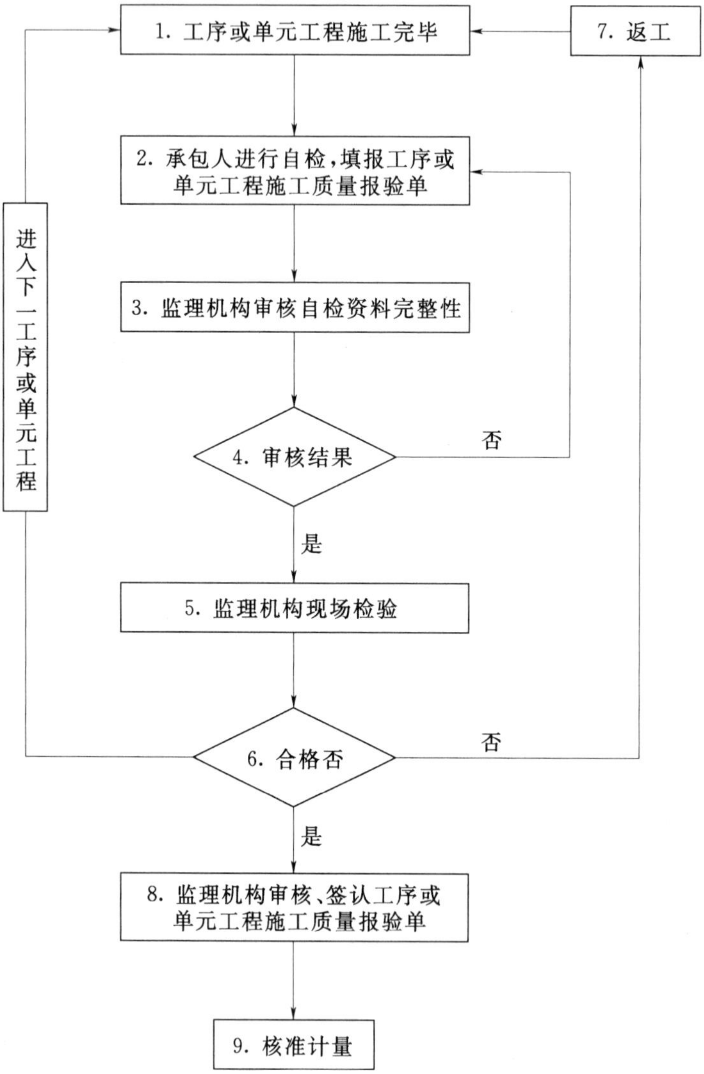

3. 质理评定监理工作程序图

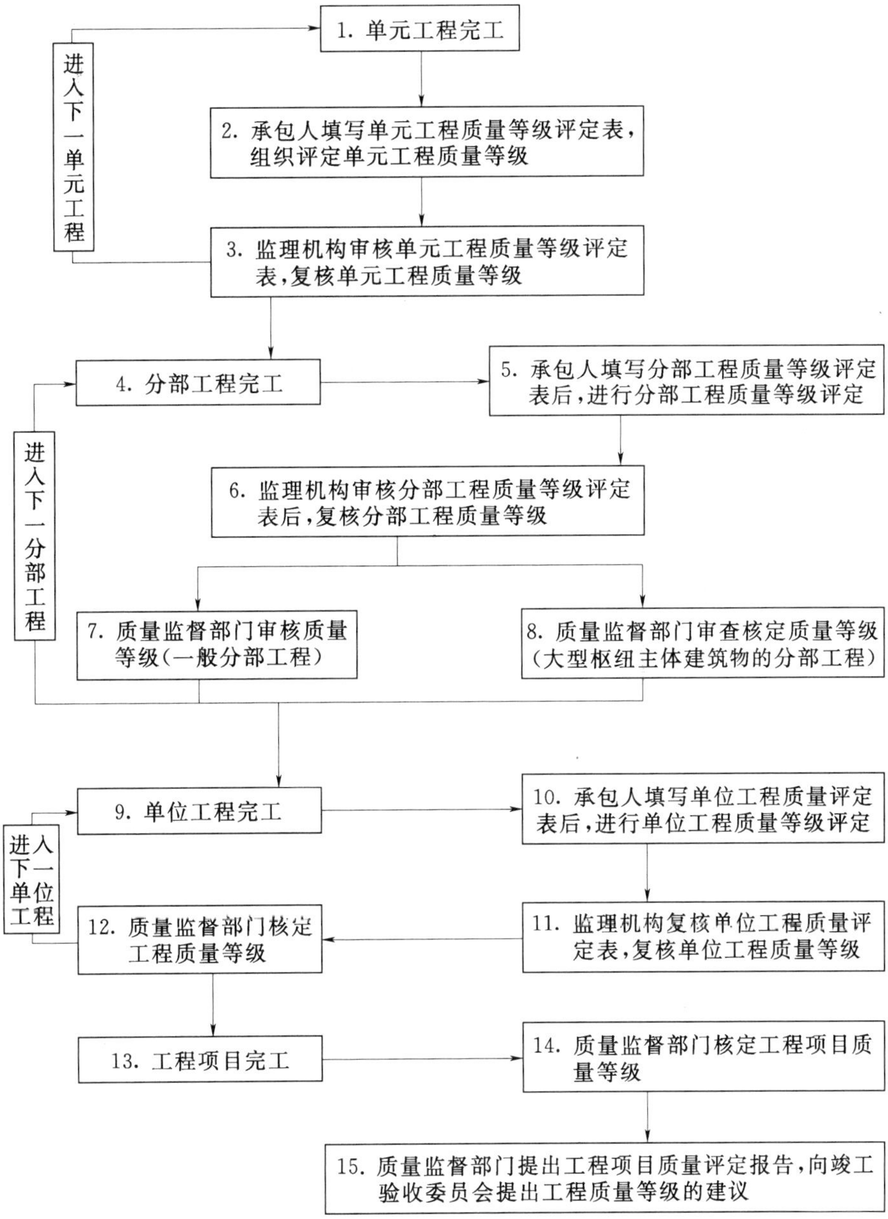

4. 进度控制监理工作程序图

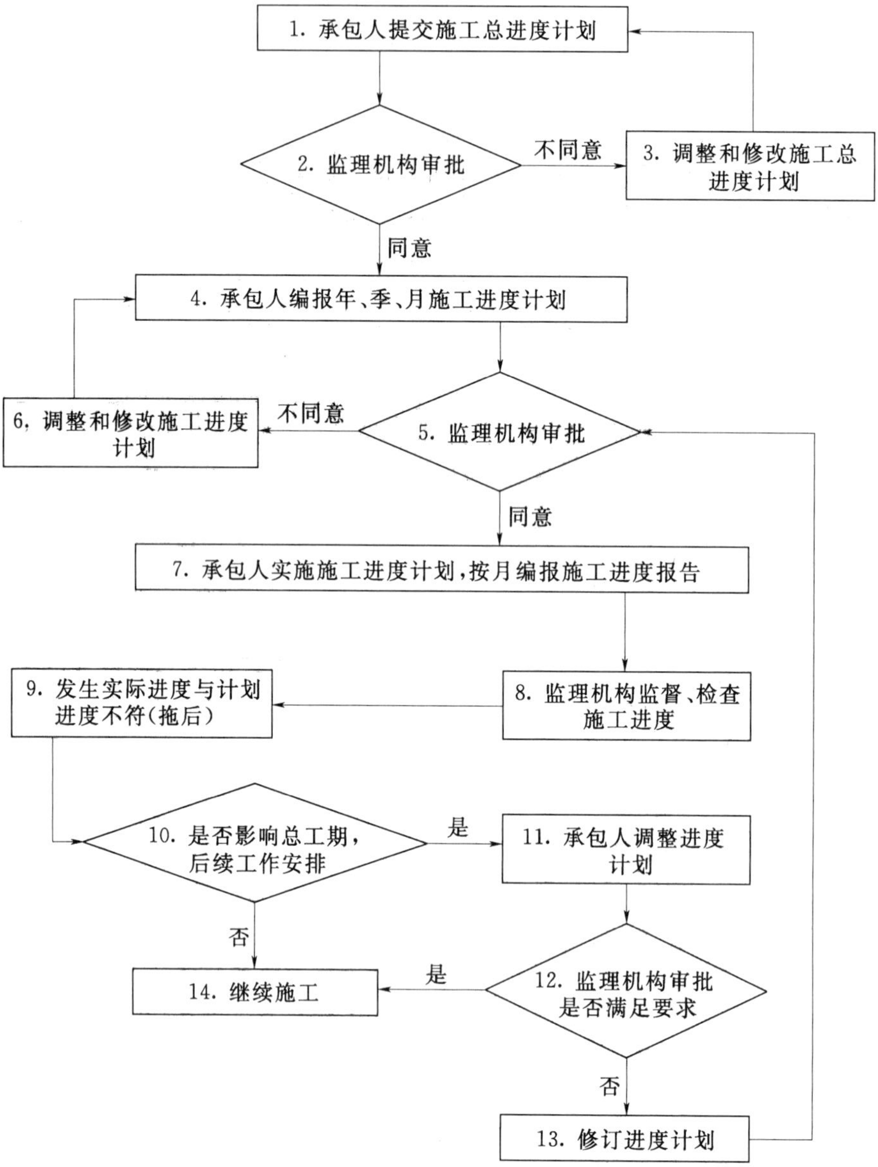

5. 工程支付监理工作程序图

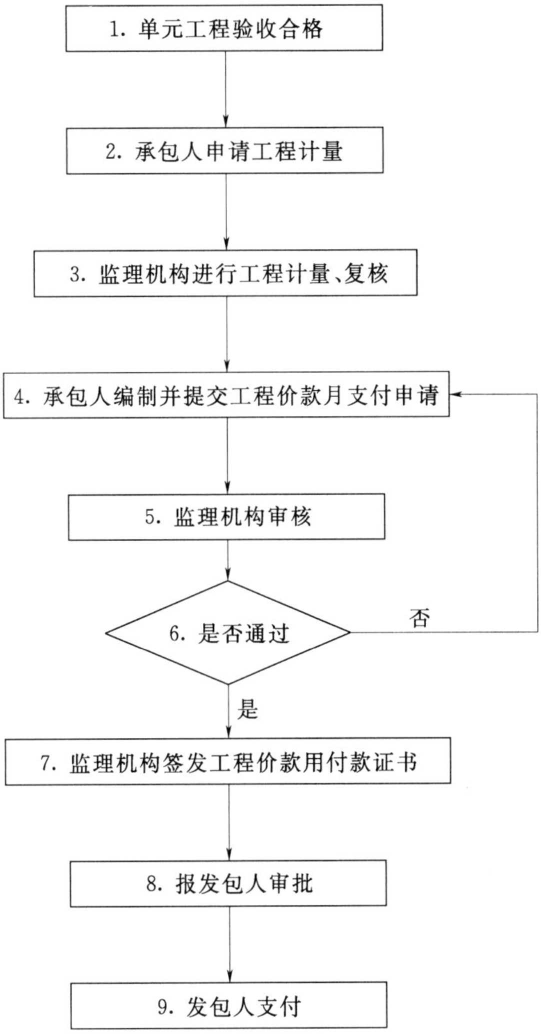

6. 变更监理工作程序图

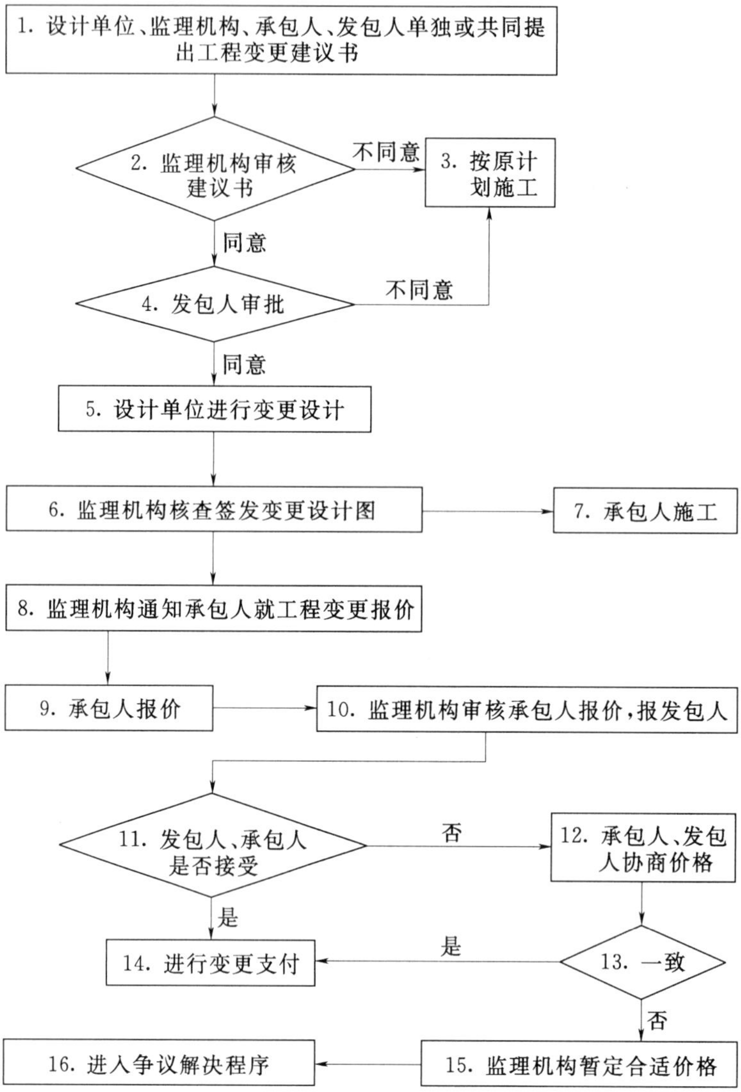
1. 设计单位、监理机构、承包人、发包人单独或共同提出工程变更建议书
2. 监理机构审核建议书
不同意
3. 按原计划施工
同意
4. 发包人审批
不同意
同意
5. 设计单位进行变更设计
6. 监理机构核查签发变更设计图
7. 承包人施工
8. 监理机构通知承包人就工程变更报价
9. 承包人报价
10. 监理机构审核承包人报价，报发包人
11. 发包人、承包人是否接受
否
12. 承包人、发包人协商价格
是
14. 进行变更支付
是
13. 一致
否
16. 进入争议解决程序
15. 监理机构暂定合适价格

7. 索赔处理监理工作程序图

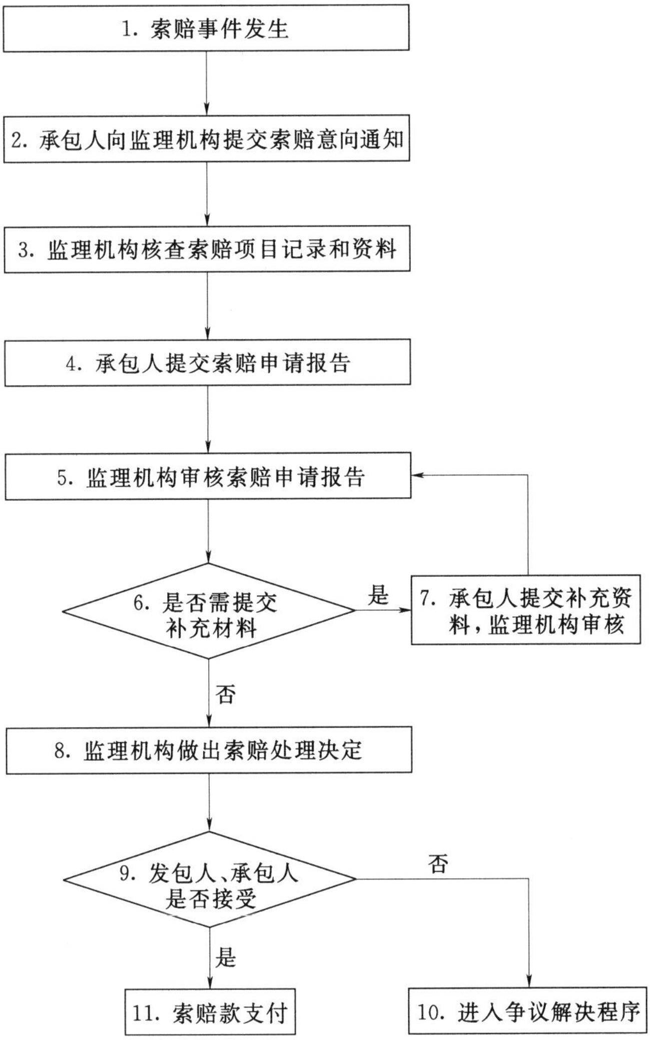

参　考　文　献

［1］ 中国建设监理协会．建设工程投资控制［M］．大连：大连理工大学出版社，1998.

［2］ 中国水利工程协会．水利工程建设投资控制．北京：中国水利水电出版社，2007.

［3］ 中国水利工程协会．水利工程建设投资控制．北京：中国水利水电出版社，2007.7.

［4］ 中国水利工程协会．水利工程建设质量控制．北京：中国水利水电出版社，2007.7.

［5］ 中国水利工程协会．水利工程建设进度控制．北京：中国水利水电出版社，2007.

［6］ 刘军号．水利工程施工监理实务．北京：中国水利水电出版社，2010.

［7］ 王卓甫．工程项目管理原理与案例．北京：中国水利水电出版社，2005.

［8］ 中国建设监理协会．注册监理工程师继续教育培训必修课教材．北京：知识产权出版社，2008.

［9］ 王胜源，张身壮，赵旭升．水利工程合同管理（第2版）．郑州：黄河水利出版社，2011.

［10］ 中国建设监理协会．全国监理工程师培训考试教材建设工程信息管理．北京：中国建筑工业出版社，2012.

［11］ 水利部．水利水电工程标准施工招标文件（2009年版）．北京：中国水利水电出版社，2010.

［12］ 水利部．水利水电工程标准施工招标文件技术标准和要求（2009年版）．北京：中国水利水电出版社，2010.

［13］ 水利部．水利工程建设项目施工监理规范（SL 288—2003）．北京：中国致公出版社，2004.